“十二五”职业教育国家规划教材
经全国职业教育教材审定委员会审定
修订版

风力发电技术

第2版

主　编　侯　雪　张润华
副主编　王　欣　于　玲　李良君
参　编　洪　城　赵元元　于婷婷
　　　　孙长胜

机械工业出版社

本书为“十二五”职业教育国家规划教材修订版，共有9章，主要讲述风与风资源，风力发电的特点、现状与发展趋势，风力发电机，风力发电的空气动力学基础，风力发电机组的结构，风电场电气系统，风力发电机组的控制及安全，风电场远程监控与运行，海上风电场。

本书可作为高职高专院校风力发电技术、风能与动力技术、新能源应用技术等专业的专业基础课教材，也可供相关技术人员参考。

为方便教学，本书配有电子课件、模拟试卷及解答等，凡选用本书作为授课教材的教师，均可来电（010-88379375）索取或登录机械工业出版社教育服务网（www.cmpedu.com）注册后下载。

图书在版编目（CIP）数据

风力发电技术/侯雪，张润华主编．—2版（修订本）．—北京：机械工业出版社，2022.3（2025.1重印）

“十二五”职业教育国家规划教材

ISBN 978-7-111-70263-4

Ⅰ.①风… Ⅱ.①侯… ②张… Ⅲ.①风力发电-高等职业教育-教材 Ⅳ.①TM614

中国版本图书馆CIP数据核字（2022）第034569号

机械工业出版社（北京市百万庄大街22号 邮政编码100037）

策划编辑：王宗锋 责任编辑：王宗锋 苑文环

责任校对：潘 蕊 刘雅娜 责任印制：常天培

北京机工印刷厂有限公司印刷

2025年1月第2版第4次印刷

184mm×260mm · 11印张 · 271千字

标准书号：ISBN 978-7-111-70263-4

定价：39.80元

电话服务 网络服务

客服电话：010-88361066 机 工 官 网：www.cmpbook.com

010-88379833 机 工 官 博：weibo.com/cmp1952

010-68326294 金 书 网：www.golden-book.com

封底无防伪标均为盗版 机工教育服务网：www.cmpedu.com

前 言

风能作为一种清洁无公害的可再生能源备受全球各国关注。风力发电是可再生能源领域中最成熟、最具规模开发条件和商业化发展前景的发电方式之一，在全球电力生产结构中的占比正在逐年上升，拥有广阔的发展前景。全球风力发电规模稳步增长，“十三五”期间，我国风电产业呈现出较好发展势头，在数量上稳居世界第一，在质量上步入世界前列。经过十多年的发展，加上2020年行业内新能源企业的发展与相关政策的落地，风能发展势头更加强劲。

本书在第1版的基础上修订了和时间相关的数据，更新了相关的风力发电政策，以风力发电技术的基础知识为主要内容，提供了大量的实物照片和示意图，以提高学生的学习兴趣。将基础知识与应用前沿相结合，内容丰富，涉及面广。本书针对高职学生的接受能力编写，可读性强。本书由侯雪、张润华担任主编，王欣、于玲、李良君担任副主编，参加编写的还有洪城、赵元元、于婷婷、孙长胜。

在本书编写过程中，编者参考了诸多论著和教材，在此对参考文献中的各位作者深表谢意！由于编者水平有限，书中错误之处在所难免，敬请读者批评指正。

编 者

目　录

第1章 风与风资源

1.1 风

1.1.1 风的形成

风是地球上的一种自然现象，它是由太阳辐射热引起的。太阳光照射到地球表面，地球表面各处因受热不同会产生温差，从而引起大气的对流运动。**在气象学上，把垂直方向的大气运动称为气流，水平方向的大气运动则称为风，风的形成则是空气流动的结果。**

风形成的原因主要有两个，即地球的转动以及地球表面受太阳加热程度的差别。地球是转动的，这意味着某个站在地球赤道上的人每天大约要运动 2.5 万 mile（1mile = 1609.344m）。地球表面对大气的摩擦使此人头顶上的空气同样发生运动。但由于大气与地面没有固定的连接，其运动速度相对较慢，因此在地面上的人看来，好像是空气在动。但由于太阳的存在，风的运动情况变得复杂。在陆地和海洋受太阳辐射最多的地方，空气较为温暖，并向上运动，反之则向下运动。向下的空气产生高压区，高压区的空气会流向低压区，于是我们便看到了风。这只是关于风的最简单的解释。

要理解风的成因，先要弄清两个关键的概念：**空气和气压**。空气的构成包括：氮气（占空气总体积的78%）、氧气（约占21%）、水蒸气和其他微量成分。空气中的各分子以很快的速度移动着，彼此之间迅速碰撞，并和地平线上的物体发生碰撞。

气压可以定义为：在一个给定区域内，空气在该区域施加的压力大小。一般而言，在某个区域空气存在越多，这个区域的气压就越大。相应来说，风是气压梯度力作用的结果。而气压的变化，有些是风暴引起的，有些是地表受热不均引起的，有些是在一定的水平区域上，大气被迫从气压相对较高的地带流向气压相对较低的地带引起的。

大部分显示在气象图上的高压带和低压带，只是形成了伴随我们的温和的微风。而产生微风所需的气压差仅占大气压力本身的1%，许多区域范围内都会发生这种气压变化。相对而言，强风暴的形成源于更大、更集中的气压区域的变化。

形成风的直接原因，是水平气压梯度力。但是实际上，我们每天看到的风是一种十分复杂的现象，其原因除了上述作用力外，风还受大气环流、地形、水域等不同因素的综合影响，表现形式多种多样，如季风、地方性的海陆风、山谷风等。

1. 季风

理论上风应沿水平气压梯度方向吹，即垂直于等压线从高气压向低气压吹，但是地球在自转，使空气水平运动发生偏向的力，称为地转偏向力，这种力使北半球气流向右偏转，南半球气流向左偏转，所以地球大气运动除受气压梯度力外，还受地转偏向力的影响。大气的真实运动是这两个力的合力。实际上，地面风不仅受这两个力的支配，在很大程度上还受海洋、地形的影响，山隘和海峡能改变气流运动的方向，还能使风速增大，而丘陵、山地因摩擦大使风速减小，孤立山峰因海拔高使风速增大。因此，风向和风速的时空分布较为复杂。如海陆差异对气流运动的影响为：在冬季，大陆比海洋冷，大陆气压比海洋高，风从大陆吹向海洋；夏季则相反，大陆比海洋热，风从海洋吹向大陆。这种**随季节转换的风称为季风**。

2. 海陆风

所谓的海陆风，是白昼时大陆上的气流受热膨胀上升至高空流向海洋，到海洋上空冷却下沉，在近地层海洋上的气流吹向大陆，补偿大陆的上升气流，低层风从海洋吹向大陆，称为**海风**。夜间（冬季）时，情况相反，低层风从大陆吹向海洋，称为**陆风**。在沿海地区，由于大陆与海洋的昼夜温差大，白天风由海洋吹向大陆，晚上则由大陆吹向海洋。

3. 山谷风

在山区，白天风由谷地吹向平原或山坡，夜间风由平原或山坡吹向谷地。这是由于白天山坡受热快，温度高于山谷上方同高度的空气温度，坡地上的暖空气从山坡流向谷地上方，谷地的空气则沿着山坡向上补充流失的空气，这时由山谷吹向山坡的风，称为**谷风**。夜间，山坡因辐射冷却，其降温速度比同高度的空气较快，冷空气沿坡地向下流入山谷，称为**山风**。

1.1.2 风向与风速

风向和风速是两个用于描述风的重要参数。风向和风速这两个参数都是变化的。

1. 风向

早在商朝，就有对风向的定义和观测。风向是指风吹来的方向，例如，风来自南方，称为南风，从北方吹来的风就称为北风。**风向可以由风向标给出**，从风向标相对于罗盘主方位固定臂的位置，可看出风的方向。气象上使用的风向标要求转动灵活，且要水平安装在四周空旷的地区，且高出地面 10~12m。目前国内使用的 EL 型电接风向风速仪通过电缆把风向标的摆动信号接到室内记录仪上，每间隔 2.5min 记录一次瞬时风向，这样，在室内就可以观测和记录风向。

风向的测量单位用方位来表示。如陆地上一般用 16 个方位表示，即以正北向为 0°，顺时针每转过 22.5°为 1 个方位，图 1-1 列出了 16 个方位的风向符号；海上多用 36 个方位表示；在高空，则用角度表示风向，北风（N）是 0°（即 360°），东风（E）是 90°，南风（S）是 180°，西风（W）是 270°，其余的风向都可以由此计算出来。

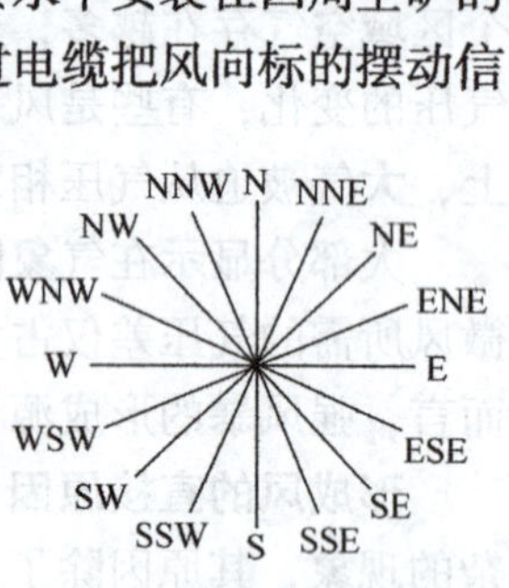

图 1-1 风向 16 方位图

2. 风速

风速是表示风移动的速度，即单位时间内空气流动所经过的距离。风具有随机性，如果用自动记录仪来记录风速，就会发现风速是不断变化的。**紊乱气流所产生的瞬时高峰风速也称为阵风风速**。世界气象组织根据风的强弱将**风力分为 13 个等级**。

风速以米/秒（m/s）为单位，取一位小数。**最大风速**是指在某个时段内出现的最大

10min 平均风速值。**极大风速**（阵风）是指某个时段内出现的最大瞬时风速值。**平均风速**就是单位时间内空气在水平方向上移动的距离，通常指一段时间内的风速的算术平均值。瞬时风速是指 3s 内的平均风速。影响风速的主要因素如下。

（1）垂直高度　由于风与地表摩擦的结果，所以风速是随着垂直高度的增加而增强，只有距地面 300m 以上的高空才不受其影响。风速在垂直高度上的变化可按式（1-1）求得。

关于风速随高度变化的经验公式很多，通常采用所谓指数公式，即

$$v = v_1\left(\frac{h}{h_1}\right)^n \tag{1-1}$$

式中　v——距地面高度为 h 处的风速（m/s）；

v_1——距地面高度为 h_1 处的风速（m/s）；

n——经验指数，取决于大气稳定度和地面粗糙度，其值为 1/80 ~ 1/2。

（2）地形地貌　风速受地形地貌的影响，如山口风速比平地大多少，则要视风向与谷口轴线的夹角以及谷口前的阻挡距离而定；河谷风速的大小又与谷底的闭塞程度有关。又如，在同一山谷或盆地中，不同位置的风速也不尽相同，此时往往是地形与高度交错地影响着风速，有时以前者为主，有时又以后者为主，要视具体地形而定。

（3）地理位置　由于地表摩擦阻力的作用，所以海面上的风比海岸大，而沿海的风要比内陆大得多。如台风登陆后 100km，其风速几乎衰减了一半，又如，在平均风速为 4 ~ 6m/s 时，海岸线外 70km 处的风速要比海岸大 60% ~ 70%。

（4）障碍物　风流经障碍物时，会在其后面产生不规则的涡流，致使风速降低，这种涡流随着远离障碍物而逐渐消失。当距离大于障碍物高度 10 倍以上时，涡流可完全消失。所以在障碍物下侧布置风力发电机组时，应远离其高度 10 倍以上。

3. 风速测量仪器

风速测量仪器主要有风杯式风速计、螺旋桨式风速计、热线风速计等。

风杯式风速计是最常见的一种风速计。相传最早由英国鲁滨逊发明，当时是四杯，后来改用三杯。三个互成角度固定在架上的抛物形或半球形的空杯的凹面顺着一个方向排列，整个架子连同风杯装在一个可以自由转动的轴上。在风力的作用下，风杯绕轴旋转，其转速正比于风速。转速可以用电触点、测速发电机或光电计数器等记录。

螺旋桨式风速计是一组三叶或四叶螺旋桨绕水平轴旋转的风速计。螺旋桨装在一个风向标的前部，使其旋转平面始终正对风的来向，它的转速正比于风速。

热线风速计是一根被电流加热的金属丝，流动的空气使它散热，利用散热速率和风速的二次方根呈线性关系，再通过电子线路线性化（以便于刻度和读数），即可制成热线风速计。热线风速计分旁热式和直热式两种。旁热式的热线一般为锰铜丝，其电阻温度系数接近零，它的表面另置有测温元件。直热式的热线多为铂丝，在测量风速的同时可以直接测定热线本身的温度。热线风速计在小风速时灵敏度较高，适用于小风速测量。它的时间常数只有百分之几秒，是大气湍流和农业气象测量的重要工具。

此外，还有声学风速表。在声波传播方向的风速分量将增加（或减低）声波传播速度，利用这种特性制作的声学风速表可用来测量风速分量。声学风速表至少有两对感应元件，每对包括发声器和接收器各一个。使两个发声器的声波传播方向相反，如果一组声波顺着风速分量

传播，另一组恰好逆风传播，则两个接收器收到声脉冲的时间差值将与风速分量成正比。如果同时在水平和铅直方向各装上两对元件，就可以分别计算出水平风速、风向和铅直风速。由于超声波具有抗干扰、方向性好的优点，声学风速表发射的声波频率多在超声波段。

风速的测量现一般采用风杯式风速计，如图1-2所示。

一般情况下，风速计与风向标配合使用可以记录风速和风向数据。最佳的风速测量方法是在具有风资源开发潜力的地区安装测风塔，测风高度与预装风力发电机组的轮毂高度尽量接近，并且测风设备安装在测风塔的顶端，这样，一方面可以减小利用风切变系数计算不同高度处的风速所带来的不确定性，另一方面也可以减小测风塔本身对测风设备造成的影响（塔影效应）。如果测风设备安装在测风塔的中部，应尽量使测风设备的支架方向与主风向保持垂直，并使测风设备与测风塔保持足够的距离。

目前，拉线式管状测风塔一般比桁架式测风塔更有优势，因其可以减小塔影效应。管状测风塔的各段圆管应方便现场安装，最好可以不使用起重设备辅助安装。风速和风向数据经过采集后传输到由微处理器控制的电子芯片中，这套设备称为数据记录仪，一般通过电池供电，可以使用很长一段时间。图1-3为一个数据记录仪照片。数据记录仪一般需要1个月左右时间取一次数据，取出存储芯片，换上新的空白芯片。在冬季寒冷潮湿的地区，为防止仪器结冰，测风设备应有加热装置及相应的加热电源。目前国际上大多数国家采用的风速数据主要是10min平均数据，如果风速的平均周期不一致，相应的风速结果也不同。

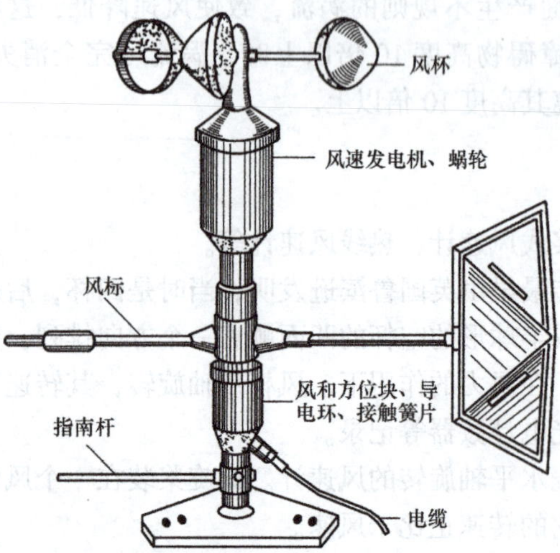

图1-2 风杯式风速计

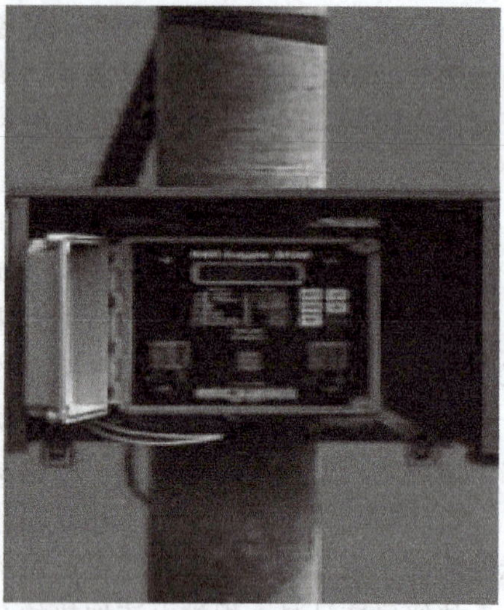

图1-3 数据记录仪照片

1.1.3 风向频率

为了表示某个方向的风出现的频率，通常用风向频率这个量，它是指一年（月）内某方向风出现的次数占各方向风出现的总次数的百分比，即

$$\text{风向频率} = \text{某风向出现次数}/\text{各风向的总出现次数} \times 100\%$$

为了表示一个地区在某一时间内的风频、风速等情况，就需要更科学、更直观的统计方式——风玫瑰图，用风玫瑰图来反映一个地区的气流情况更贴近实际。风玫瑰图在气象统

计、城市规划、工业布局等方面有着十分广泛的应用。**风玫瑰图包括风向玫瑰图、风速玫瑰图、风频玫瑰图等**。风向玫瑰图是在极坐标图上绘出一地在一年中各种风向出现的频率，因图形似玫瑰花朵而得名。风向玫瑰图表示风向的频率。风向玫瑰图是一个给定地点一段时间内的风向分布图。图中线段最长者即为当地主导风向。风向玫瑰图又称为风频图，最常见的风向玫瑰图是一个圆，圆上引出 8 条放射线，它们代表 8 个不同的方向，每条直线的长度与这个方向的风的频度成正比。在各方向线上按各方向风的出现频率截取相应的长度，将相邻方向线上的截点用直线连接的闭合折线图形如图 1-4a 所示。图中，该地区最大风频的风向为北风，约为 20%（每两个相邻圆之间的间隔代表风向频率 5%）；中心圆圈内的数字代表静风的频率。有些风向玫瑰图上还指示出了各风向的风速范围。

如果用这种方法表示各方向的平均风速，就成为风速玫瑰图。风玫瑰图还有其他形式，如图 1-4b、c 为风频、风速玫瑰图，每一方向上既反映风频大小（线段的长度）又反映这一方向上的平均风速（线段末段的风羽多少）。图 1-4d、e 为无量化的风玫瑰简易图，线段的长度表示风频的相对大小。

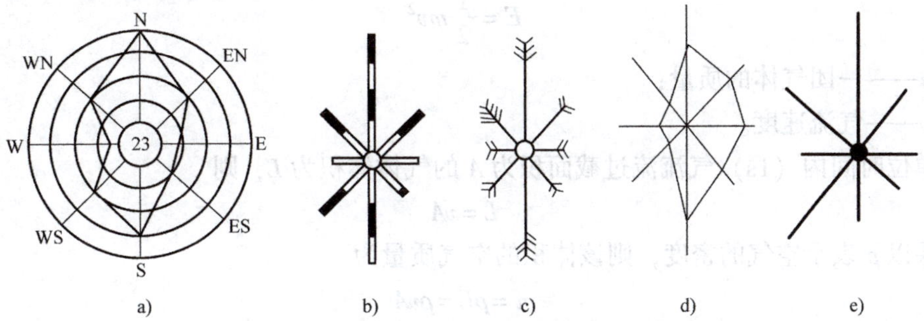

图 1-4　风玫瑰图

1.1.4　风速频率

风速的重复性称为风速频率，是指在一个月或一年的周期中发生相同风速的时数占这段时间刮风总时数的百分比。

1.1.5　风能特点

风能与其他能源相比，既有其明显的优点，又有其突出的局限性。风能具有蕴含量巨大、可以再生、分布广泛、没有污染四个优点。

风能的三个弱点：

1）能量密度低。这是风能的一个重要缺陷。由于风能来源于空气的流动，而空气的密度是很小的，因此风能的能量密度也很小，只有水力的 1/816。在各种能源中，风能的能量密度是极低的，给其利用带来一定的困难。

2）不稳定。由于气流瞬息万变，因此风的脉动、日变化、季变化以至年变化都十分明显，波动很大，极不稳定。

3）地区差异大。由于地形的影响，风力的地区差异非常明显。一个邻近的区域，有利地形下的风力，往往是不利地形下的几倍甚至几十倍。

1.2 风能资源

1.2.1 风能及风能密度

流动的空气所具有的动能称为风能。风不仅含有的能量很大，而且它在自然界中所起的作用也是很大的。它可使山岩发生侵蚀，形成沙漠，还可完成地面水汽输送的工作（水汽主要是由强大的空气流输送的），从而影响气候，形成雨季和旱季。风中含有的能量比人类迄今为止所能控制的能量高得多。全世界每年燃烧煤炭得到的能量还不到风在同一时间内所提供给人类的能量的1%。可见，风能是地球上最重要的能源之一，是太阳能的一种转化形式。风能资源决定于风能密度和可利用的风能年累积小时数。

由流体力学知，气流的动能为

$$E=\frac{1}{2}mv^2$$

式中 m——一团气体的质量；

v——气流速度。

设单位时间内（1s）气流流过截面积为A的气体体积为L，则

$$L=vA$$

如果以ρ表示空气的密度，则该体积的空气质量为

$$m=\rho L=\rho vA$$

此时气流所具有的动能为

$$E=\frac{1}{2}mv^2=\frac{1}{2}\rho Av^3$$

由风能公式可以看出，风能的大小与气流的密度和通过的截面积成正比，与气流速度的三次方成正比。因此，在风能计算中，最重要的因素是风速，风速取值准确与否对风能的大小影响巨大，风速大1倍，风能可以大到8倍之多。

风能密度是单位时间内通过单位截面积的风能，即在1s内以速度为v流过单位截面积产生的动能称为风能密度。它是描述一个地方风能潜力的最方便、最有价值的量。但是现实中风速每时每刻都在变化，不能使用某个瞬时风速值来计算风能密度，只有依据长期风速观察资料才能反映其规律，故引出了平均风能密度的概念。空气密度取决于气压和温度，因此，不同地方、不同条件的风能密度是不同的。一般来说，海边地势低，气压高，空气密度大，风能密度就高。在这种情况下，若有适当的风速，风能潜力自然大。高山气压低，空气稀薄，风能密度就小些。但是如果高山风速大，气温低，仍会有一定的风能潜力。

由风能的表达式可以得到风能密度公式为

$$W=\frac{1}{2}\rho v^3$$

式中 W——风能密度（W/m^2）；

v——气流速度。

1.2.2 地球上的风能资源分布

地球上的风能资源十分丰富，根据相关资料统计，每年来自外层空间的辐射能为 1.5×10^{18} kW · h，其中的 2.5%，即 3.75×10^{16} kW · h 的能量被大气吸收，产生大约 4.3×10^{12} kW · h的风能。

风能资源受地形的影响较大，世界风能资源多集中在沿海和开阔大陆的收缩地带，如美国的加利福尼亚州沿岸和北欧一些国家。世界气象组织发表了全世界范围风能资源估计分布图，按平均风能密度和相应的年平均风速将全世界风能资源分为 10 个等级。8 级以上的风能高值区主要分布于南半球中高纬度洋面和北半球的北大西洋、北太平洋以及北冰洋的中高纬度部分洋面上，大陆上风能则一般不超过 7 级，其中以美国西部、西北欧沿海、乌拉尔山顶部和黑海地区等多风地带较大。

全球陆上风速分布呈现如下普遍规律：赤道地区风速普遍较小，基本都处于 3.0m/s 以下；南、北回归线附近是全球风资源丰富地区，该区域风速普遍较高，基本都处于 6m/s 以上或 7m/s 以上；沿海风速高于内陆。全球风资源较为丰富的地区主要集中在以下几个区域：全球各个大陆沿海地区、整个欧洲大陆、东亚、中亚以及西亚阿拉伯半岛地区、北非撒哈拉沙漠地区以及南非、澳大利亚及新西兰岛屿、北美（特别是美国大陆地区）、南美的南部、中美的加勒比海地区。

欧洲是世界风能利用最发达的地区，其风资源非常丰富。沿海地区是欧洲风资源最为丰富的地区，主要包括英国和冰岛沿海、西班牙、法国、德国和挪威的大西洋沿海，以及波罗的海沿海地区，其年平均风速可达 9m/s 以上。其次，欧洲的陆地风能资源也很丰富。整个欧洲大陆，除了伊比利亚半岛中部、意大利北部、罗马尼亚和保加利亚等部分地区以及土耳其地区以外（该区域风速较小，在 4m/s 以下或 5m/s 以下），其他大部分地区的风速都较大，基本在 6m/s 以上或 7m/s 以上，其中，英国、冰岛、爱尔兰、法国、荷兰、德国、丹麦、挪威南部、波兰以及俄罗斯东部部分地区等都是风资源集中的地区。另外，地中海沿海地区的风速也较大，均在 6m/s 以上。

亚洲大陆面积广袤，地形复杂，气候多变，风资源也很丰富，主要分布于以下几个区域：中亚地区（主要是哈萨克斯坦及其周边地区）、阿拉伯半岛及其沿海、蒙古高原、南亚次大陆沿海以及亚洲东部及其沿海地区。中亚地区和蒙古高原以草原为主，阿拉伯半岛地处沙漠，这些地区的共同特点是地势平坦，地形简单，故风速较大，大部分地区都在6 ~7m/s，蕴含的风能十分丰富。亚洲东部及其沿海地区风能资源很丰富，其风速均在 6m/s 以上或 7m/s 以上，部分区域的风速甚至达到 8 ~9m/s。但是该地区沿西太平洋的海域较深，而且气候复杂多变，地震、台风、海啸等自然灾害较多，故不利于风能开发。另外，青藏高原虽然风速很大，能达到 9m/s，但是由于其地势太高，空气密度太低，风功率密度很低，风能资源反而比较贫乏。而俄罗斯沿北冰洋海岸的风速较大，在 6m/s 左右，但是气温太低，环境太恶劣，无法进行风能开发。

非洲风能集中区域主要分为两大块：撒哈拉沙漠及其以北地区，以及南部沿海地区。撒哈拉沙漠及其以北地区由于大部分是沙漠地形，地势平坦开阔，故而风速较大，基本在 6m/s 以上或 7m/s 以上。撒哈拉沙漠以南的陆地风能资源较为贫乏，风速较低，大部分地区均在 5m/s 以下，部分地区甚至不到 3m/s，只有南非陆上风能资源较好，其风速能达到7m/s以上。非洲南部沿海风速很大，达到 8m/s 以上或 9m/s 以上，中东部沿海风速也较大，达到 6 ~7m/s，具有较大的风能资源储量。

北美洲由于其独特的地理位置，及其开阔平坦的地形特征，其风能资源十分丰富，主要分布于北美大陆中东部及其东西部沿海，以及加勒比海地区。北美洲大陆风能资源的特点是风速大、分布广泛，其分布范围几乎涵盖了大半个北美洲大陆，特别是美国中部地区，地处广袤的北美大草原，地势平坦开阔，其年平均风速均在7m/s以上，风能资源蕴藏量巨大，开发价值很大。北美洲东西部沿海风速可达到9m/s，加勒比海地区岛屿众多，大部分沿海风速均在7m/s以上，风能储量也十分巨大。

南美洲陆地风能资源丰富地区主要集中在阿根廷、巴西东南部的高原地区以及安第斯山脉，阿根廷全境均处于风能资源丰富区，风速均在6m/s以上，其南部地区的风速甚至达到8~9m/s，而且地势平坦、海拔不高，风能储量极其丰富。巴西东南部的高原地区风速在7m/s以上，安第斯山脉地区海拔很高，其风速达到9m/s以上。南美洲沿海地区风速最大的区域几乎遍布了其整个大陆的东部沿海以及南部沿海，这部分地区的风速普遍达到8~9m/s。其次，其东部沿海的风速也达到了7m/s。

澳大利亚的风能资源蕴藏量极其丰富。整个澳大利亚几乎就是一个超大型的天然风场，其整个陆地区域的风速均在7m/s以上，而且环绕整个海岸线的沿海地区风速都在8~9m/s。另外，新西兰岛的风能资源也很丰富，主要分布于其环岛屿的沿海地区，风速达到8~9m/s。

1.2.3 中国风能资源分布

我国位于亚洲大陆东南、濒临太平洋西岸，幅员辽阔，海岸线长，季风强盛，风能资源比较丰富。季风是我国气候的基本特征，如冬季季风在华北长达6个月，东北长达7个月。东南季风则遍及我国的东半壁。

我国风能资源主要分布在东南沿海及附近岛屿，新疆、内蒙古和甘肃走廊、东北、西北、华北和青藏高原等部分地区，每年风速在3m/s以上的时间近4000h，一些地区年平均风速可达7m/s以上，具有很大的开发利用价值。我国面积广大，地形地貌复杂，故而风能资源状况及分布特点随地形、地理位置的不同而有所不同，据此可将风能资源划分为四个区域（包括海上建设的风电场）。

（1）东南沿海及其岛屿地区风能丰富带　沿海及其岛屿风能丰富带，年有效风功率密度在200W/m^{2}以上，风功率密度线平行于海岸线，沿海岛屿风功率密度在500W/m^{2}以上，如台山、平潭、东山、南鹿、大陈、嵊泗、南澳、马祖、马公、东沙等，可利用小时数在7000~8000h。这一地区特别是东南沿海，由海岸向内陆是丘陵连绵，风能丰富地区仅在距海岸50km之内。

东南沿海受台湾海峡的影响，每当冷空气南下到达海峡时，由于狭管效应使风速增大。冬春季的冷空气、夏秋的台风，都能影响到沿海及其岛屿，是我国风能最佳丰富区。我国大陆海岸线约1800km，岛屿6000多个，这是风能大有开发利用前景的地区。

（2）三北（东北、华北、西北）地区风能较丰富带　此丰富带包括东北三省、河北、内蒙古、甘肃、青海、西藏和新疆等省/自治区近200km宽的地带，风功率密度在200~300W/m^2，有的可达500W/m^{2}以上，可开发利用的风能储量约2亿kW，约占全国可利用储量的79%。如阿拉山口、达坂城、辉腾锡勒、锡林浩特的灰腾梁、承德围场等，可利用小时数在5000h以上，有的可达7000h以上。这一风能较丰富带的形成，主要是由于北部地区处于中高纬度的地理位置。

由于欧亚大陆面积广大，北部地区气温又低，是北半球冷高压活动最频繁的地区，而我国地处欧亚大陆东岸，正是冷高压南下必经之路。北部地区是冷空气入侵我国的前沿，在冷锋（冷高压前锋）过境时，在冷锋后面200km附近经常可出现6~10级（10.8~24.4m/s）大风。对风能资源利用来说，就是可以有效利用的高质量大风。这一地区的风能密度，虽较东南沿海小，但其分布范围较广，是我国连成一片的最大风能资源区。

三北地区风电场地形平坦，交通方便，没有破坏性风速，是我国连成一片的最大风能资源区，有利于大规模地开发风电场。但是，建设风电场时应注意低温和沙尘暴的影响，有的地方联网条件差，应与电网统筹规划发展。

（3）内陆局部风能丰富区　此丰富带在两个风能丰富带之外，风功率密度一般在$100W/m^2$以下，可利用小时数在3000h以下。但是在一些地区由于湖泊和特殊地形的影响，风能也较丰富，如鄱阳湖附近较周围地区风能就大，湖南衡山、湖北的九宫山、河南的嵩山、山西的五台山、安徽的黄山、云南太华山等也较平地风能大。

青藏高原海拔4000m以上，这里的风速比较大，但空气密度小，如在海拔4000m的空气密度大致为海平面的67%，也就是说，同样是8m/s的风速，在海平面风功率密度为$313.6W/m^2$，而在海拔4000m只有$209.9W/m^2$。这里年平均风速为3~5m/s，风能仍属一般地区。

（4）海上风能丰富区　我国海上风能资源丰富，10m高度可利用的风能资源约是陆上的3倍，即7.5亿kW。海上风速高，很少有静风期，可以有效利用风力发电机组的发电容量。风速随高度的变化小，可以降低塔架高度。海上风的湍流强度低，没有复杂地形对气流的影响，可减少风力发电机组的疲劳载荷，延长使用寿命。一般估计海上风速比平原沿岸高20%，发电量增加70%，在陆上设计寿命20年的风力发电机组在海上可达25~30年，且距离电力负荷中心很近。随着海上风电场技术的发展成熟，经济上可行，将来必然会成为重要的可持续能源。

本章小结

风是空气相对于地球表面的运动。风能是指太阳辐射造成地球各部分受热不均匀，引起各地温差和气压不同，导致空气运动而产生的能量。风能是一种清洁、安全、可再生的绿色能源，它取之不尽，用之不竭。风能对环境无污染，对生态无破坏，环保效益和生态效益良好，对于人类社会可持续发展具有重要意义。现今调整能源结构、减少温室气体排放、缓解环境污染、加强能源安全已成为国内外关注的热点。国家对可再生能源的利用，特别是风能开发利用给予了高度重视。

本章习题

1. 简述风形成的原因。
2. 什么是气压梯度力？
3. 如何评价一个地区风能资源丰富与否？有哪些指标？
4. 影响风速的主要因素有哪些？
5. 简述全球及我国的风能资源的分布状况。
6. 风能利用的优缺点有哪些？
7. 什么是风玫瑰图？
8. 试论述我国风电发展的概况及存在的问题。

第2章 风力发电的特点、现状与发展趋势

2.1 风力发电概述

能源问题作为关系到世界经济发展和人们生存环境的重大问题正日益受到世界各国的广泛关注。在全球生态环境恶化和化石能源逐渐枯竭的双重压力下，对新能源的研究和利用已成为全球各国关注的焦点。除水力发电技术外，风力发电是新能源发电技术中最成熟、最具大规模开发和最有商业化发展前景的发电方式。由于在改善生态环境、优化能源结构、促进社会经济可持续发展等方面的突出作用，目前世界各国都在大力发展和研究风力发电及其相关技术。随着世界经济的迅猛发展，各行各业对能源的需求也与日俱增。人类社会正大量消耗着地球上亿万年前形成的极为有限的化石燃料——煤、石油、天然气。这些传统资源的开发和利用在一定程度上满足了生产发展和人们生活的能源需要。但是，对这些不可再生资源的掠夺性开采和过度利用，已经在全球范围内造成了严重的环境污染和生态环境恶化等问题。一些有远见的人们都开始考虑如何不以牺牲后代生存环境、经济资源为代价来发展我们的社会，即可持续发展的战略问题。在能源领域，开发利用新的可再生的清洁能源（即新能源，主要有风能、太阳能、生物质能、海洋能、地热能等）就是该战略内容之一。作为一种重要的可再生能源，风能的开发和利用在新能源研究中一直被广泛关注。

风的能量是由太阳辐射能转化来的，太阳每小时辐射地球的能量是 6.1×10^{20}J，换句话说，地球每小时接收了 6.1×10^{20}J 的能量。太阳的辐射造成地球表面受热不均，引起大气层中压力分布不均，空气沿水平方向运动形成风。风能大约占太阳提供总能量的百分之一或二，太阳辐射能量中的一部分被地球上的植物转换成生物能，而被转化的风能总量是生物能的 50~100 倍。全球的风能储量约为 2.74×10^{9}MW，其中可利用的风能储量为 2.0×10^{7}MW，比地球上可开发利用的水能总量还要高 10 倍。

我国 10m 高度层的陆地风能资源总储量为 32.26 亿 kW，其中实际可开发利用的风能资源储量为 2.53 亿 kW。据估计，我国近海风能资源约为陆地的 3 倍，所以，我国可开发风能资源总量约为 10 亿 kW。其中，青海、甘肃、新疆和内蒙古可开发的风能储量分别为 1143 万 kW、2421 万 kW、3433 万 kW 和 6178 万 kW，是我国大陆风能储备最丰富的地区。

风能是一种干净的自然能源，没有常规能源（如煤电、油电）会造成环境污染的问题。平均每装一台单机容量为 1MW 的风能发电机，每年可以减排 2000t 二氧化碳（相当于种植 2.6km^2 的树木）、10t 二氧化硫、6t 二氧化氮。风能产生 1MW·h 的电量可以减少 0.8~0.9t 的温室气体排放量，相当于煤或矿物燃料一年产生的气体量，而且风力发电机组不会危害鸟类和其他野生动物。在常规能源告急和全球生态环境恶化的双重压力下，风能作为一种高效清洁的新能源有着巨大的发展潜力。

风电技术日趋成熟，产品质量可靠，可用率达 95% 以上，是一种安全可靠的能源。风力发电的经济性日益提高，发电成本已接近煤电，低于油电与核电，若计及煤电的环境保护与交

通运输的间接投资，则风电经济性将优于煤电。风力发电场建设工期短，单台机组安装仅需几周，从土建、安装到投产，只需半年至一年时间，是煤电、核电无可比拟的。投资规模灵活，有多少钱装多少机。对沿海岛屿，交通不便的边远山区，地广人稀的草原牧场，以及远离电网和近期内电网还难以达到的农村、边疆来说，可作为解决生产和生活能源的一种有效途径。

2.1.1 风力发电发展简史

21 世纪是可再生能源的世纪，由于风能非常丰富、价格非常便宜、能源不会枯竭，又可以在很大范围内取得，没有污染，不会对气候造成影响，因而风力发电具有极大的推广价值。在中国，风能资源丰富的地区主要集中在北部、西北和东北的草原、戈壁滩以及东部、东南部的沿海地带和岛屿上。这些地区缺少煤炭及其他常规能源，并且冬、春季节风速高，雨水少；夏季风速小，降雨多，风能和水能具有非常好的季节补偿。

风能，是人类最早使用的能源之一。最初的古代风力机是一种简单的垂直轴风力机，公元 644 年波斯人制造了立轴式磨面用风力机。到公元 11 世纪，在中东，古代风力机应用很广泛，到 13 世纪，风力机传到了欧洲。到 14 世纪，荷兰率先改进了古代风力机，并广泛利用这种改进后的风力机为莱茵河三角洲的沼泽地和湖泊抽水。在 16 世纪，荷兰先后建造了当时的第一个制油厂、第一个造纸厂以及锯木厂，这些都是利用风力机作动力的。到 19 世纪中叶，在荷兰有 9000 台传统风力机在运行，中国宋朝时期是风力机的全盛时期，当时流行着垂直轴风车。在工业革命期间，由于蒸汽机的出现，荷兰的风力机利用开始走下坡路。到 20 世纪，荷兰只有 2500 台风力机在运行。到 1960 年，仍在运行的风力机不到 1000 台。

丹麦是当今世界风能工业大国，也是历史上最早发展风力发电的国家。早在 1890 年，丹麦的拉库尔就成功研制了风力发电机。1908 年，丹麦已建成几百个小型风力发电站。丹麦位于北海和波罗的海之间的富风区，风能密度高达 400 ~ 500W/m^2。为了更好地开发利用这一得天独厚的天然资源，1975 年丹麦政府制定了风电开发规划，拨款组织研制大型风力发电机组，进行全国风况、风场调查，以及风力机空气动力学方面的研究工作；同时还制订了有利于中、小型风力机推广应用的优惠政策。时至今日，丹麦已成为为世界上生产风力发电设备的大国。

第一次世界大战推动了螺旋桨式飞机的发展，使近代空气动力学理论有了用武之地。在此期间，高速风轮叶片的桨叶设计有了一定的基础。1931 年，苏联首先采用螺旋桨式叶片设计建造了当时世界上最大的一台 30kW 风力发电机。

第二次世界大战前后，由于能源需求量大，不少国家相继关注风力发电机的发展。美国于 1941 建造了一台 1250kW、直径达 53.3m 的风力发电机。但是，这种特大型风力发电机制造技术复杂，运行不稳定，经济性很差，所以很难得到发展，1978 年 1 月，美国在新墨西哥州的克莱顿镇建成的 200kW 风力发电机，其叶片直径为 38m，发电量足够 60 户居民用电。而 1978 年初夏，在丹麦日德兰半岛西海岸投入运行的风力发电装置，其发电量则达 2000kW，风车高 57m，所发电量的 75% 送入电网，其余供给附近的一所学校使用。1979 年上半年，美国在北卡罗来纳州的蓝岭山又建成了一座当时世界上最大的发电用的风车。这个风车叶片的直径达 60m，叶片安装在一个塔形建筑物上，风车可自由转动并从任何一个方向获得电力，当风速在 38km/h 以上时，发电能力可达 2000kW。由于这个丘陵地区的平均风速只有 29km/h，因此风车不能全部运动。据统计，即使全年只有一半时间运转，它也能够满足北卡罗来纳州七个县1%～2%的用电需要。但是在后来廉价石油的冲击下，特大型风力发电机只停留在科研阶段，未能实用。20世纪70年代，世界出现石油危机，以及随之而来的环境问题，迫使人们考虑可再生能源问题，风力发电很快被重新提到了议事日程。

中国是世界上利用风能较早的国家之一。用帆式风车提水已有1700多年历史，在农业灌溉和盐池提水中起到过重要作用。20世纪70年代开始，在国家有关部门的领导和协调下，我国开始小型风力机的研制，并取得明显进展，实现了小型机组的国产化，在内蒙古等地区得到了较广泛的应用。但长期以来一直停留在内蒙古家庭独户利用的水平以及科研性的小规模研制上，人们对风电的认识也多停留在蒙古包水平的概念上。到20世纪90年代，主要是为了保护地球环境，减排温室气体，减少日益枯竭的化石燃料的消耗。随着技术水平的进一步提高，风力发电将更有竞争力，其清洁和安全性更符合绿色社会可持续发展的政策。世界许多国家都通过立法或给予不同的优惠政策，扶持和推进发展风力发电。

2.1.2 风力发电产业介绍

风能是空气流动所产生的动能，人类利用风能的历史可以追溯到公元前。据统计，全球的风能约为1300亿kW，比地球上可开发利用的水能总量要多10倍之多。风能作为洁净的能量来源，随着风能设施的日趋进步，利用风能来产生电力所需的成本已逐步降低，更成为“十四五”规划中大力发展的重要能源。

中国风能资源丰富，开发潜力巨大，必将成为未来能源结构中一个重要的组成部分。现有风能资源储量是根据全国900多个陆地气象站离地10m高度测量数据进行估算的。经初步估算，全国陆地上离地10m高度层风能资源总储量约为32.26亿kW，可开发和利用的陆地风能储量有2.53亿kW。若包括海上，我国可用于风力发电的风场总装机容量超10亿kW，约等于50座三峡电站的装机容量。

我国在2010年已经实现超越美国的风电产能，成为世界规模最大的风能生产国，风电开发建设速度明显加快。根据国家能源局的数据：截至2020年底，我国风电累计装机规模达到281.72GW。同时，2020年一年新增装机规模（71.67GW）高于2017—2019年三年之和（61.42GW），仅比2016—2019年四年之和少9.05GW。

随着技术的进步，“十四五”时期以风电为代表的新能源行业将逐步实现平价，能源“十四五”发展的侧重点将由速度规模型不断向质量效益型转变，新产能进入平价时代，更具成本优势，受益于良好的外部环境，风力发电产业将迎来历史性发展机遇，有望带动风电设备、电力并网等相关产业的蓬勃发展。

2.2 风力发电的意义、特点及存在的问题

2.2.1 风力发电的意义

风能是清洁、无污染的可再生能源，它的优势已被人们所认识。但是风力发电成本与常规能源相比仍不具有优势，特别是我国，风力发电成本还难以与常规能源相竞争，这制约了我国风电的发展。因此，全面研究我国风力发电成本、研究影响风力发电成本的因素、找到

降低风力发电成本的途径，对促进我国风电的发展、改进我国能源结构、治理我国的环境污染具有重要的现实意义。

发展风力发电对于保护环境、改善能源结构等有着重要的战略意义，这已经成为人们的共识，因此现在是必须大力发展风力发电的时代。尽管 2020 年石油、煤、天然气、核能仍然是能源供应的主力，但风力发电等可再生能源以及其他新能源的发展令人瞩目。根据国际上通行的能源预测，石油将在 2050 年左右枯竭，天然气将在 2070 年左右用光，煤炭也只能用到 2230 年。在人类利用能源的历史长河中，石油、煤炭、天然气等常规能源毕竟是短暂的一瞬间。我国是人口第一大国，能耗第二大国，人均资源占有量相对匮乏，发展风力发电是非常必要的。我国能源构成中火力发电所占比例为 58.70%，占第一位。不仅考虑煤等自然资源将枯竭，就是从环境保护方面看，发展风力发电也是十分必要的。因为以煤为主的能源构成会造成"温室效应"和"酸雨"现象，导致环境污染。而风能却是无污染可再生的能源。

从我国风能储量来看，发展风力发电也是十分必要的。我国幅员辽阔，风能资源非常丰富，具有发展风力发电的先决条件。据国家气象局估计，我国风能资源储量约为 1.6×10^3 kW/年。

2020 年，德国陆地风力发电约占总发电量的 20%，在可再生能源发电量中所占份额最大。根据丹麦风电协会（Wind Denmark）数据，2020 年丹麦风力发电量为 16.27TW · h，创历史纪录，同比增长 1%，占全国用电量的 46.1%。我国风力发电的发展与世界上先进国家相比有很大的差距，随着现代化进程步伐的加快，我国能源需求会不断上升，能源的压力会不断加大。因此，大力发展风力发电是十分必要的，而且也符合我国制定的长期可持续发展战略的初衷。

2.2.2　风力发电的特点

1）可再生。风能是一种可再生的洁净能源，不消耗化石资源也不污染环境，这是火力发电所无法比拟的优点，用它发电十分有利。与火力发电、燃油发电、核电相比，它无须购买燃料，也无须支付运费，更无需对发电残渣、大气进行环保治理。

2）建设周期短。例如，一个 10MW 级的风电场建设期不到一年。

3）装机规模灵活。可根据资金情况决定一次装机规模，有一台的资金就可以安装投产一台。

4）可靠性高。把现代高科技应用于风力发电机组使其发电可靠性大大提高，大、中型风力发电机组的可靠性从 20 世纪 80 年代的 50% 提高到了 98%，高于火力发电，且机组寿命可达 20 年。

5）造价低。从国外建成的风电场看，单位（kW）造价和单位（kW · h）电价都低于火力发电，和常规能源发电相比具有竞争力。我国由于大中型风力发电机组全部从国外引进，造价和电价相对比火力发电高，但随着大中型风力发电机组实现国产化、产业化，在不久的将来风力发电的造价和电价都将低于火力发电。

6）运行维护简单。现代大中型风力发电机的自动化水平很高，完全可以在无人值守的情况下正常工作，只需定期进行必要的维护，不存在火力发电的大修问题。

7）实际占地面积小。发电机组与监控、变电等建筑仅占火电厂 1% 的土地，其余场地仍可供农、牧、渔使用。可以灵活地建设在山丘、海边、荒漠等地。风电厂建成后，现场几乎不需要运行人员，可进行远程控制操作。

8）发电方式多样化。风力发电既可并网运行，也可以和其他能源如柴油发电、太阳能发电、水利发电机组形成互补系统，还可以独立运行，因此对于解决边远地区的用电问题提供了现实可行性。

9）单机容量小。由于风能密度低决定了单台风力发电机组容量不可能很大，与现在的火力发电机组和核电机组无法相比。另外，风况是不稳定的，有时无风，有时又有破坏性的大风，这都是风力发电必须解决的实际问题。

2.2.3 风力发电存在的问题

1. 厂址选择缺少科学性、前瞻性

我国的风能资源的分布图很粗糙，可利用的风能资源评价还不细致，目前所开展的资源评价研究结果还不能完全满足风电场工程项目建设的需求。有些分布图达不到风力发电厂的选址要求，因此，有必要进一步开展通过测风资料的整理和数值模拟研究相结合的陆地和近海风能资源的调查与评估，包括风电场发电量短期预报和风电场安全气象保障服务系统的研究。

2. 发电厂的电送不出去

一般风能比较丰富的地区都是比较偏远的山谷或是比较开阔的平原，这就决定了大多数的风力发电厂的厂址都是选在离城市比较远的地区，因此电网公司不得不建设新的电网来满足输电的需要，由于距离远，工程量大，所以电网建设耗时较长，再加上我国的风力发电技术的迅速发展，这就使得电网建设跟不上风力发电厂建设，出现了发电厂的电送不出去的现象。电网建设跟不上风力发电厂建设的另一个原因是，由于风力发电不像火力发电那样可以人为控制其发电的时段，其发电是由天气情况来决定的，这就使风力发电存在很多的不确定因素，而往往一个装机总容量为100万kW的风力发电厂需要配备多座变电站和多条高压线，一旦停机，所有与输电有关的设备就得闲置，造成资源的浪费。

3. 陆地和海洋的发展不平衡

我国东部沿海地区都是经济比较发达的地区，这些地区是我国电力消费的主力。而这些地区石化资源比较缺乏，大多数发电资源都是从外地运进的，增加了发电成本，且大多数发电厂还是以火力发电为主，对环境的污染很大。我国海洋上可开发的风能资源是陆地的近3倍，而我国海上的风力发电与国际一流水平尚有一定差距，可见我国陆地和海洋的风力发电很不平衡。

4. 上网电价的制定不合理

制约我国风力发电发展最主要的原因是上网电价问题。就目前的技术水平来看，风力发电的成本本身就比火电的发电成本高，风力发电商对风力发电项目的投资前景看好的一个很重要的原因就是，随着环境问题的日益突出，可再生能源的发展是有很大发展潜力的，因此他们相信政府会对风力发电给予优惠政策，鼓励可再生能源的发展。政府曾经在风能上网电价的制定上采取的“最低上网电价者中标”的政策，即政府通过公开招标选择投资商，承诺最低上网电价者中标。风电特许权项目特许期为25年。省电网公司要按照与中标人签订的购电合同收购风电项目全部电量。风电与常规电源的电价差在省电网内分摊。这大大打击

了发电商的热情，为了能够中标，发电商不断压低自己的报价，以使自己发出的电可以售出，这样做的结果就是出现恶性竞争，最后风力发电商的报价比火力发电的价格还低，使整个行业处于亏损状态，许多厂商不得不退出市场，这样反而抑制了风力发电的发展。而如今的“一企业一议”的办法对风力发电企业产生了限制，其利润空间还是没有得到改善，不利于行业的发展。

5. 自主创新能力弱，完整的风能产业体系（产业链）尚未形成

我国对大型兆瓦级风力发电机组的总体设计和重要零部件的设计制造技术还没有掌握，自主创新能力薄弱，缺乏具有自主知识产权的风电技术。因此，需要尽快采取措施，支持、鼓励风电企业开展技术革新，增强企业的引进、消化、再吸收能力，尽快建立完整的整机、零部件产业链。

6. 风电公共技术服务体系尚未建立

建立国家级公共技术服务体系，有利于整合国内现有的技术资源，进行基础性和公共性技术研发与服务。目前亟须建立的公共技术服务体系包括：国家风力发电技术中心、国家试验风电场、国家风力发电机组公共试验平台、国家风电信息中心、国家风能资源评价中心、国家风电检测和认证中心等。

7. 风电技术标准认证等技术服务体系初步建立，但尚需完善

应注重培养我国风能服务体系的能力，加快风电技术标准、规范和检测、认证等技术服务体系的建设。

2.3　风力发电的现状与发展趋势

2.3.1　世界风力发电的现状

风力发电是可再生能源领域中最具规模开发条件和商业化发展前景的发电方式之一，且可利用的风能在全球范围内分布广泛、储量巨大。同时，随着风电相关技术不断成熟、设备不断升级，全球风力发电行业高速发展。

风能是一种清洁的可再生能源，利用风力发电非常环保，且风能蕴量巨大，因此日益受到世界各国的重视，欧洲风力发电占比量在2019年已经达到15%，其中丹麦更是高达48%。

近年来，风能作为清洁能源备受全球各国关注，全球风力发电规模稳步增长，根据全球风能理事会（GWEC）发布的《全球风能报告2019》公布的数据显示，2019年全球风电装机总容量为651GW，较2001年底增长超过26倍，年均复合增长率为20.12%。其中陆地风电装机容量为621GW，海上风电装机容量为30GW。总体来说，目前全球风力发电以陆地风力发电为主。从新增装机容量来看，2019年全球风电新增装机容量为60.4GW，较2001年增长超过8倍，年均复合增长率为13.18%。风电作为现阶段发展最快的可再生能源之一，在全球电力生

产结构中的占比正在逐年上升，拥有广阔的发展前景。根据GWEC 2019年的预测，未来5年全球将新增超过355GW装机容量，在2020—2024年间每年新增装机容量均超过65GW。

目前，全球已有90多个国家建设了风电项目，主要集中在亚洲、欧洲、美洲。从各国分布来看，截至2019年底，中国、美国、印度、西班牙和瑞典为全球陆地风电累计装机容量排名前五的国家，陆地风电累计装机容量占全球陆地风电装机容量的37%、17%、9%、6%和4%，合计占比为73%。

从新增装机容量来看，2019年，全球陆地新增装机容量排名前五的国家为中国、美国、印度、西班牙和瑞典。陆地新增装机容量占2019年全球陆地风电新增装机容量的比例分别为44%、17%、4%、4%和3%，合计占比为72%。

作为风电的重要组成部分，海上风电在技术和政策的支持下快速发展，并大力加快全球风电开发进程。因海上风力资源丰富且风源稳定，将风电场从陆地向海上发展在全球已经成为一种新趋势。

海上风电的优势主要是风速较陆地更大，风垂直切变更小，湍流强度小，有稳定的信号主导方向，年利用小时长。此外，海上风电不占用土地资源，且接近沿海用电负荷中心，就地消纳，避免了远距离输电造成的资源浪费。根据GWEC的统计，2019年全球海上风电新增装机创历史新高，首次突破6GW，全球海上风电总装机量超过29GW。

2.3.2 中国风力发电的现状

风能作为清洁能源备受各国关注，近年来，我国风电行业快速发展，已经成为全球主要的风电市场之一，风电装机量和风力发电量逐年增长，弃风问题逐渐改善。近年来，随着国家风电价格调整和补贴政策的变动，海上风电项目进入抢装阶段。

根据全球风能理事会（GWEC）发布的《全球风能报告2019》公布的数据显示，2019年，我国风电装机容量达到了210.05GW，同比增长14%，我国风电累计装机量占全球的37%，较2017年提高了19个百分点，新增风电装机量排名全球第一，2019年我国新增风电装机量占全球新增风电装机量的44%。

从我国近年来的电力能源看，风电已经成为仅次于火电和水电的第三大电力来源。尽管我国风力发电量不断攀升，但其占全国总发电量的比重仍然处于较低水平。根据国家能源局公布的数据显示，截至2020年上半年，我国风电装机容量达到了216.75GW，占全国总发电量的6.3%。虽然已经提前达到了国家能源局发布的《风电发展“十三五”规划》提出的到2020年底我国风电占比要达到6%的发展目标，但与欧洲相比仍然具有较大的差距，我国风电开发程度仍有较大的提升空间。

与全球风电行业发展趋势保持一致，在我国风电行业整体快速发展的情况下，海上风电发展速度快于风电行业整体发展速度。截至2019年底，海上风电累计装机容量为593万kW。

由于受地域和气候的影响，我国风能资源在地理分布上差异较大，风能资源较多分布在西北、华北和东北地区，2019年我国西北地区风电总储量达1486.85GW，是风电资源储量最大的地区。然而，我国用电需求较大的电力负荷中心多集中在华东、华南、华中地区，我国风电资源丰富的地区与用电需求负荷中心存在空间错配问题。自2010年起，弃风现象开始显现。进入2015年以来，弃风限电问题再次上演“疯狂”一幕，国家能源局公布的数字显示，2015年全年的弃风电量达到339亿kW·h，直接电费损失超过180亿元。而这些损失最终仍会被转嫁到可再生能源的发电企业身上，由此造成的资金压力将波及整个产业链。近年来，在国家一系列价格补贴以及风电平价化政策的推动下，我国风电消纳能力有所提升，弃风率逐渐下降，2019 年，我国弃风率由 2018 年的 7% 下降至 4%。与此同时，2019 年起，国家大力推动特高压基础设施建设，2019 年全国共 20 条特高压线路，共输电 4490 亿 kW · h，其中输电可再生能源 2350 亿 kW · h，同比增长 12.23%，在特高压总输电中占比 52.34%。

2016 年 7 月，国家能源局发布了《关于建立监测预警机制促进风电产业持续健康发展的通知》，建立了风电投资监测预警机制。预警程度由高到低分为红色、橙色、绿色三个等级，风电投资监测预警结果用于指导各省（区、市）风电开发投资。

随通知同时公示的第一批全国风电投资监测预警结果中，吉林、黑龙江、甘肃、宁夏、新疆为红色，对于这些地区，国家能源局在当年不下达年度开发建设规模、地方暂缓核准新的风电项目（含已纳入年度开发建设规模的项目）、电网企业不再办理新的接网手续。

此后，在一系列针对可再生能源消纳、特高压输电线路建设等政策推动下，弃风限电情况逐步好转。根据国家能源局发布的《2019 年风电并网运行情况》，2019 年全国风电平均利用小时数为 2082h，全年弃风电量为 169 亿 kW · h，同比减少 108 亿 kW · h，弃风率 4%，同比下降 3 个百分点，弃风限电状况进一步得到缓解。

2020 年，全国风电新增并网装机容量为 7167 万 kW，其中陆地风电新增装机容量为 6861 万 kW、海上风电新增装机容量为 306 万 kW。到 2020 年底，全国风电累计装机容量为 2.81 亿 kW，其中陆地风电累计装机容量为 2.71 亿 kW、海上风电累计装机容量约为 900 万 kW。

2020 年，全国风电平均利用小时数为 2097h，在风电平均利用小时数较高的省区中，福建为 2880h、云南为 2837h、广西为 2745h、四川为 2537h。

2020 年，全国平均弃风率为 3%，较去年同比下降 1 个百分点，尤其是新疆、甘肃、蒙西，弃风率同比显著下降，新疆弃风率为 10.3%、甘肃弃风率为 6.4%、蒙西弃风率 7%，同比分别下降 3.7、1.3、1.9 个百分点。

2.3.3　风力发电的发展趋势

风力发电有着优化能源结构、改善生态环境、促进社会和经济可持续和谐发展等方面的优势，是未来电力能源发展的一个趋势。未来风电在能源结构中的比重会不断扩大，将成为满足电力需求的一种重要能源。风力发电是风能的一种主要利用形式，风力发电已经发展了多年，随着能源环境的变化和风力发电产业的成熟，未来几年风力发电将呈现新的增长趋势。

2016 年《风电发展“十三五”规划》中风力发电目标的确立，为我国风电行业的发展提供了难得的契机，风电步入了快速发展时期，为了更有效、更大规模地利用风电，风力发电技术将呈现以下发展态势。

1. 风力发电投资成本降低

风力发电相对于太阳能、生物质等可再生能源技术更为成熟、成本更低、对环境破坏更小。在过去 20 多年里，风力发电技术不断取得突破，规模经济性日益明显。随着风力发电技术的改进，风力发电机组将越来越便宜和高效。增大风力发电机组的单机容量即减少了基础设施的投入费用，而且同样的装机容量需要更少数目的机组，这也节约了成本。随着融资成本的降低和开发经验的不断丰富，项目开发的成本也相应得到降低。风力发电机组可靠性的改进也减少了运行维护的平均成本。总体上，风力发电成本将得到大幅降低。

2. 风力发电国产化的必要性

实现风力发电技术装备国产化的目的是提高我国风力发电装备的制造能力和技术水平，降低风力发电成本，提高市场竞争能力，为推动我国风力发电技术大规模商业化发展奠定基础。加大风力发电机组的国产化力度，一方面可为风力发电场建设提供质优价廉的国产设备；另一方面也可迫使国外同类企业在参与我国市场竞争时大幅度降低产品价格。风力发电技术装备国产化的指导思想是以市场为导向，以工程为依托，在引进消化吸收国际先进技术的基础上进行创新提高，开发具有自主知识产权的风力发电设备，如全部实现风力发电机组国产化，预计可降低风力发电机组成本的30%，在不改变其他条件的前提下，可使风力发电成本降至0.332元/(kW·h)。为此，国家必须加大科研开发投资力度，在目前条件下以风力发电场建设投资1.5%~3%的比例支持我国的风力发电技术科研开发和国产化是适宜的。其重要意义不仅仅在于降低风力发电成本，还将推动我国风力发电机组产业的形成，利用我国的优势走向国际市场。

3. 海上风力发电将成为风力发电的新视点

海上有丰富的风能资源和广阔平坦的区域，使得近海风力发电技术成为近年来研究和应用的热点。相对于陆地风力发电，海上风力发电优势更为明显：发展空间几乎没有限制，可节约大量的土地资源；海上的风能资源远比陆地丰富，风速更高，发电量将显著提升；风切度小，可有效降低机组塔架高度，海上风电建设成本更低；海平面摩擦力小，作用在机组上的荷载小，机组使用寿命可长达50年；噪声、鸟类、景观以及电磁干扰等问题对海上风电影响小；对生态环境基本无影响，绿色环保。目前许多国家都制订了大规模开发利用海上风能的计划，欧盟在该领域处于绝对优势地位，占全球海上风电装机容量的90%。多兆瓦级风力发电机组在近海风力发电场的商业化运行是国内外风能利用的新趋势。欧洲海岸线的海上风力发电大部分都集中在丹麦、瑞典、荷兰和英国。目前最大的海上风力发电场是位于丹麦南海岸的Nysted风力发电场，容量为165.6MW。随着风力发电的发展，陆地上的风机总数已经趋于饱和，海上风力发电场将成为未来发展的重点。海上风能资源储量远大于陆地风能，储量10m高度可利用的风能资源超过7亿kW，而且距离电力负荷中心很近。随着海上风力发电场技术的发展成熟，经济上的可行性，将来必然会成为重要的可持续能源。

4. 大型发电机组是风力发电必然的趋势

目前商业化主流机型都以MW级为主，单机容量可达5MW以上，美国、英国和丹麦等国正在研制10MW的巨型风力发电机，未来将会有容量更大的巨型风力发电机面世。

随着现代风力发电技术发展的日趋成熟，风力发电机组正不断向大型化发展。2002年前后，国际风力发电市场上主流机型已经达到1500kW以上。目前，欧洲已批量安装3600kW风力发电机组，美国已研制成功7000kW风力发电机组，而英国正在研制巨型风力发电机组。目前风力发电机组的规模一直在不断增大，国际上主流的风力发电机组已达到2~3MW。大体上大型风力发电机组有两种发展模式。陆地风力发电，其方向是低风速发电技术，主要机型是2~5MW的大型风力发电机组，这种模式关键是向电网输电。近海风力发电，主要用于比较浅的近海海域，安装 5MW 以上的大型风力发电机，布置大规模的风力发电场，这种模式的主要制约因素是风力发电场的规划和建设成本，但是近海风力发电的优势是明显的，即不占用土地，海上风力资源较好。

全球可再生能源发电装机容量中风电占有压倒性优势，今后有望成为欧洲、亚洲、北美的主要电力来源。根据 2010 年 10 月世界风能协会和绿色和平国际组织的预测，今后 20 年风力发电将成为世界主力电源。2030 年装机容量将达到 23×10^8kW，可供应世界电力需求的 22%。

5. 定桨距、恒速恒频向变桨距、变速恒频发展

高风速下，变桨距调节可维持输出功率稳定，有效减小机组承受的荷载，确保机组安全运行，延长机组使用年限；变速运行可使机组在风速改变时适时调整转速并保持最佳，可实现风能利用率最大，具有适应能力强、发电效率高以及运行费用低等诸多特点。

6. 双馈风电占主导，直驱式发展迅速

双馈风力发电由于技术上的优势，仍是目前主流应用的风电机组类型，2009 年全球新增风电机组中，双馈型风电机组占 80% 以上，以丹麦 Vestas 公司的 V80、V90 为代表的双馈型风电机组，在全球风电市场中所占的份额最大，无齿轮箱直驱式永磁风力发电机省去了齿轮箱、传动装置等部件，降低了系统的成本，大大减小了系统运行噪声，可靠性高，更便于维护。近些年直驱式风电发展迅速，2009 年新增大型风电机组中，直驱式风电机组已超过 17%。

7. 采用新的叶片技术

要提高风电机组单机容量，通常采用延长叶片长度和提高塔架高度来实现，但对于巨型机而言，运输和安装的难度及成本将大幅增加，使风电机组容量进一步增大受到限制。因此，特殊叶片的开发和研制日益引起重视，分段式叶片技术是很好的选择，能较好地解决运输和安装的问题，如德国 Enercon 公司的 E－126 型世界上功率最大的风电机组，风轮直径 126m，塔高 135m，采用了两段式叶片技术，但分段式叶片连接处的刚性断裂问题则成为该技术应用的关键。叶片制造材料也至关重要，目前长度大于 50m 的叶片一般采用强化碳纤维材料以增强叶片刚度；为了使叶片的气动外形能够快速变化，可采用智力材料如压电材料；采用玻璃钢碳纤维和热塑材料的混合纱丝制造叶片，可使叶片生产时间缩短 80%。

8. 新型风力发电机的开发和研制

无刷交流双馈异步电动机、开关磁阻发电机和高压发电机，相对于传统发电机具有明显的优势，从降低成本、提高可靠性以及便于维护而言，大力研制新型发电机势在必行。

9. 优化结构设计、提高可靠性

从商业化运行角度看，风力发电机组使用寿命偏低，为了最大限度地产生经济效益，有必要使用更好的工艺、更先进的技术、更好的材料对机组结构及有关部件（如桨叶、发电机以及先进控制器等装置）的设计进行优化和改进，如德国 Enercon 公司在改进桨叶后，叶片的 C_P值可达 0.5，仅降低了机组的重量和制造成本，系统的可靠性、发电效率与机组的使用寿命也提高了。

10. 新型电力电子技术的广泛使用

（1）电压源换流器高压直流输电（VSC-HVDC）风电场并网技术　采用VSC-HVDC技术联网具有众多优势：各VSC可同时对有功和无功分别独立控制，控制方式灵活多变；采用该技术并网，电网间互不干扰，发送端的频率与接收端的相互独立，可靠性高；输电距离远；功率输送容量大且损耗低；黑暗起动能力强；VSC-HVDC采用全控型器件，可工作于无源逆变方式，VSC无须交流侧提供无功功率，甚至能够起到STATCOM的作用，增强系统的电压稳定性。瑞典是最早利用该技术的国家，目前世界上电压等级最高、输送容量最大、送电距离最远、技术水平最先进的直流输电工程为2010年投入运营的中国自主研发、设计和建设的向家坝-上海特高压直流输电±800kV示范工程，现在丹麦、德国、美国和澳大利亚等国家采用了VSC-HVDC风电场并网技术。

（2）新型大功率变换器的研究及应用　随着风电机组单机容量不断提高，对功率变换器也提出了更高的要求。多电平变换器相对两电平变换器具有很强的优势，具有谐波含量低、电磁干扰小、对输入滤波器要求低等特点；相对于两电平变换器，其开关频率能降低约25%，显著降低了功率器件的开关损耗，大大提高了转换效率，如高压三电平变换器转换效率可达98%以上。

（3）新型储能技术的应用　应用储能技术也能起到维持电网频率稳定的作用，目前常见的储能设备包括蓄电池（如铅酸蓄电池、锂电池、镍电池以及锌溴蓄电池）、飞轮、超级电容器、超导以及压缩空气等多种形式。新型储能技术的研发日益受到人们的关注，将来在电力系统中有很好的应用和发展前景。

11. 联网集中控制与管理

风电一般大规模并列运行，对多个风电场或风电场中多个机组集中管理与联网控制势在必行。采用有线网络，布线铺设困难、成本高、占用空间大，尤其当风电场规模扩大或改建时更为突出。风电场远程监控系统应基于无线局域网技术，能方便实现风电机组的联网管理，大大降低维护的难度和运行成本。

12. 智能化

风电系统的智能化对风电机组的控制与检测技术、建模与仿真研究、风功率预测和管理技术、故障诊断及预警系统、风电资源的优化配置与调度等诸多技术指标均提出了更新、更高的要求，是未来风电技术研究的热点之一。将先进传感器、传动系统与智能控制技术相结合的智能叶片技术，可快速适应风速变化，显著提高发电效率，有效减小叶片荷载，降低机组制造成本，提高了机组的可靠性和使用寿命；智能偏导航系统对风速及时、准确进行预测，使风轮迎风面始终与风向保持一致，风能利用率达到最大；风电智能控制系统能实现风电资源的智能调度和优化配置，可对电网吸纳风电的能力进行实时评估，以此确定风电最大发电出力，获得最佳经济效益。2010年，中国首座大型集群风电有功智能控制系统在甘肃酒泉成功投入运营，风电的综合利用效率大大提高。

13. 恶劣气候环境下安全性的提高

中国北方的沙尘暴、低温、冰雪、雷暴，东南沿海的台风、盐雾，西南地区的高海拔等恶劣气候环境对风电机组造成很大的影响，缩短了机组使用寿命。因此，在风电机组设计和运行时，必须具有一定的防范措施，以提高风电机组抗恶劣气候环境的能力，减少损失。

14. 低电压穿越技术得到应用

随着风电规模的不断扩大，风电对电网的影响日益加深，当电网发生故障迫使大面积风电机组因自身保护而脱网，将严重影响电力系统运行的稳定性。因此在电网故障出现电压跌落时，要求风电发机组不脱网运行，并在故障切除后能尽快帮助电力系统恢复稳定运行（即低电压穿越）。随着风力发电装机容量的不断增大，很多国家的电力系统对风力发电机组的低电压穿越能力做出了规定，如美国规定风电场必须具有在电压跌至 15% 额定电压时能够维持并网运行 625ms 的低压穿越能力，同时风电场电压发生跌落后 3s 内能够恢复到额定电压的 90% 时风电场必须保持并网运行，中国的标准略有不同，为 20% 的额定电压。中国企业的风电机组产品也正按标准进行该项测试，2011 年 3 月，中国广西银河集团自主研发的 2. 5MW 直驱永磁机组成功通过了低电压穿越测试，成为国内第 1 家按照新国标完成该测试的企业。

15. 风电输出预报技术提高

国外对风电机组和风电场的短期及长期发电预测做了很多研究，取得了重大进步，预测准确度可达 90% 以上。中国可借鉴欧洲国家风能功率预测在推动风电大规模利用方面的成功经验，大力开展有关研究工作，不断提升预测技术水平和精度，大力提高电网接纳风电的能力以及电网运行的经济性。

本章小结

我国是世界上风能最为丰富的国家之一，近乎无尽。因此风力发电对于我国乃至全球都具有十分广阔的发展前景。就目前而言，风力发电是新能源中技术最成熟的、最具规模开发条件和商业化发展前景的发电方式。但是，风力发电也存在很多问题，如成本问题，发电效率问题以及控制问题，并且大容量的发电需要并网，必须对发出的电进行监测，这样更加有利于风力发电的大规模发展。

本章习题

1. 简述风电产业的现状。
2. 简述利用风力发电的意义。
3. 风力发电有哪些特点？
4. 风力发电存在哪些问题？
5. 未来风力发电的发展趋势如何？
6. 风力发电与其他新能源利用相比有哪些优点？

第3章 风力发电机

3.1 风力发电的基本原理

风力发电机是将风能转换为机械能的动力机械，又称为**风车**。广义来说，它是一种以太阳为热源，以大气为工作介质的发动机。风力发电利用的是自然能源，相对柴油发电要好得多。但是应急还是不如柴油发电机。风力发电不可视为备用电源，但是却可以长期利用。风力发电正在世界上形成一股热潮，因为风力发电没有燃料问题，也不会产生辐射或空气污染。风力发电在芬兰、丹麦等国家很流行；我国也在西部地区大力提倡。风力发电机因风量不稳定，故其输出的是13～25V变化的交流电，必须经过整流后再对蓄电池充电，使风力发电机产生的电能变成化学能。然后用有保护电路的逆变电源把蓄电池里的化学能转变成220V交流电，才能保证稳定使用。

风能具有一定的动能，通过风轮机将风能转换为机械能，拖动发电机发电。风力发电的原理是利用风带动叶片旋转，再通过增速器将旋转的速度提高来促使发电机发电。依据目前的风车技术，大约3m/s的微风速度便可以开始发电。风力发电的原理说起来非常简单，最简单的风力发电机可由叶片和发电机两部分构成。风力发电原理图如图3-1所示。空气流动的动能作用在叶轮上，将动能转换成机械能，从而推动叶片旋转，如果将叶轮的转轴与发电机的转轴相连，就会带动发电机发电。

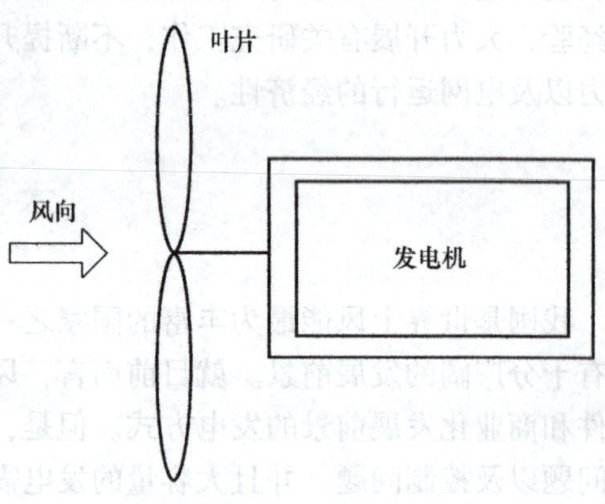

图3-1 风力发电原理图

3.2 风力发电系统的种类

风力发电的运行方式可分为独立运行、并网运行、风力发电场、风力-柴油发电系统联合运行、风力发电-太阳电池发电联合运行及风力-生物质能-柴油联合发电系统等。

1. 独立运行

独立运行通常是一台小型风力发电机向一户或几户提供电力，它用蓄电池蓄能，以保证无风时的用电。3～5kW的风力发电机多采用这种运行方式，可供边远农村、牧区、海岛、气象台站、导航灯塔、电视差转台、边防哨所等电网达不到的地区利用。

2. 并网运行

风力发电机与电网连接，向电网输送电能，向大电网提供电力，并网运行是为克服风的随机性而带来的蓄能问题的最稳妥易行的运行方式，也是风力发电的主要发展方向。10kW以上直至MW级的风力发电机皆可以采用这种运行方式。

3. 风力发电场

在风能资源丰富的地区按一定的排列或是成群安装风力发电机组，组成集群。少的3~5台，多的可达几十台、几百台、甚至数千上万台。风力发电场内的风力发电机组单机容量为几十千瓦至几百千瓦，也有达到兆瓦以上的。

风力发电场一般选在较大盆地的风力进出口或较大海洋湖泊的风力进出口等，具体体现在高山环绕盆地（或海洋或湖泊）的峡谷低处，或有贯穿环山岩溶岩洞处，这样可获得较大的风力。一般需要达到两个要求：一是场址的风能资源比较丰富，年平均风速在6m/s以上，年平均有效风功率密度大于200W/m^2，年有效风速（3~25m/s）小时数不小于5000h；二是场地面积需达到一定的规模，以便有足够的场地布置风力发电机组。风力发电场属于大规模利用风能，其发出的电能全部经变电设备送往大电网。新疆达坂城风力发电场如图3-2所示。

4. 风力–柴油发电系统联合运行

该系统由风力发电机组、柴油发电机组、蓄能装置、控制系统、用户负荷（耗能负荷）等组成。各发电、供电系统既能单独工作，又能联合工作，互相不冲突。采用风力–柴油发电系统可以实现稳定持续供电。这种系统有两种不同的运行方式：

1）风力发电机与柴油发电机交替运行。

2）风力发电机与柴油发电机并联运行。

5. 风力发电–太阳电池发电联合运行

该系统是一种互补的新能源发电系统，风力发电机可以和太阳电池组成联合供电系统。风能、太阳能都具有能量密度低、稳定性差的弱点，并受地理分布、季节变化、昼夜变化等因素的影响。中国属于季风气候区，冬季、春季风力强，但太阳辐射弱，夏季、秋季风力弱，而太阳辐射强，两者能量变化趋势相反，因而可以组成能量互补系统，并给出比较稳定的电能输出。利用自然能源的互补特性，增加了供电的可靠性。风力发电–太阳电池发电联合运行如图3-3所示。

图3-2　新疆达坂城风力发电场

图3-3　风力发电–太阳电池发电联合运行

6. 风力-生物质能-柴油联合发电系统

该系统是在风力-柴油发电系统基础上增加更多功能的联合系统，在有生物质能的地方，在柴油发电系统上直接接入沼气、天然气或生物柴油等可燃气体或液体，就可以使柴油机工作并发电。

3.3　风力发电机组的形式

风力发电机组按照风轮轴与风向的相对关系分为水平轴风力发电机组和垂直轴风力发电机组，水平轴风力发电机组的风轮轴与风向平行，而垂直轴风力发电机组的风轮轴与风向垂直。目前，大型风力发电机组多采用水平轴风力发电机组形式。风力发电机组如图 3-4 所示。

a) 水平轴风力发电机组

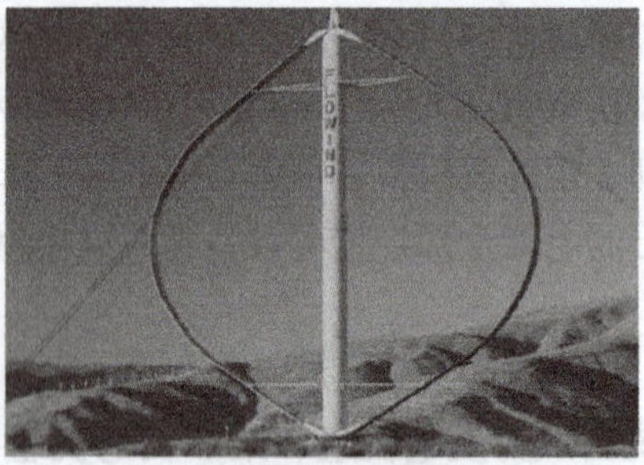
b) 垂直轴风力发电机组

图 3-4　风力发电机组

3.3.1　水平轴风力发电机组

1. 风力发电机组的基本结构

水平轴风力发电机组从结构上大致分为风轮、机舱、塔架及基础四大部分。基础起着固定塔架的作用，塔架则用于支撑机舱和风轮，机舱里装有发电机、主传动系统等部件，风轮由叶片固定于轮毂上组成。水平轴风力发电机组结构如图 3-5 所示。水平轴风力发电机组的结构及功能将在第 5 章详细介绍。

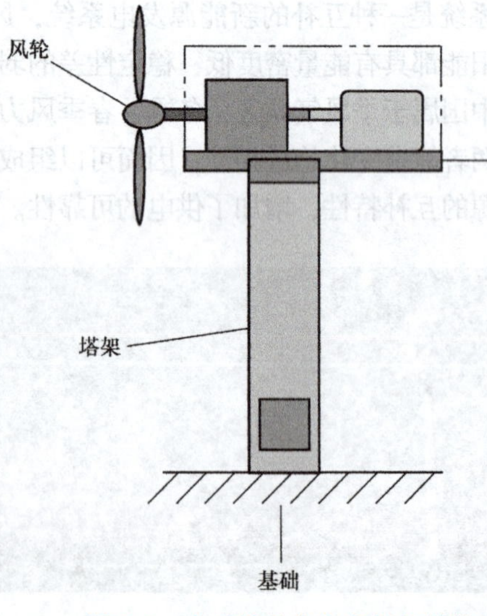

图 3-5　水平轴风力发电机组结构

2. 水平轴风力发电机组的类型

水平轴风力发电机组的类型按不同标准分类如下。

(1) 按装机容量划分

1) 微型风力发电机组：容量为0.1～1kW。

2）小型风力发电机组：容量为1～100kW。

3）中型风力发电机组：容量为100～1000kW。

4）大型风力发电机组：容量大于1000kW。

（2）按功率调节方式划分

1）定桨距风力发电机组：叶片固定在轮毂上，桨距角不能改变，风力发电机组的功率调节完全依靠叶片的起动特性。当风速超过额定风速时，利用叶片的空气动力特性减小旋转力矩或通过偏航系统的控制维持输出功率稳定。

2）变桨距风力发电机组：叶片的桨距角可调。在超过额定风速范围时，通过增大叶片桨距角，使功率输出保持稳定。同时，在机组起停过程中也要通过调整桨距角来增大或减小力矩。

3）主动失速型风力发电机组：工作原理相当于以上两种形式的组合。利用叶片的失速特性实现功率调节，叶片与轮毂不是固定连接，叶片可以相对轮毂转动，实现桨距角调节。当机组达到额定功率后，使叶片向桨距角减小的方向转过一个角度，增大来风攻角，使叶片主动进入失速状态，从而限制功率。

（3）按传动形式划分

1）高传动比齿轮箱型：机组中的齿轮箱将风轮的转速提高后传递给发电机。风轮的转速通常较低，达不到发电系统的要求，必须通过齿轮箱增速，因此，齿轮箱也称为增速箱。

2）直接驱动型：发电机采用多极同步发电机，让风力发电机组直接驱动发电机转子转动。

3）半直驱型：半直驱概念是在直接驱动型与双馈风力发电机组在向大型化发展过程中产生的，兼顾有二者的特点。从结构上说半直驱型与双馈型类似，具有布局形式多样的特点，同时目前研究中的无主轴结构还具有与直接驱动型相似的外形。区别在于一是与双馈型比，半直驱型的齿轮箱的传动比低；二是与直接驱动型比，半直驱型的发电机转速高。这个特点决定了半直驱型一方面能够提高齿轮箱的可靠性与使用寿命，同时相对直接驱动型发电机而言，能够兼顾对应的发电机设计，改善大功率直接驱动型发电机的设计与制造条件。

（4）按发电机转速变化划分

1）恒速型：发电机转速不随风速的变化而变化。

2）变速型：发电机工作转速随风速变化而变化。主流大型风力发电机组基本都采用变速恒频运行方式。

3）多态定速型：发电机组中包含两台或多台发电机，根据风速的变化，可以有不同大小和数量的发电机投入运行。

（5）按照风轮与塔架相对位置划分

1）迎风式：风轮在塔架的上风位置。

2）顺风式：风轮在塔架的下风位置。迎风式和顺风式风力发电机组如图3-6所示。

3. 风力发电机组的主要参数

（1）风轮扫掠面积　风轮扫掠面积是指叶片旋转时叶尖形成的圆的面积，根据贝兹理论，风轮从风中获取的功率为

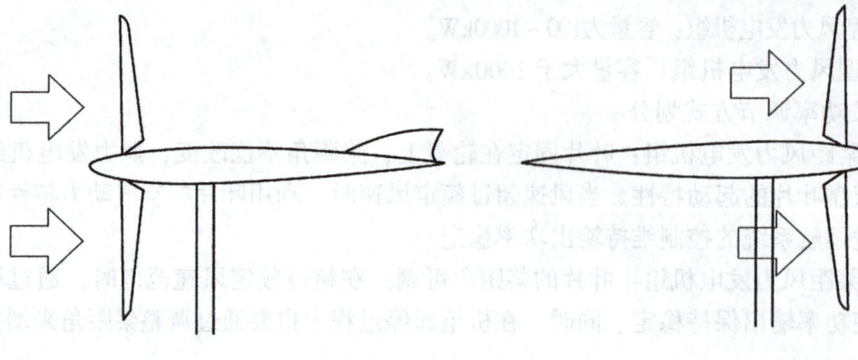

图 3-6　迎风式和顺风式风力发电机组

$$P=\frac{1}{2}\rho SC_{\mathrm{P}}v^3$$

式中　ρ——空气密度；

S——风轮扫掠面积；

C_{P}——风能利用系数，计算时一般取额定风速下的值；

v——设计风速。所以风轮获取的功率随风轮扫掠面积的增加而增加。

（2）轮毂高度　轮毂高度是指风轮轮毂中心离地面的高度。由于风的剪切特性，离地面越高，风速越大，具有的风能也越大，因此大型风力发电机组的发展趋势是轮毂高度越来越高。但是轮毂高度增加，所需要的塔架高度也相应增加，当塔架高度达到一定水平时，设计、制造、运输和安装等方面都将产生新的问题，也导致风力发电机组成本相应增加。

（3）叶尖速比　风轮叶片尖端线速度与风速之比称为叶尖速比。u 是旋转的风力发电机组风轮外径切线速度，$u=\Omega R$，v 是风进叶轮前的速度，叶尖速比 λ 为

$$\lambda=\frac{\Omega R}{v}$$

式中　R——风轮的最大旋转半径或叶尖半径（m）；

Ω——风轮角速度（rad/s）；

v——风速（m/s）。

（4）叶片数　一般风轮叶片数取决于风轮的叶尖速比 λ。目前用于风力发电的一般属于高速风力发电机组，即 λ 为 4 ~ 7，叶片数一般取 2 ~ 3。另外，叶片数目确定应与实度一起考虑，既要考虑风能利用系数，也要考虑起动性能，总之要以达到最多的发电量为目标。由于三叶片风力发电机的运行和输出功率较平稳，目前风力发电机采用三叶片的较多。

（5）实度　风力发电机组叶片的总面积与风通过风轮的面积（风轮扫掠面积）之比称为实度（容积比），是风力发电机组的一个参考数据。

图 3-7 为水平轴风力发电机组叶轮，S 为每个叶片对风的投影面积，B 为叶片个数，R 为风轮半径，σ 为实度，即

$$\sigma=\frac{BS}{\pi R^2}$$

4. 额定风速、切入风速和切出风速

额定风速是指风力发电机组达到额定功率时对应的风速，额定风速的大小直接影响到机组的总体构成和成本，额定风速取决于风力发电机组所在区域的风能资源分布，需要事先掌握平均风速及其出现的频率。可以参照风速条件按一定的原则评估确定风速。

切入风速指风力发电机组开始并网发电的最低风速，决定了机组在低风速条件下的性能。

切出风速则主要用于极端风速条件下对机组进行停机保护。当风速达到切出风速时，机组将实施制动停机。

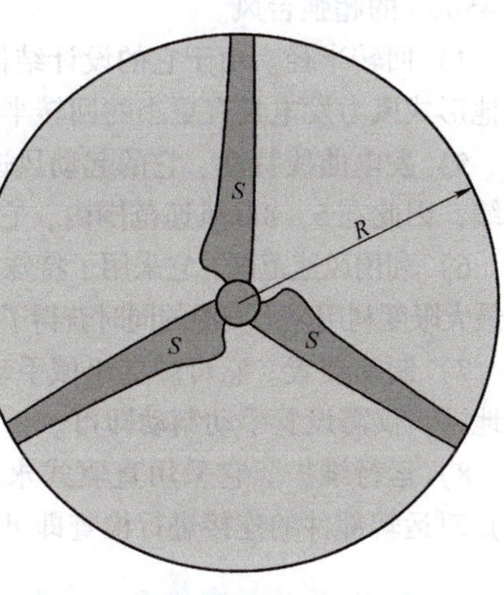

图 3-7 水平轴风力发电机组叶轮

3.3.2 垂直轴风力发电机组

风轮旋转轴垂直于地面或者来流方向的风力发电机组称为垂直轴风力发电机组。相对于传统的水平轴风力发电机组，垂直轴风力发电机组具有不用对风向、无噪声、安全性高、结构设计简单，减少了风轮对风时的陀螺力等诸多优点，是未来风力发电机发展的一个重要方向。

1. 垂直轴风力发电机组的发展

垂直轴风力发电机组的应用可以追溯到几千年前，人们利用垂直轴风力发电机组进行提水。但利用垂直轴进行发电的研究直到20世纪20年代后才开始，由于研究工具、方法的落后，结果导致认为垂直轴风力发电机组的风能利用率不如水平轴风力发电机，但制造工艺、成本低于水平轴风力发电机组的结论。

随着计算机技术的日新月异，计算流体力学（简称CFD）得到了飞速的发展，从最初的小扰动速势方程到欧拉方程以及更加复杂的N-S方程，尤其进入21世纪后，已经可以模拟动态下的复杂外形气流流动，这为垂直轴风力发电机的研究提供了一个基础。传统的水平轴风力发电机叶片受其叶片特殊的非等截面结构限制，目前还不能用CFD方法设计、计算，只能靠大量的经验来设计。对于垂直轴风轮叶片，由于是等截面结构，已经可以用CFD方法来设计，计算精度要高于叶素理论方法，因此，目前世界上研究垂直轴风力发电机的机构也越来越多。

2. 垂直轴风力发电机组的特点

垂直轴风力发电机组具有较多显著特点：

1）安全性。它采用了垂直叶片和三角形双支点设计，并且主要受力点集中于轮毂，因此叶片脱落、断裂和叶片飞出等问题得到了较好的解决。

2）噪声。它采用了水平面旋转以及叶片应用飞机机翼原理设计，使得噪声降低到在自然环境下测量不到的程度。

3）抗风能力。它采用了水平旋转和三角形双支点设计原理，使其受风压力小，可以抵

抗45m/s的超强台风。

4）回转半径。由于它的设计结构和运转原理与其他形式风力发电机组不同，因此它比其他形式风力发电具有更小的回转半径，节省了空间，同时提高了效率。

5）发电曲线特性。它的起动风速低于其他形式的风力发电机，发电功率的上升幅度较平缓，因此在5~8m风速范围内，它的发电量较其他类型的风力发电机高10%~30%。

6）利用风速范围。它采用了特殊的控制原理，使其适合运行风速范围扩大到2.5~25m/s，在最大限度利用风力资源的同时获得了更大的发电总量，提高了风电设备使用的经济性。

7）制动装置。它可配置机械手动和电子自动制动两种制动装置，在无台风和超强阵风的地区，仅需设置手动制动即可。

8）运行维护。它采用直驱式永磁发电机，无需齿轮箱和转向机构，定期（一般每半年）对运转部件的连接进行检查即可。

3. 垂直轴风力发电机组的分类

垂直轴风力发电机组大体可分为如下几类：升力型垂直轴风力发电机组；阻力型垂直轴风力发电机组；升力-阻力结合式垂直轴风力发电机组。

（1）升力型垂直轴风力发电机组

1）达里厄风力发电机组。目前大中型风电主要采用水平轴风力发电机组，属于升力型风力发电机组，具有转速高、风利用率较高的优点，其运行叶尖速比（即风轮叶片叶尖线速度与来流风速的比值）通常在4以上，转速高，最大功率系数可达50%。垂直轴风力发电机组也有升力型风力发电机组，法国航空工程师达里厄（Darrieus）在1931年发明了升力型垂直轴风力发电机组，后人习惯把升力型垂直轴风力发电机组统称为达里厄风力发电机组（D式风力发电机组），达里厄风力发电机组的原始机型是ϕ形结构，在国外已运行的大中型达里厄风力发电机组是ϕ形结构，中小型采用H形结构。在国内，目前一些小微型升力-阻力结合式风力发电机组采用ϕ形结构，大一些的达里厄风力发电机组多采用H形结构，下面就H形结构达里厄风力发电机组的原理进行介绍。

图3-8是H形达里厄风力发电机组，风轮由两片与转轴平行的叶片组成，叶片截面为流线型的对称翼型，以相反方向安装在风力发电机组转轴两侧，风轮绕风力发电机组转轴旋转。

图3-8 H形达里厄风力发电机组

垂直的叶片能带动风轮旋转。图3-9为达里厄风力发电机组受力旋转原理图。风轮轴在叶轮径向线上，叶片随风轮旋转，沿翼片轨迹运动到上风面某位置，来风从左边进入，矢量v是外来风速，矢量u是叶片圆周运动的线速度（其箭头方向是无风时翼片感受到的气流方向与速度），矢量w是叶片感受到的合成气流速度（即相对风速），矢量L是叶片受到的升力，升力 L 与叶片受到的阻力形成合力，该合力在叶片前进方向的分力就是推动风轮旋转的力，该力形成对风轮转轴的转矩。

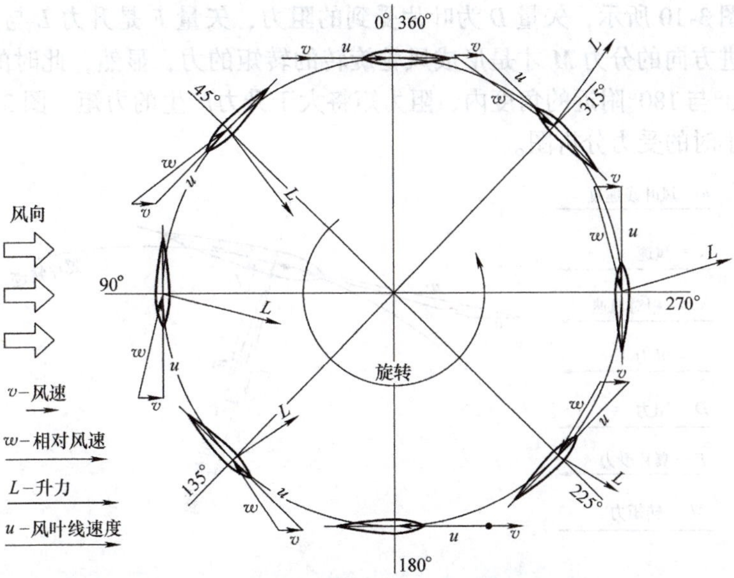

图 3-9　达里厄风力发电机组受力旋转原理图

叶片随风轮旋转到不同角度是否都有推动风轮旋转的转矩呢？图 3-10 为达里厄风力发电机组叶片受力分析图。这是叶片随风轮旋转到不同角度的受力图，通过该图来看 H 形达里厄风力发电机组的工作原理。图 3-9 中列举了从 0°～315°八个位置的叶片，图中角度不是叶片与来风的夹角，角度是按风轮逆时针旋转方向，图上部叶片与来风方向平行的位置为 0°。来风从左边进入，由于正常工作时的阻力很小，在图中很难标出，故不显示阻力。

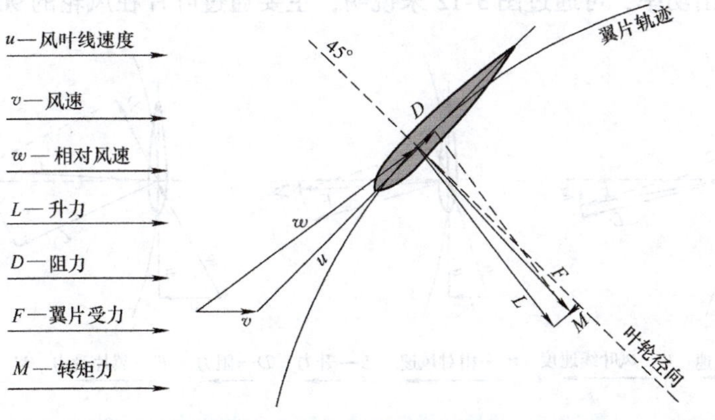

图 3-10　达里厄风力发电机组叶片受力分析图

我们分析一下叶片在这八个角度的受力情况，除了在 0°与 180°的位置，相对风速不产生升力，在其他六个位置上叶片受到的升力均能在运动方向产生转矩，在 90°与 270°能提供最大的转矩，这些转矩都朝着同一旋转方向，这就是达里厄风力发电机组能在风力下旋转的道理，所以说达里厄风力发电机组属于升力型垂直轴风力发电机组。

前面分析图是理想状态，是在理想的叶尖速比与没有叶片阻力时的状态。因为叶片还会受到阻力，所以叶片推动风轮旋转的力是升力与阻力的合成力在叶片前进方向的分力，在叶片阻力较明显时，阻力会明显影响风力发电机组的效率。我们取45°时的情况分析一下有阻力的情况，如图3-10所示，矢量 D 为叶片受到的阻力，矢量 F 是升力 L 与阻力 D 的合力，该力在叶片前进方向的分力 M 才是形成风轮旋转的转矩的力，显然，此时的转矩明显小于理想状况。在0°与180°附近的角度内，阻力矩将大于升力产生的力矩。图3-11所示为叶片与来风夹角较小时的受力分析图。

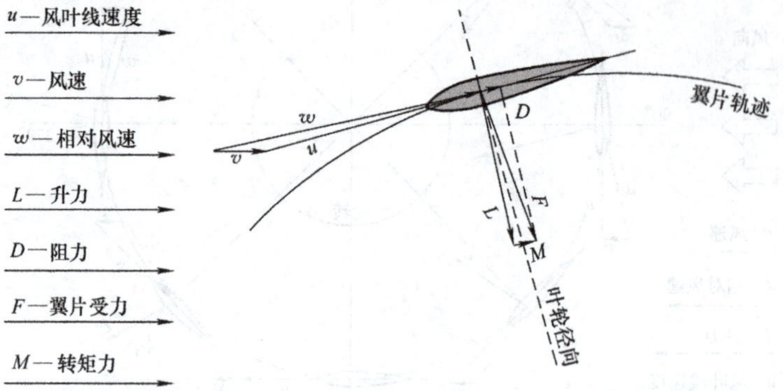

图3-11　叶片与来风夹角较小（0°～180°）时的受力分析图

达里厄风力发电机组的叶片转至0°与180°附近时只有阻力，只有叶片转到90°与270°附近时才有较大的输出力。这只是简单分析的结果，实际位置有些偏差，因为风进入风力发电机组叶片扫掠空间后已不再是平行又稳定的气流，情况要复杂得多。

下面再简单分析一下达里厄风力发电机组的动力特性，也就是风力发电机组在不同风速下的工作特性，主要是功率特性。

首先看叶片在不同风速时的受力状况，一般来说，叶片需运行在叶尖速比为3.5以上时才会有较大的输出功率，可通过图3-12来说明，主要通过叶片在风轮的90°位置来分析。

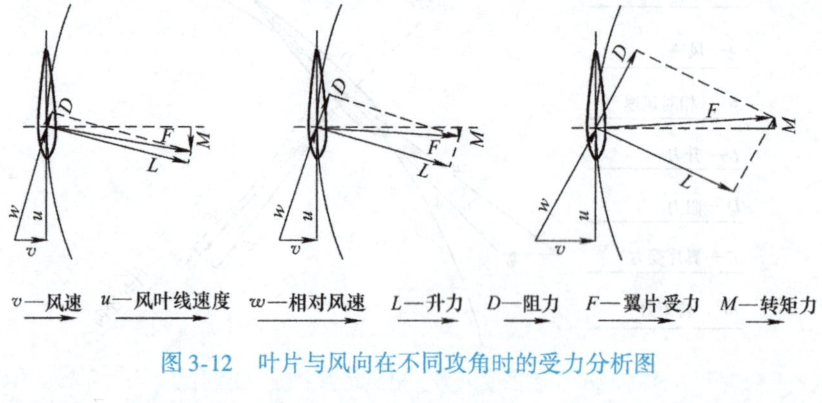

图3-12　叶片与风向在不同攻角时的受力分析图

图3-12左侧图叶片受到相对风速 w 的作用产生升力 L 与阻力 D，相对风速 w 与叶片弦线的夹角，即叶片的攻角 α（约为14°），相对风速 w 由风速 v 与叶片运动速度 u 合成，此时叶片的运动速度约为风速的4倍，即叶尖速比为4。升力 L 与阻力 D 的合力为 F，力 M 形成对风轮的转矩，是推动风轮旋转的力。在叶尖速比为4时，叶片运行在向风侧或背风侧均能产生推动风轮旋转的转矩，仅在两侧（0°与180°）附近升力很小，会有不大的负向转矩。

图3-12中间图是风速增加了，风轮转速没有增加，即叶片运动的速度未变，此时叶片的运动速度约为风速的3倍，即叶尖速比为3，叶片的攻角 α 约为18.3°。此时风速增加了，但升力不但没有增加还会降低，因为叶片已进入失速状态，进入失速状态的叶片受到的阻力大大增加，升力 L 与阻力 D 的合力为 F，该力形成风轮转矩的力为 M，此时的 M 已经很小了。只有叶片在离开90°或270°一定距离的范围时转矩的减小才没那么明显。

图3-12右侧图风速增加了一倍，叶片运动的速度未变，叶尖速比约为2，叶片的攻角 α 约为27°，此时叶片工作在失速状态，风速的增加使升力 L 略增加，但阻力 D 却大幅度上升，合力 F 相对风轮产生的转矩变为负向，是阻止风轮旋转的。在叶尖速比为2时叶片运行在大多数位置均产生负向转矩。

对于大多数普通翼型，当叶尖速比小于3.5时，叶片在0°与180°附近基本上不产生推动风轮旋转的力。当叶尖速比小于2时，即使在某个角度能产生一点正向转矩，也被其他角度产生的负向转矩抵消掉。

达里厄风力发电机组在低风速下运转困难，要在较高的风力下，风轮转速达到叶尖速比为3.5以上才可能正常带动负荷运转，叶尖速比为4~6时可获得较高的功率系数。图3-13是达里厄风力发电机组的一个重要的动力特性曲线，即功率系数 C_P 与叶尖速比 λ 的关系曲线。

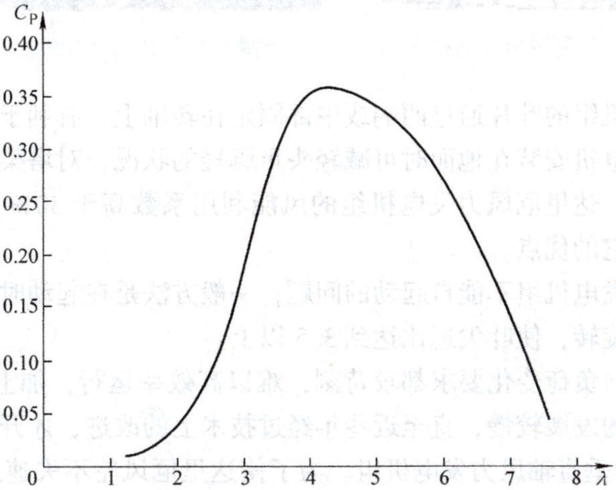

图3-13 达里厄风力发电机组的功率系数与叶尖速比的关系曲线

为了减小阻力增加升力，达里厄风力发电机组对叶片截面形状（翼型）的选择与外表粗糙度的要求比较高。

达里厄风力发电机组在叶尖速比为3以下时难以依靠升力运转，能否依靠阻力运行呢？由于各叶片是均匀固定在风轮的圆周上，风轮对称位置的叶片受风阻力产生的转矩方向是相反的，且大小相差不大，总转矩很小不足以推动风力发电机组转动。所以达里厄风力发电机组不能单靠风力自起动，必须依靠外力起动使叶尖速比达到3.5以上时才能依靠升力正常运转。

典型的达里厄风力发电机组叶片不是直的，而是弯成弧形，两叶片合成一个 ϕ 形，ϕ 形结构非常简单，容易实现大型机组的制造与安装，目前在国外运行的大型达里厄风力发电机组都是 ϕ 形结构，图3-14是一台 ϕ 形叶片的达里厄风力发电机组。

现在许多中小型达里厄风力发电机组多采用直形风叶，简称 H 形风力发电机组。H 形风力发电机组的叶片数一般为 2 ~ 6 个，图 3-15 是一个有五个叶片的风力发电机组。对于可变攻角达里厄风力发电机组，采用 H 形结构才便于实现。

图 3-14　ϕ 形叶片的达里厄风力发电机组

图 3-15　H 形叶片的达里厄风力发电机组

达里厄风力发电机组的叶片通过两端或中部固定在转轴上，有利于加大机械强度；达里厄风力发电机组将发电机安装在地面时可减轻头重脚轻的状况，对塔架要求较低，适合用拉索固定，检修较方便；达里厄风力发电机组的风能利用系数高于 30%，远高于阻力型风力发电机组，这些都是它的优点。

对于达里厄风力发电机组不能自起动的问题，一般方法是在起动时把发电机作电动机运转带动风力发电机组旋转，使叶尖速比达到 3.5 以上。

由于对风速变化与负荷变化要求都较苛刻，难以高效率运行，加上不能自起动等缺点，达里厄风力发电机组的发展较慢，直至近些年经过技术上的改进，才开始有较大发展。

2）叶片可摆动的垂直轴风力发电机组。为了使达里厄风轮不失速运行，叶尖速比至少要大于 3，在风轮起动过程中，叶尖速比是从小增大的，为了使风轮在叶尖速比小于 3 时也能运行，就必须使用可调攻角的叶片，也就是说，叶片角度要可以改变。摆动的叶片既可解决达里厄风力发电机组不能自起动的问题，又可改善达里厄风力发电机组的工作特性。

图 3-16 是可摆动叶片在不同位置的摆动角度示意图，表示在叶尖速比仅 1.5 时的叶片姿态。当叶片在向风侧（90°）时，相对风速与叶片运行方向夹角接近 34°，为了保证不失速运行，叶片向内摆 22°，这样叶片与相对风速的攻角只有 12°，不会进入失速状态。叶片在背风侧（270°）时，叶片向外摆 22°，也不会进入失速状态。

垂直轴风力发电机组的攻角控制比水平轴风力发电机组复杂，水平轴风力发电机组仅在风速发生变化时才改变攻角，改变角度也不大；而垂直轴风力发电机组叶片的攻角在风轮旋转时是不断变化的，即使风速不变，在不同位置需要的摆角也是不同的，其摆角的变化是连续不间断的，风轮每旋转一周，叶片按规律左右连续摆动一次。对于小型风力发电机组，风

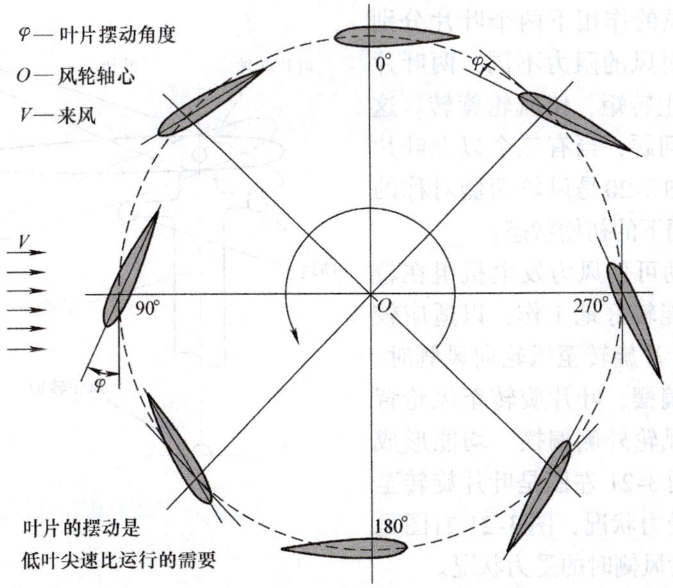

图 3-16　可摆动叶片在不同位置的摆动角度示意图

轮转速为每秒数转，叶片每秒就要左右摆动数次。

控制叶片摆动的理想方法是采用微处理器，根据功率要求、风向与风速调节叶片的摆角，使叶片在各个位置上都能产生最大转矩，采取该技术的达里厄风力发电机组效率完全可以达到水平轴风力发电机组的水平。但叶片连续不间断地频繁运转要求叶片控转机构有很高的灵活性与可靠性，制造加工的复杂性与控制系统的可靠性要求使之成本高昂，因此只适用于大中型风力发电机组，而且目前用于控制的数学模型还不成熟，尚无真正的应用案例。目前常用的有：挡块控制叶片摆动角度、离心锤挡轮控制叶片摆动角度等。

① 挡块控制叶片摆动角度。

叶片采用对称翼型，为长直型，叶片上有叶片转轴，叶片转轴在叶片弦线上，在叶片压力中心前方，也就是在弦线四分之一前，风力就可推动叶片摆动，图 3-17 是叶片转轴位置示意图。

叶片通过叶片转轴安装在风轮支架上，图 3-18 是一个叶片（截短图）与支架（部分图）。

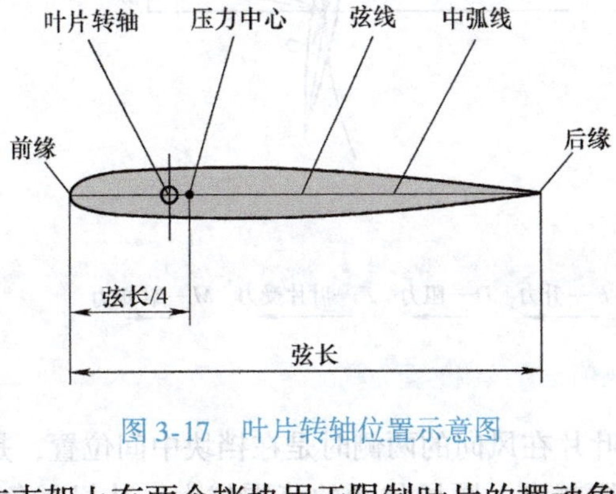

图 3-17　叶片转轴位置示意图

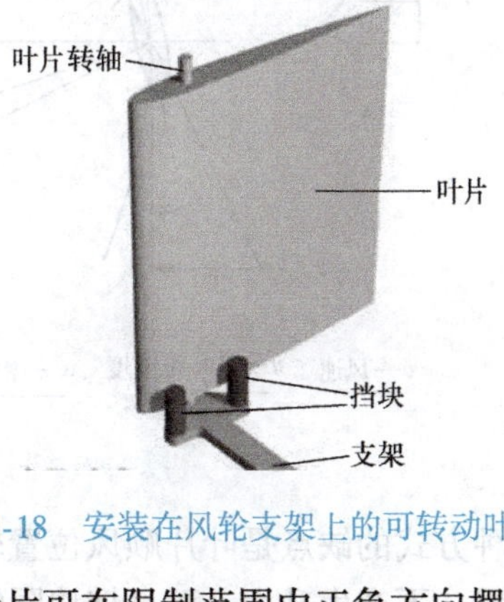

图 3-18　安装在风轮支架上的可转动叶片

在支架上有两个挡块用于限制叶片的摆动角度，叶片可在限制范围内正负方向摆动，如

图3-19所示。

静止时，在风的作用下两个叶片分别摆向不同位置，对风的阻力不同，两叶片的阻力差就会产生转矩，使风轮旋转。这就解决了自起动问题，当有三个以上叶片时，效果更好。图3-20是风轮两侧对称的两个叶片在风作用下的初始状态。

叶片随风摆动可使风力发电机组在较低的叶尖速比时能较好地工作，以适应较宽的风速范围。叶片旋转至风轮向风侧时，叶片向风轮内侧偏摆，叶片旋转至风轮背风侧时，叶片向风轮外侧偏摆，均能形成较大的转矩力。图3-21左图是叶片旋转至风轮向风侧时的受力状况，图3-21右图是叶片旋转至风轮背风侧时的受力状况。

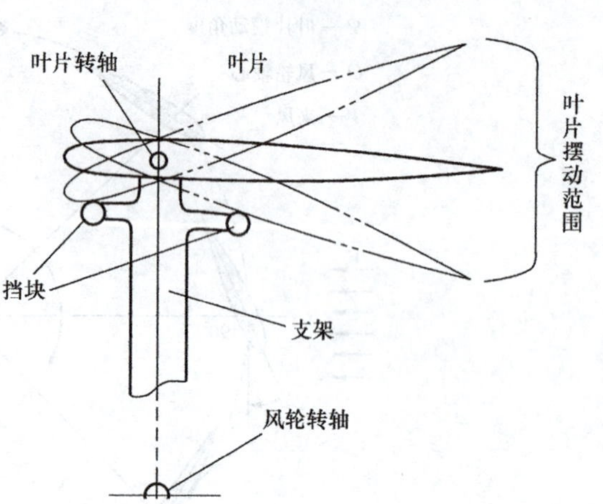

图3-19 挡块可限制叶片的摆动角度

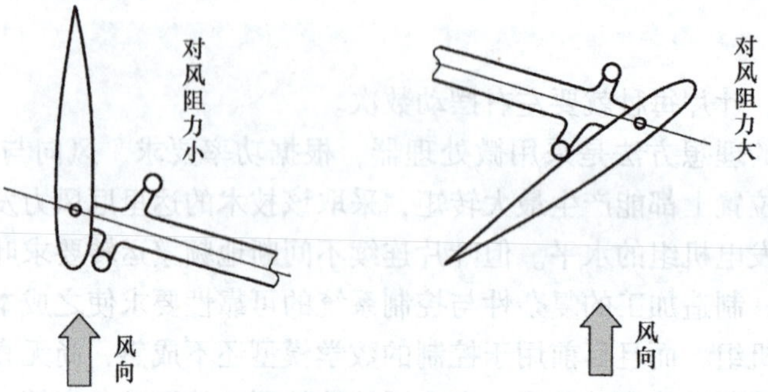

图3-20 风轮两侧对称的两个叶片在风作用下的初始状态

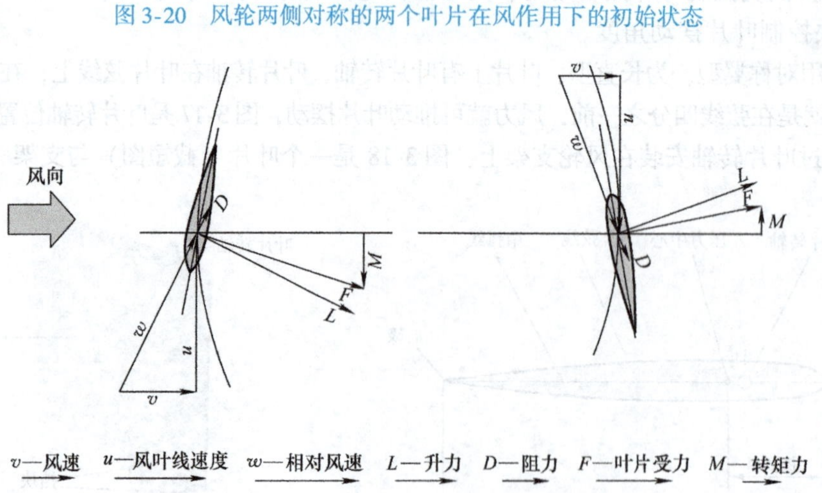

图3-21 叶片在向风侧与背风侧的受力状况

这种方式的缺点是叶片顺风位置较多，叶片在风向的两侧时是在挡块中间位置，是随风摆动位置，不产生升力，而且挡块限制的范围越大，顺风位置的范围越大。从机械角度讲，叶片与挡杆间的撞击不但对结构有损害，也有较大的噪声。

② 离心锤挡轮控制叶片摆动角度。

它是一种靠离心力的 V 形滑动挡块根据风轮转速改变挡块的位置，从而实现在不同转速下叶片有不同的摆动角度。这种控制方法的缺点是叶片在摆动时仍有撞击现象。这是国内较早推出的叶片摆动控制方法。

使叶片摆动角度连续可调，在风速低与转速低时摆动角度大些，在风速高与转速高时摆动角度要减小些，摆动不要有撞击现象。一种利用风轮旋转产生离心力推动挡轮来调节叶片摆动角度的方法可达到此目的。

在风轮支架靠叶片位置设置一个滑道，在滑道上有一个滑块，滑块可在滑道上自由滑动，滑块上有两个挡轮，为加大滑块质量附加了一个离心锤，图 3-22 左图为该结构顶视图，右图为该结构透视图。由滑块、两个挡轮、离心锤共同构成离心滑动控制件。

一个装有滑动离心锤的 4 叶风轮如图 3-23 所示。

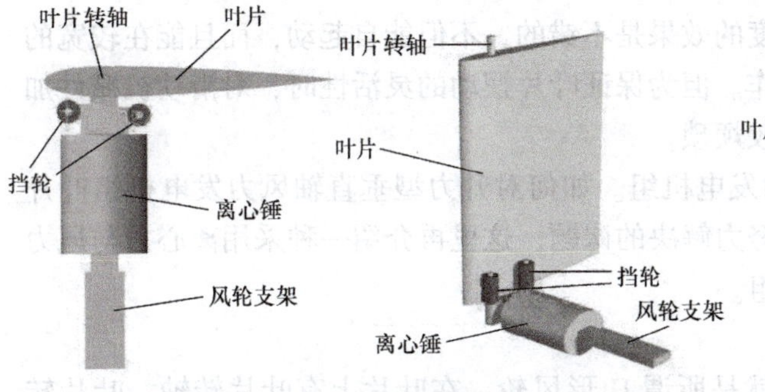

图 3-22　滑动离心锤结构示意图

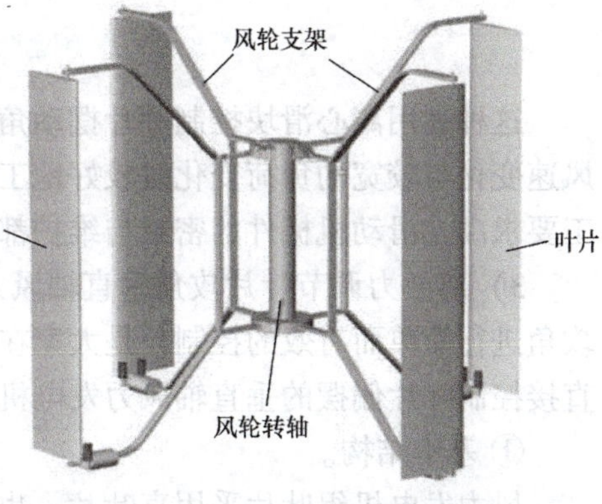

图 3-23　装有滑动离心锤的 4 叶风轮

把风轮安装在风力发电机主轴架上，风轮就会随风旋转。离心滑动控制件受到离心力的作用而紧靠叶片，随着转速的增高，其对叶片的压力逐渐加大。在图 3-24 中，当转速较低时，离心滑动控制件对叶片的压力较小，风力推动叶片以较大角度偏摆，使叶片能在不失速的情况下工作，以取得较大的升力矩推动风轮旋转。

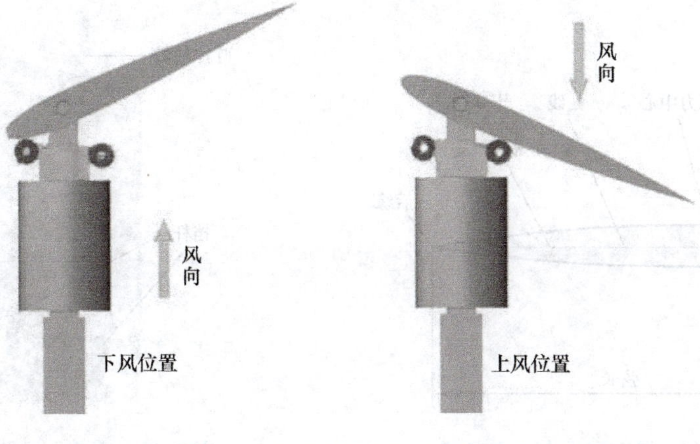

图 3-24　低转速时叶片有较大摆动角度可获较大力矩

在图 3-25 中，当转速较高时，离心滑动控制件对叶片压力较大，风力仅能推动叶片在较小的角度偏摆，可使叶片在正常的攻角下以较大的叶尖速比运行，以取得较大的风能利用系数推动风轮旋转。

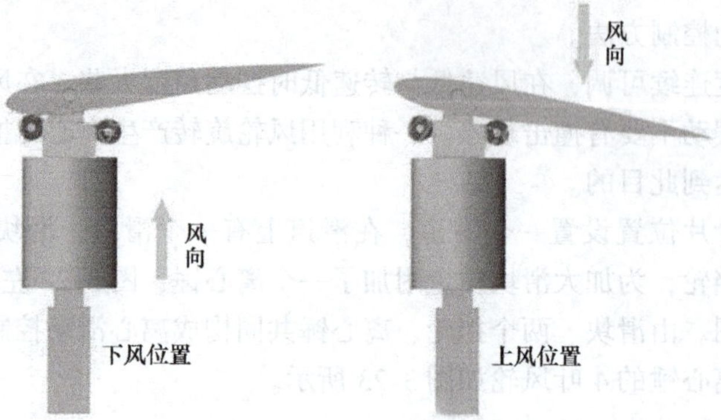

图 3-25　高风速时叶片摆动角度小可获较高功率系数

这种利用离心滑块控制叶片摆动角度的效果是不错的，不但能自起动，而且能在较宽的风速变化与较宽的负荷变化时较好地工作。但为保证叶片摆动的灵活性时，对滑动机械件加工要求高，滑动机械件的密封与维护都较烦琐。

3）离心力调节叶片攻角垂直轴风力发电机组。如何对升力型垂直轴风力发电机组叶片攻角进行简单而有效的控制，是大家在努力解决的课题，这里再介绍一种采用离心力与风力直接控制叶片偏摆的垂直轴风力发电机组。

① 基本结构。

风力发电机组叶片采用直叶片，也就是所谓 H 形风轮。在叶片上有叶片转轴，叶片转轴位于叶片的压力中心附近，设在压力中心前侧是基本方案（对称翼型的气动中心与压力中心均在离叶片前缘 1/4 叶片弦长位置），叶片转轴在叶片中弧线上（对称翼型中弧线与弦线重合），如图 3-26 所示。

叶片通过叶片转轴安装在风轮支架上，叶片可绕轴转动，在风轮支架上有两个挡杆，用来限制叶片摆动角度，如图 3-27 所示。

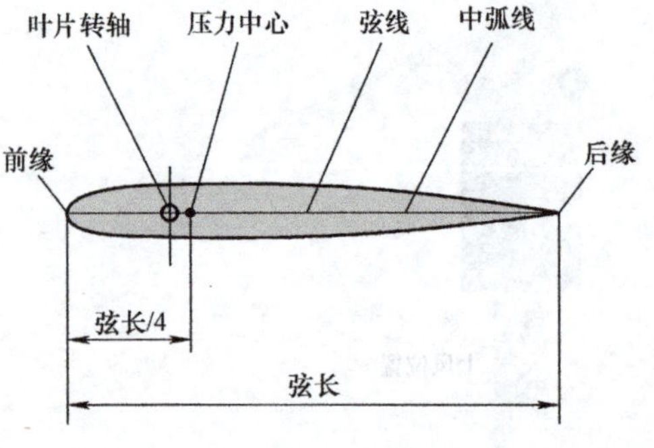

图 3-26　叶片转轴在压力中心前侧

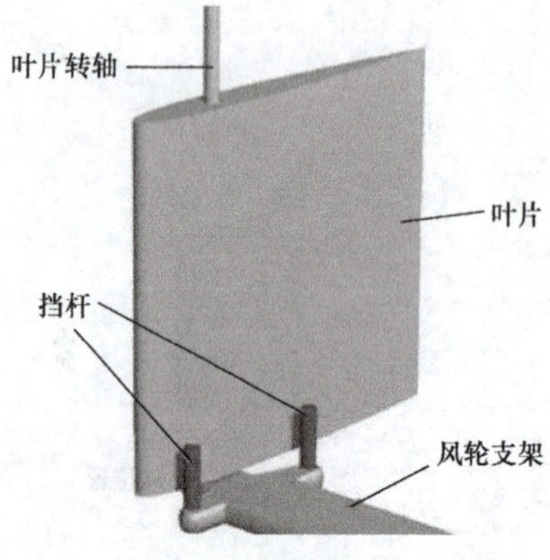

图 3-27　安装在风轮支架上的叶片

压力中心是风对叶片作用力的合力作用点，对称翼型在不失速状态下运行时，压力中心在离叶片前缘1/4叶片弦长位置；运行在不失速状态下的非对称翼型，在较大攻角时压力中心也在离叶片前缘1/4叶片弦长位置，在小攻角时压力中心会沿叶片弦长向后移。无论对称翼型或非对称翼型，在失速时风对叶片作用力的合力作用点也均在1/4叶片弦长之后，所以叶片在任何风向下均能随风摆动。叶片的重心必须在叶片转轴上，由于叶片转轴在叶片弦线前部不到1/4的地方，较难做到前后平衡。可在叶片的前方固定平衡杆，平衡杆的轴线在叶片弦线的延长线上，在平衡杆上有位置可调节的平衡锤，通过调节平衡锤的位置使叶片的重心在叶片转轴上，如图3-28所示。

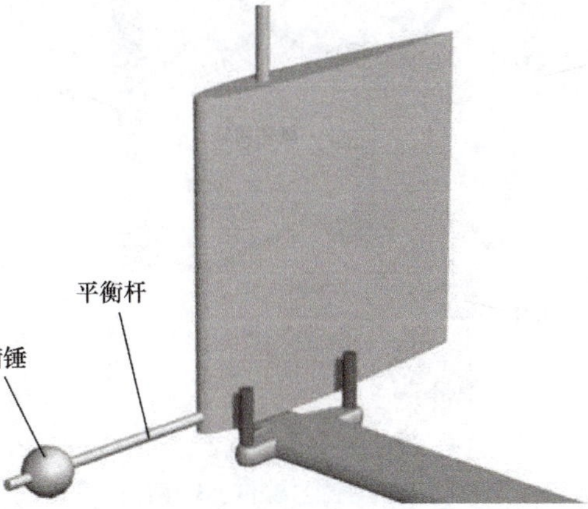

图3-28 平衡叶片后部质量的平衡锤

把叶片的原始机械位置称为**无偏摆位置，其定义是：在无风时风轮在外力作用下正向旋转时，风轮受空气阻力最小时的叶片位置为叶片无偏摆位置。**

当叶片处于无偏摆位置时，在叶片朝向风轮外侧一面固定有离心摆杆，离心摆杆指向风轮外侧，其轴线通过叶片转轴与风轮转轴，离心摆杆上有位置可调节的离心锤。图3-29左图是该叶片控制摆动机构的顶视图，图3-29右图是透视图。

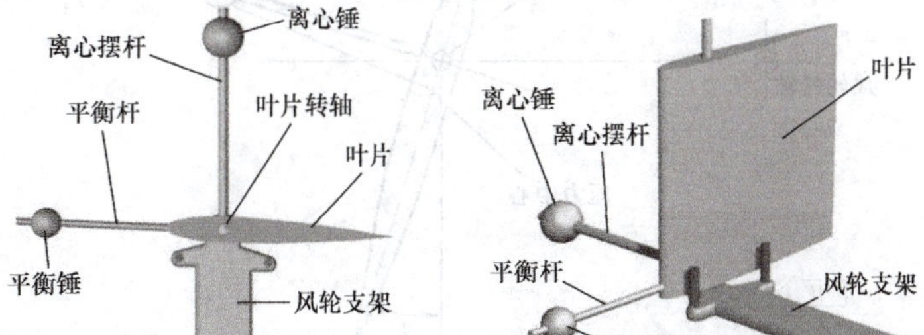

图3-29 离心锤安装在叶片靠风轮外侧一面

叶片、平衡杆、平衡锤、离心摆杆、离心锤是固定连接在一起的机械构件，称为控摆构件，把控摆构件安装在风轮支架上组成风轮，图3-30是安装有离心控摆构件的3叶片风轮。

② 工作原理。

在图3-31与图3-32中将分析风轮在风力作用下旋转时叶片受控偏摆时的受力情况，图3-31是叶片旋转至风轮向风侧位置，图3-32是叶片旋转至风轮背风侧位置，图中仅显示叶片、离心锤与主要力矢量。箭头W代表风力的方向，叶片正以线速度u正常运行，叶片受到以升力为主的空气动力F_2，力作用点为叶片的压力中心；由于风轮旋转，离心锤受到离心力F_1作用，F_1与F_2相对于叶片转轴的转向相反，在两力矩作用下叶片摆向两力矩平衡的位置，该位置就是叶片随风轮旋转至该点的被控偏摆角度。图3-31是叶片旋转至风轮向风侧时叶片向风轮内侧偏摆的受力情况。

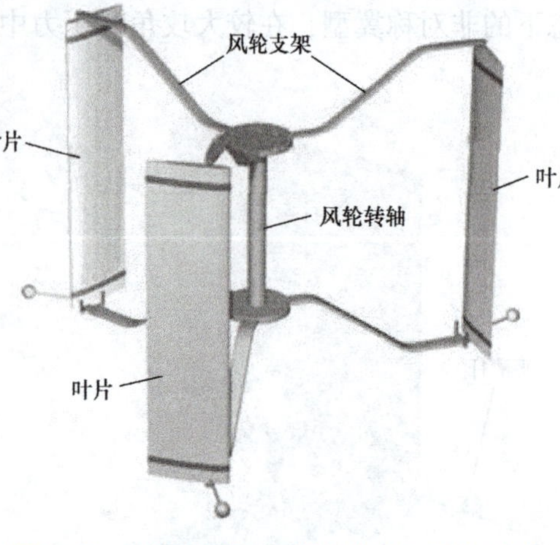

图 3-30　安装有离心控摆构件的 3 叶片风轮

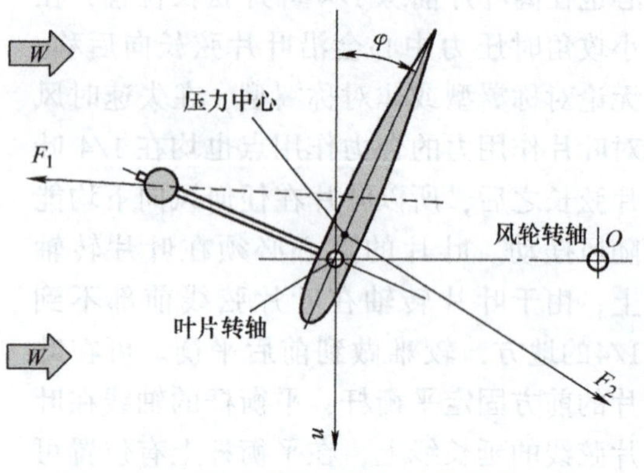

图 3-31　叶片在风轮向风侧的受力示意图

叶片同时受到风力与离心力的作用，叶片的摆动角度是风力与离心力动态平衡的位置，是实时变化的，我们把这种控制方式简称为**离心控摆方式**。

图 3-32 是叶片旋转至风轮背风侧时叶片向风轮外侧偏摆的受力情况。

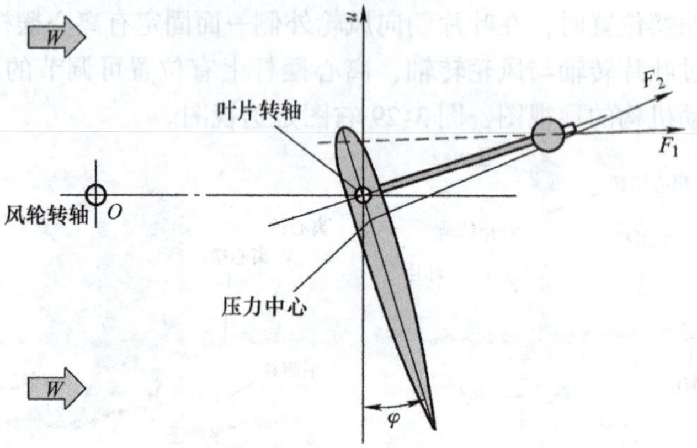

图 3-32　叶片在风轮背风侧的受力示意图

叶片绕风轮转轴旋转时在各个位置的偏摆角度如图 3-33 所示，图中选择了 8 个位置，并有短线显示该点的切线方向。该图的叶片运行状态的叶尖速比为 1.5～2。

转速越高，离心力越大，风叶偏摆角度越小，在较高风速时可达较高的叶尖速比。改变离心锤的质量大小或改变离心锤在离心摆杆上的位置均可调整离心力的大小，使叶片运行在较合适的状态。

在风轮支架上安装有限位挡杆，设置挡杆仅仅是限制风力发电机组起动时的叶片摆动角度，限止范围在 -25°～25°。无风时风轮静止，叶片停在挡杆限止范围内的随机位置；起风时有的叶片被风推向挡杆限止位置，有的叶片可能在顺风位置，受风阻力不同，风轮会因阻力差旋转，风轮旋转的力矩由阻力产生，叶片对挡杆有撞击；随风轮转速的提高，离心力加大使叶片偏摆角度减小，叶片对挡杆的撞击结束，使风轮旋转的力矩由阻力转向升力产生，风速达到工作风速后，风轮工作在升力状态，叶片仅有很小角度的偏摆。

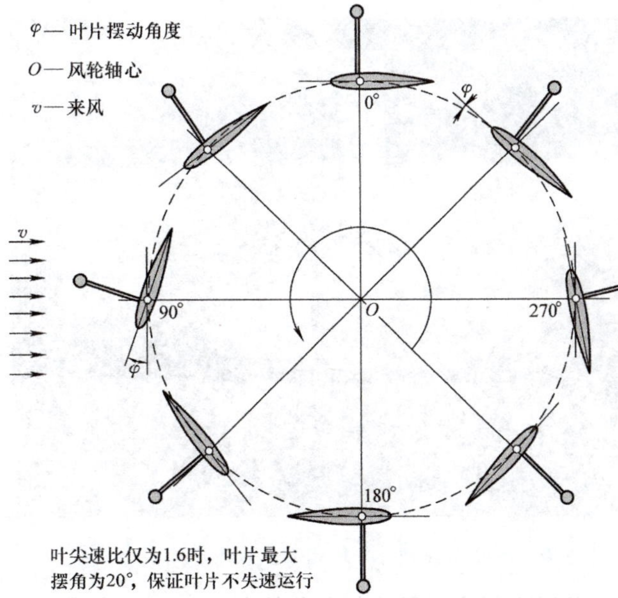

图 3-33　叶片在各个位置的偏摆角度

③ 采用单个离心锤。

正常使用时，平衡杆、平衡锤、离心摆杆、离心锤的位置调好后，一般不再更改。对于批量生产的定型产品，可把平衡锤与离心锤合二为一，使结构更简单，两锤合一在力学上计算是非常简单的。图 3-34 便是只有单一摆杆与重锤的控摆构件，重锤是平衡锤与离心锤的合成体。

图 3-35 是装有单一摆杆离心锤的叶片构成的 3 叶片风轮。

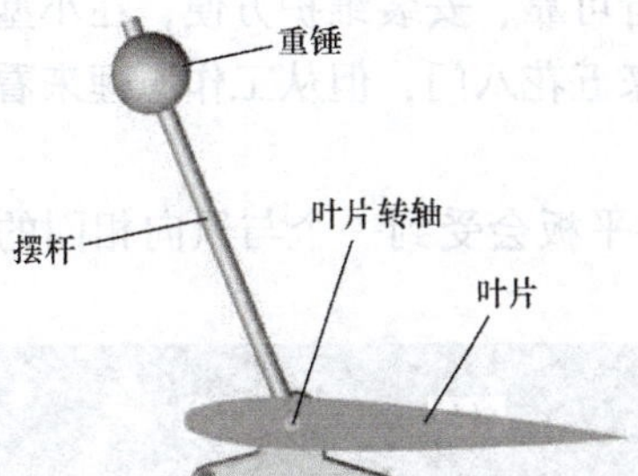

图 3-34　只有单一摆杆与重锤的控摆构件

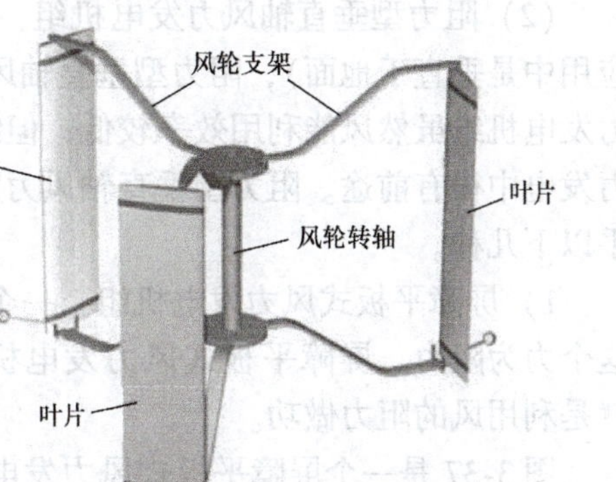

图 3-35　装有单一摆杆离心锤的叶片构成的 3 叶片风轮

图 3-36 是离心力控制叶片攻角的垂直轴风力发电机组。

④ 性能。

从力学性能上讲，采用离心力与风力直接调节叶片攻角的垂直轴风力发电机组制造安装与维护简单、结构稳固。它能自起动，在起动过程中较少发生失速现象，能迅速进入正常的运行状态。

重要的是离心控摆方式改善了风力发电机组的气动性能，由于叶片的摆动角度是风力与

图3-36　离心力控制叶片攻角的垂直轴风力发电机组

离心力动态平衡的位置，可以实时应对风速与负荷的突变，应对脉动风；在风速突然增加或风力发电机组负荷突然增加（风轮转速大幅下降）时，叶片能实时调整角度，避免在失速状态下工作。

对于垂直轴风力发电机组独有的问题，即向风面叶片的尾流引起的湍流会对下风面的叶片的运行有较大影响，对于一些风轮实度较大的固定叶片垂直轴风力发电机组尤其严重，采用离心控摆方式的叶片可实时跟随湍流的变化，有一定的自适应性，可达到较好的运行状态。

（2）阻力型垂直轴风力发电机组　垂直轴风力发电机组的风轮转轴与风向垂直（实际应用中是垂直于地面），阻力型垂直轴风力发电机组利用对风的阻力做功。阻力型垂直轴风力发电机组虽然风能利用效率较低，但结构简单、运行可靠、安装维护方便，在小型微型风力发电中很有前途。阻力型垂直轴风力发电机组看起来五花八门，但从工作原理来看，不外乎以下几种。

1）屏障平板式风力发电机组。一个垂直于风向的平板会受到一个与风向相同的力，称这个力为阻力。屏障平板式风力发电机组就是利用风的阻力做功。

图3-37是一个屏障平板式风力发电机组的叶片转子（风轮），在转轴上分布着六个平板叶片，风轮转轴与地面垂直。

当风吹向叶片转子时，转子并不会旋转，因为风在转子两侧的阻力相同，如图3-38所示。

如果在轴的一侧装上挡风屏障，如图3-39所示。在挡风屏障一侧的风将绕屏障外面通过，不对叶片产生推力；而另一

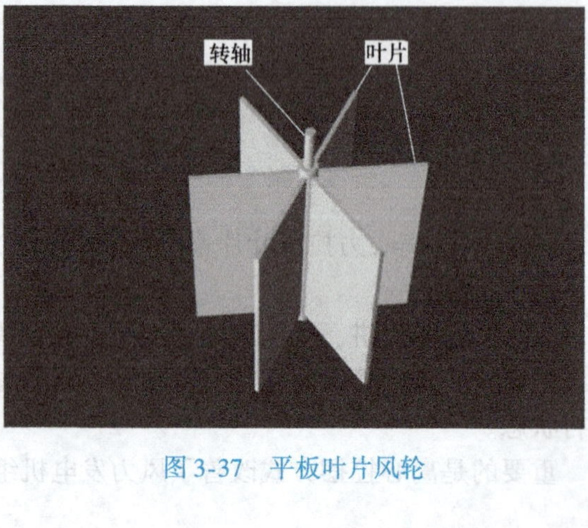

图3-37　平板叶片风轮

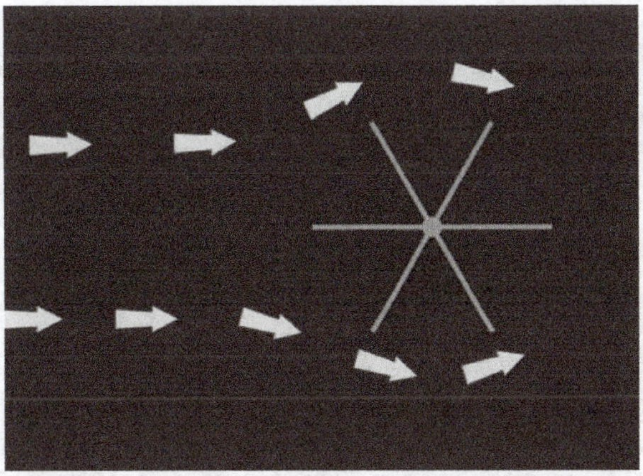

图 3-38　无屏障时风轮不会旋转

侧接受风力，叶片转子就会旋转。屏障平板式风力发电机组如图 3-40 所示。

图 3-39　用屏障遮挡风轮一侧的风

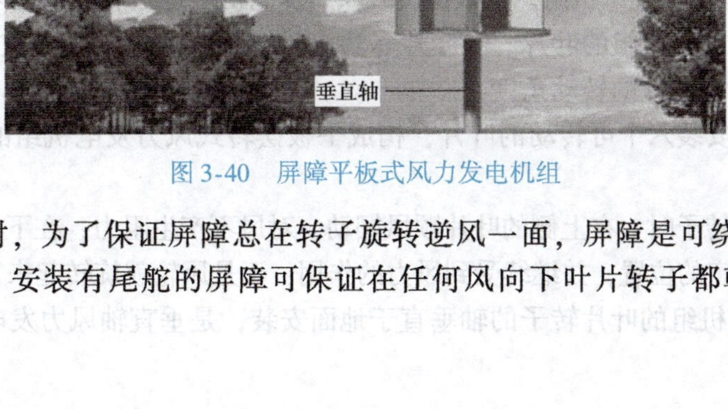

图 3-40　屏障平板式风力发电机组

当风向变化时，为了保证屏障总在转子旋转逆风一面，屏障是可绕轴旋转的，在屏障后侧装有尾舵。安装有尾舵的屏障可保证在任何风向下叶片转子都朝一个方向旋转，如图 3-41 所示。

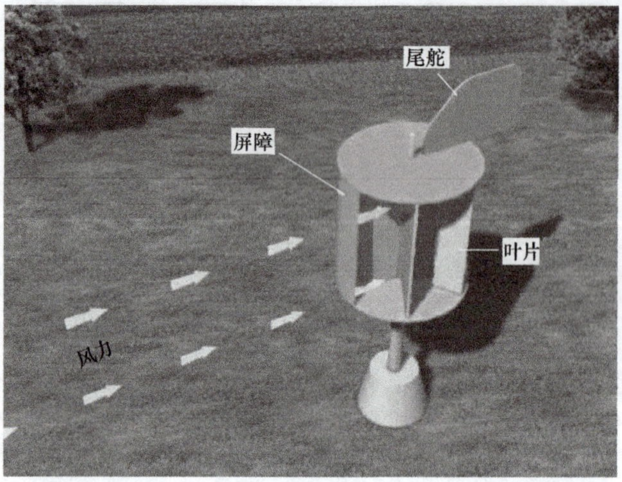

图 3-41 安装有尾舵的屏障平板式风力发电机组

风力发电机组叶片可以是平板，也可以是其他形状，图 3-42 中屏障平板式风力发电机组的叶片是圆弧面的。

图 3-42 屏障平板式风力发电机组（圆弧面叶片）

屏障平板式风力发电机组对风的利用效率不高，在叶尖速比 λ 为 0.2 ~ 0.6 时出力最大。由于结构简单，增速箱与发电机可安装在地面，方便安装维护，适合在小型风力发电中应用。

2）平板摆转式风力发电机组。平板摆转式风力发电机组也是利用风的阻力做功。图 3-43 是平板摆转式风力发电机组的叶片，在叶片一边有轴，把叶片装在转子支架上，可以旋转，在支架上有挡杆限制叶片的转动角度。

在转子支架上安装六个可转动的叶片，构成平板摆转式风力发电机组的风轮，如图 3-44 所示。

当风吹向风叶转子时，在上侧的叶片顺风摆动，对风不产生阻力；在下侧的叶片在风力作用下，转向挡杆限定的位置，并继续受到风力的作用，于是风轮就旋转起来，如图 3-45 所示。

这种风力发电机组的叶片转子的轴垂直于地面安装，是垂直轴风力发电机组，由于风叶

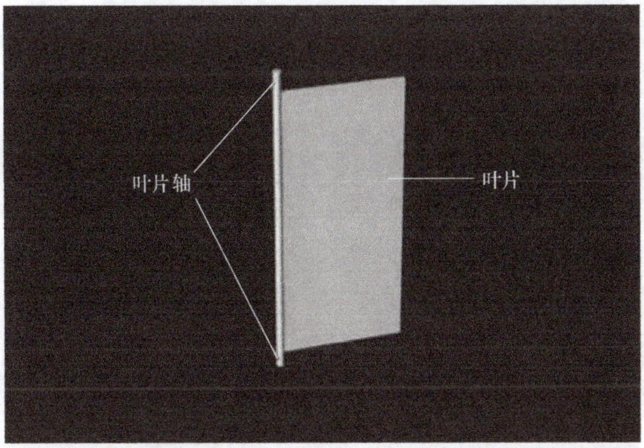

图3-43　平板摆转式风力发电机组的叶片

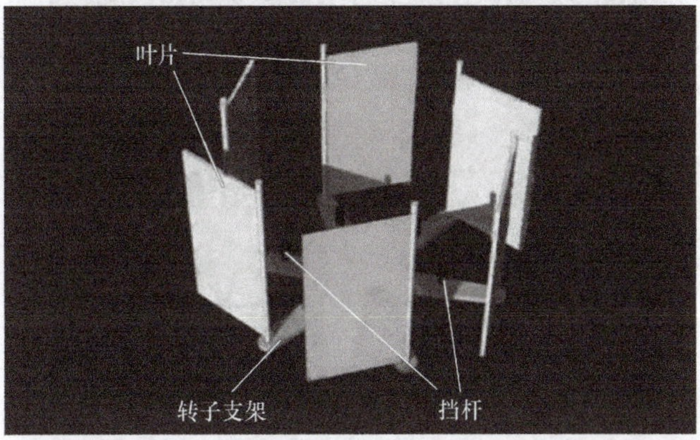

图3-44　平板摆转式风力发电机组的风轮

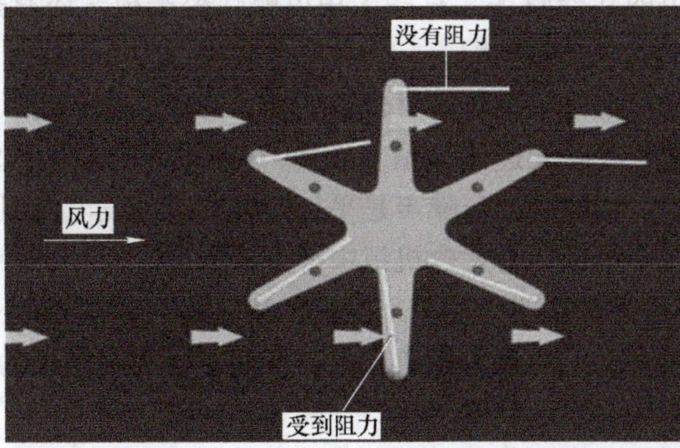

图3-45　平板摆转式风轮旋转原理图

转子结构的对称性，各个方向的风力均可推动它旋转，如图3-46所示。

平板摆转式风力发电机组由于叶片的摆转增加了机械磨损；对挡杆的冲击产生噪声，也易造成叶片与挡杆的损坏。如果把叶片的轴设在靠叶片中部一点的位置，如图3-47所示，可减缓叶片的摆速以减小对挡杆的冲击，但摆速减慢可能会增加阻力，要适当选择位置平衡利弊。

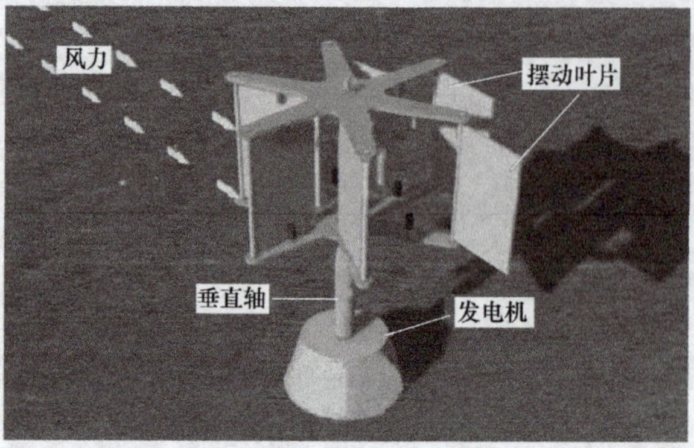

图 3-46　平板摆转式风力发电机组

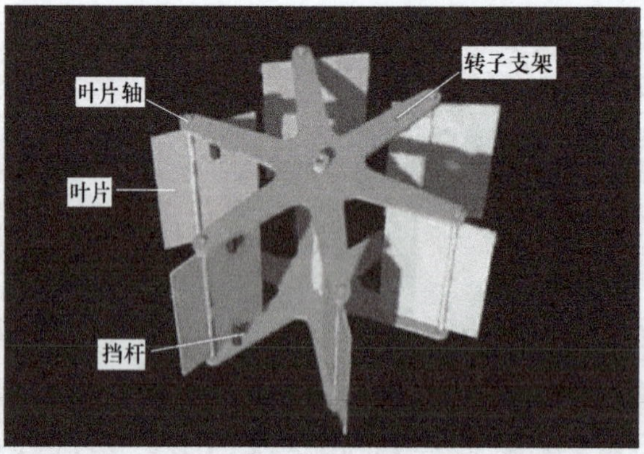

图 3-47　转轴靠叶片中部的摆转式风轮

摆转式风力发电机组的式样较多，有些采用风帆代替平板，还有把叶片轴水平安装的（叶片轴与风力发电机轴垂直呈辐射状）。

平板摆转式风力发电机组在较低风速时也能旋转，能较好地利用风的阻力，在阻力型风力发电机组中效率算高的，在叶尖速比 λ 值为 0.2～0.6 时出力最大，增速箱与发电机可安装在地面，方便安装维护。机械磨损与噪声是平板摆转式风力发电机组最大的缺点，但随着材料与结构的改进，可在中小型风力发电机组中得到应用。

3）风杯式阻力差风力发电机组。两个半球面的碗状杯，一个凸面向风，另一个凹面向风，显然在相同风力下后者对风的阻力比前者大。下面介绍利用对风的阻力差做功的风力发电机组——风杯式阻力差风力发电机组。

图 3-48 是一个风杯式阻力差风力发电机组的风轮，两个半球面风杯对称安装在转轴两侧，球面方向相反。

当垂直方向有风时，凹面向风的球面受到的风阻力要比凸面向风的球面大，两个半球面风杯在正面风向时的阻力差一般为 3～4 倍，两侧风杯的阻力差将使风轮转动，如图 3-49 所示。

为提高风力发电机组效率，使转动平稳，风力发电机组风轮至少有三个风杯，图 3-50 是装有四个风杯的风轮。

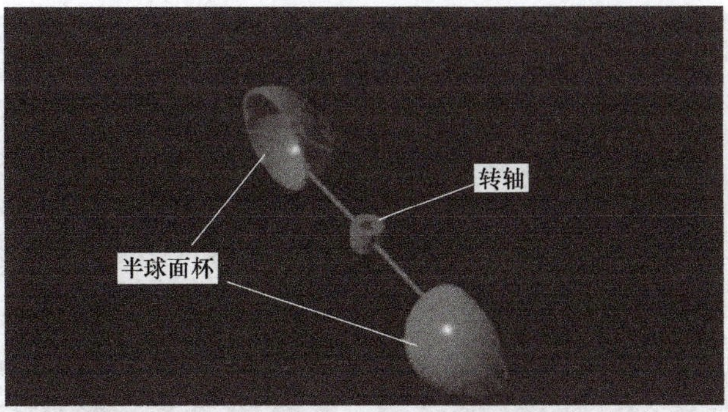

图3-48　风杯式阻力差风力发电机组的风轮

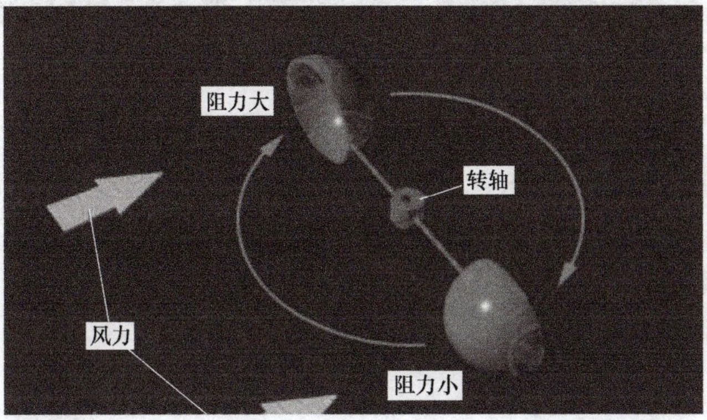

图3-49　两个半球面风杯因阻力差而旋转

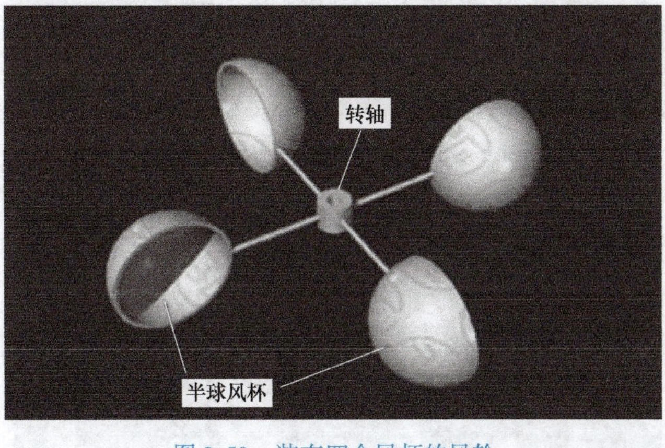

图3-50　装有四个风杯的风轮

当风吹向风轮时，装有四个风杯的风轮就因阻力差而匀速旋转，如图3-51所示。

风杯式风力发电机组风轮的轴垂直于地面安装，是垂直轴风力发电机组，任何方向的水平风力都可以使它旋转，如图3-52所示。

为了接收更多的风力，风杯要大且简单结实，可做成弧面风杯，如图3-53右侧的风力发电机组，不过阻力差一般为2倍左右。由多个半球面组成多层结构也是好办法，如图3-53中左侧的风力发电机组就由多个锥形风杯构成。

风杯式风力发电机组对风的利用效率较低，但结构简单，无对风装置，适合在小型风力

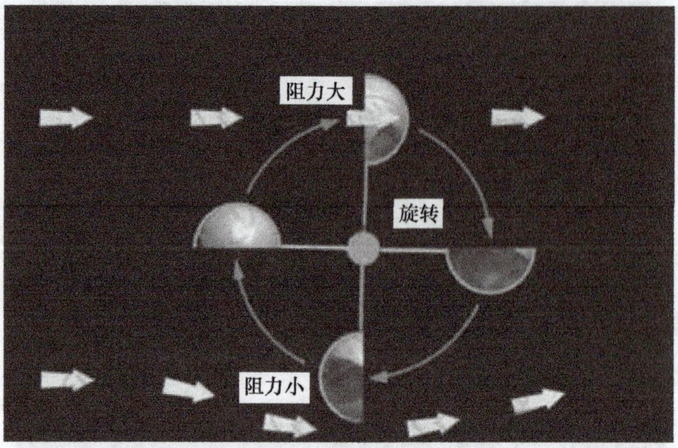

图 3-51　四个风杯的风轮在风力作用下旋转

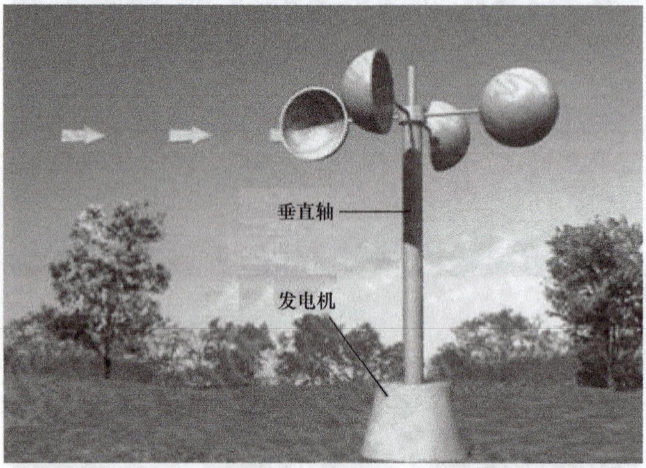

图 3-52　四个风杯的风力发电机组

图 3-53　两种风杯式阻力差风力发电机组

发电中应用，增速箱与发电机可安装在地面，方便安装维护。

4）S 式阻力差风力发电机组。两个半圆柱面的叶片，一个凸面向风，另一个凹面向风，显然，在相同风力下后者对风的阻力比前者大。S 式阻力差风力发电机组也是利用风的阻力差做功的风力发电机组。

图 3-54 是一个 S 式阻力差风力发电机组的风轮，两个半圆柱面叶片对称安装在转轴两侧，柱面朝向相反，呈 S 形排列。

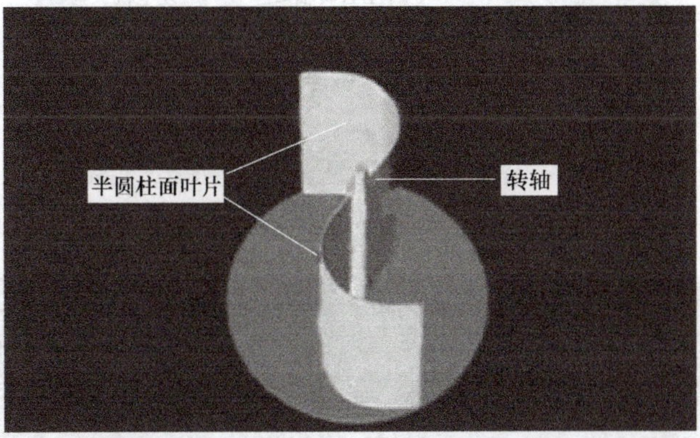

图 3-54　S 式阻力差风力发电机组的风轮

当垂直方向有风时，凹面向风的半圆柱面受到的风阻力要比凸面向风的半圆柱面大，两侧的阻力差将使风力发电机组转子转动，如图 3-55 所示。

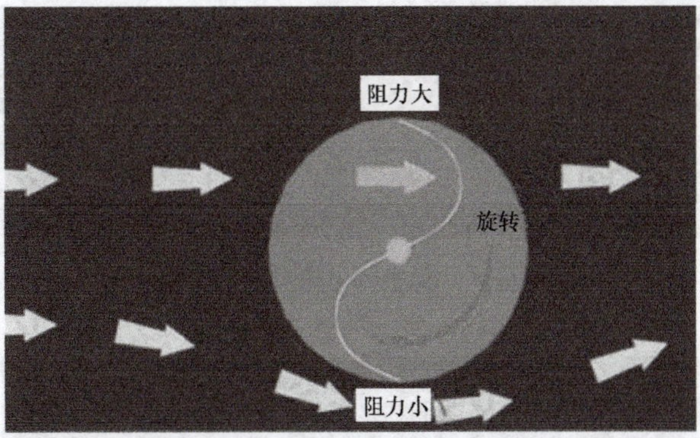

图 3-55　S 式风轮因阻力差而旋转

图 3-56 是一台 S 式阻力差风力发电机组，其转子的轴垂直于地面安装，是垂直轴风力发电机组。由于结构在水平方向对称，任何方向的水平风力均可推动它旋转。

当风向与两半圆柱面直径夹角很小时，静止的叶轮不能起动，为防止这个死角，也为转动平稳，S 式风力发电机组的转子一般由上下两组叶片组成，在水平方向相互垂直安装，组成双 S 风轮，如图 3-57 所示。

风叶也可以是螺旋状，同样可防死角，旋转平稳，也很美观，如图 3-58 所示。

S 式风力发电机组对风的利用效率在阻力型风力发电机组中较高，且转矩较大，结构简单，无对风装置，性价比高，适合在小型风力发电中应用，增速箱与发电机可安装在地面，方便安装维护。

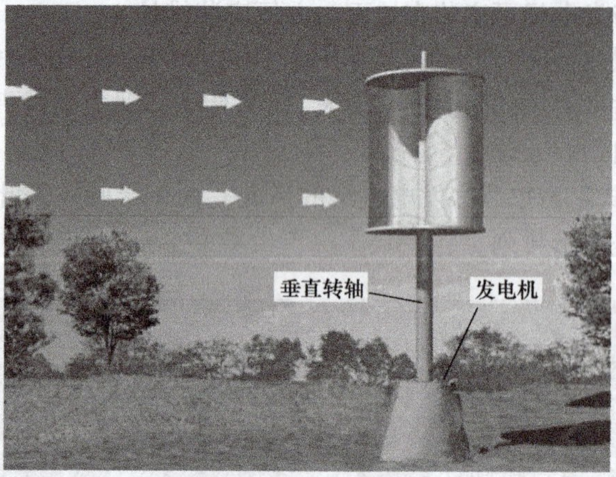

图3-56　S式阻力差风力发电机组

图3-57　双S风轮风力发电机组

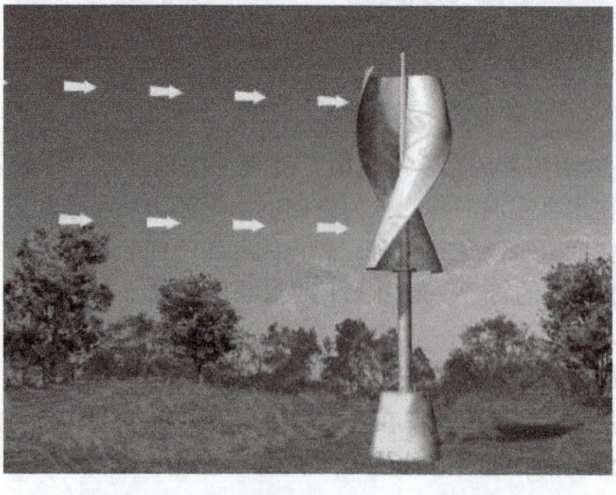

图3-58　螺旋状S风轮风力发电机组

5）萨渥纽斯（Savonius）风力发电机组。萨渥纽斯风力发电机组也是S式风力发电机组，这个S式风力发电机组叶轮的两个半圆柱面叶片对称安装在转轴两侧，柱面朝向相反，两个半圆柱面叶片部分交错。半圆柱面叶片直径为 d，交错距离为 e，如图3-59所示。

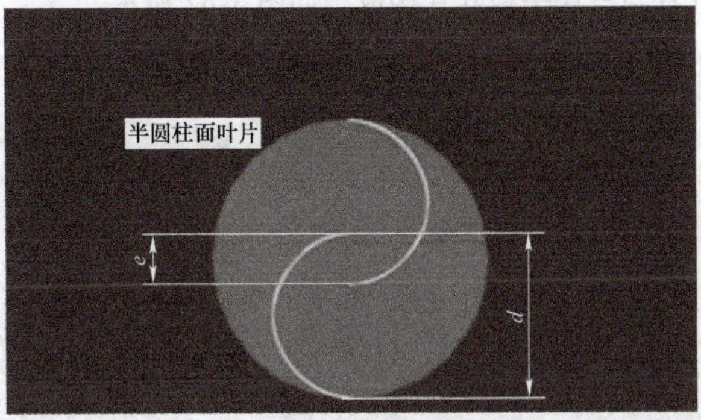

图3-59 萨渥纽斯风力发电机组风轮

当风吹向叶轮时，由于阻力差会产生旋转，而且凹面部分气流会通过交错的空隙进入凸面背后，转折的气流能抵消部分凸面的阻力，可提高风力发电机组的效率，如图3-60所示。空隙 e 过大也会降低效率，当 $e/d=0.17$ 时效果最好，如果空隙 e 中有转轴，转轴要细并要适当增大空隙。

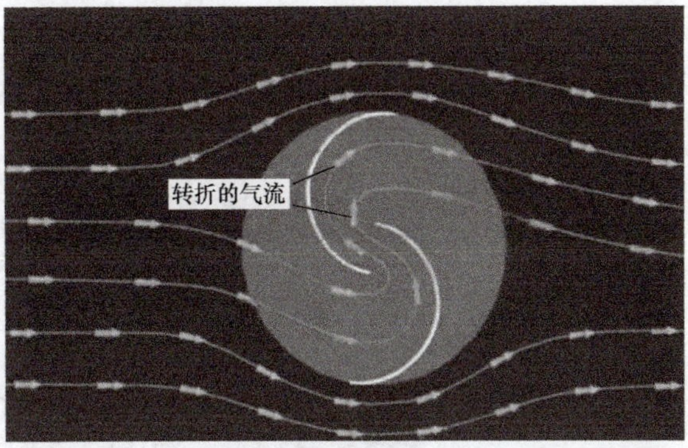

图3-60 萨渥纽斯风轮气流图

图3-61是一台萨渥纽斯风力发电机组，由于交错空隙 e 较小，主轴没有通过叶轮中心，考虑薄叶片强度不够，通过外框架来支撑叶轮。

图3-61 萨渥纽斯风力发电机组

萨渥纽斯风力发电机组是阻力型风力发电机组中风能利用系数最高的，在叶尖速比为

0.9 时可达 20% 以上。为了防止死角与增大起动转矩，如同普通 S 式风力发电机组一样，它也做成上下两组互成 90°的结构，或者做成螺旋状。

6）塞内加尔式风力发电机组。塞内加尔式风力发电机组类似 S 式风力发电机组，它的叶轮由三个半圆柱面叶片与三块平板叶片构成，如图 3-62 所示。

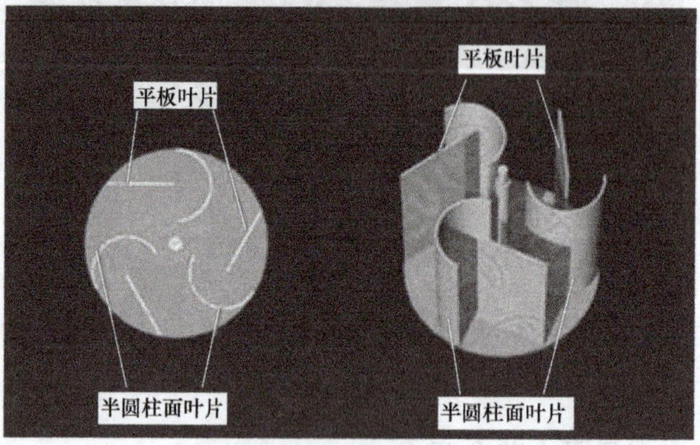

图 3-62　塞内加尔式风力发电机组风轮

塞内加尔式风力发电机组的起动转矩较大，能较好地利用风能，图 3-63 是塞内加尔式风力发电机组。

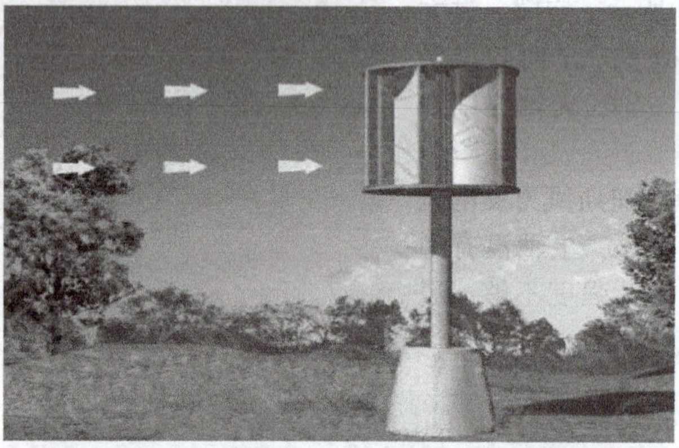

图 3-63　塞内加尔式风力发电机组

萨渥纽斯风力发电机组与塞内加尔式风力发电机组的性能较普通 S 式风力发电机组有所提高，但结构要复杂些，主要形式为垂直轴风力发电机组，适合在小型风力发电中应用。

(3) 升力-阻力结合式垂直轴风力发电机组　为了解决达里厄风力发电机组不能自起动的缺点，在一些小型风力发电机组转轴上加装阻力式风叶帮助起动，加装双 S 式风轮是简单实用的方案，双 S 式风轮结构简单、紧固，任何风向都可起动旋转。

图 3-64 为一个加装双 S 式风轮的达里厄风力发电机组，也称为 D－S 结合达里厄风力发电机组，是升力-阻力结合式垂直轴风力发电机组。

双 S 式风轮能在任何风向下帮助达里厄风力发电机组起动。S 式风轮属于阻力型风力发电机组，风叶受力点在风速的 50% 左右有较大的力矩与较好的功率系数，此时的叶尖速比为 0.7～0.9。当达里厄风轮直径是 S 式风轮直径的 4 倍以上时，S 式风轮才可能帮助达里厄

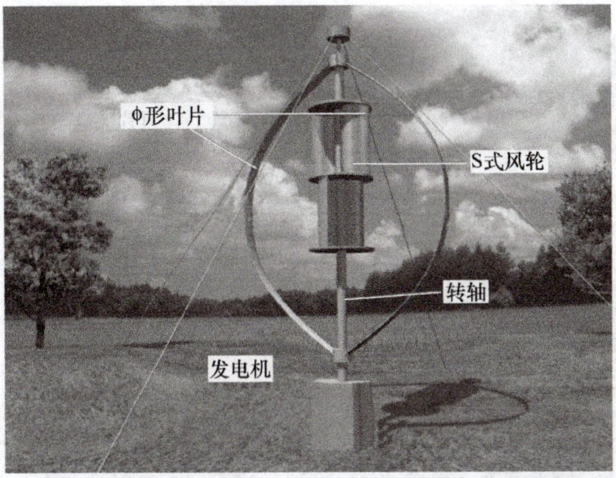

图 3-64 加装双 S 式风轮的达里厄风力发电机组

风力发电机组实现自起动。一般来说，达里厄风轮直径是 S 式风轮直径的 5 ~6 倍较好，使达里厄风力发电机组进入正常运转，达里厄风轮的叶尖速比在4 ~5 时，S 式风轮也能有推力产生，S 式风轮还可以帮助达里厄风轮在风速突变时摆脱失速状态，如图 3-65 所示。

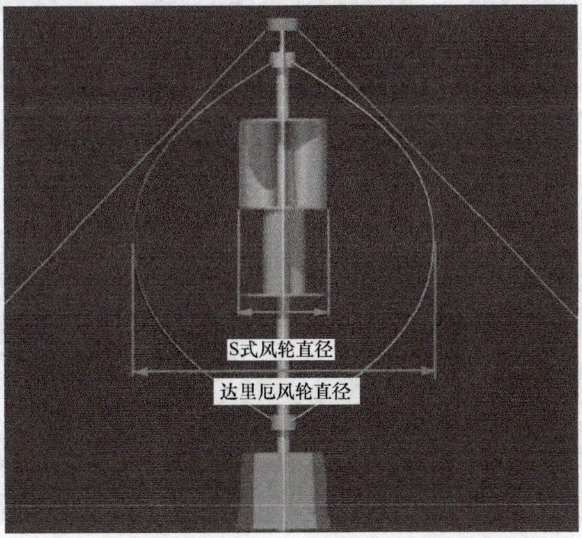

图 3-65 达里厄风轮直径为 S 式风轮直径的 5 倍左右

直叶片的达里厄风力发电机组也可以加装双 S 式风轮帮助起动，其风轮直径为双 S 式风轮的 4 ~5 倍，既可良好起动又可在正常工作时保持 S 式风轮也有推力产生，如图 3-66 所示。

这里所述的双 S 式风轮可用萨渥纽斯风轮，注意中心转轴不能太粗又要有足够的强度，要保证中间空隙的通畅；除了加装双 S 式风轮外，也可采用其他阻力式风轮，如风杯式风轮，图 3-67 就是一个加装风杯式风轮的升力型风轮，风杯采用半圆柱面形，与升力叶片安装在同一支架上。

4 个阻力风杯可在任何风向下旋转，帮助升力叶片进入正常运转。不过风杯式风轮的风能利用系数比 S 式风轮小。图 3-68 为该风力发电机组。

图3-66　升力–阻力结合式垂直轴风力发电机组

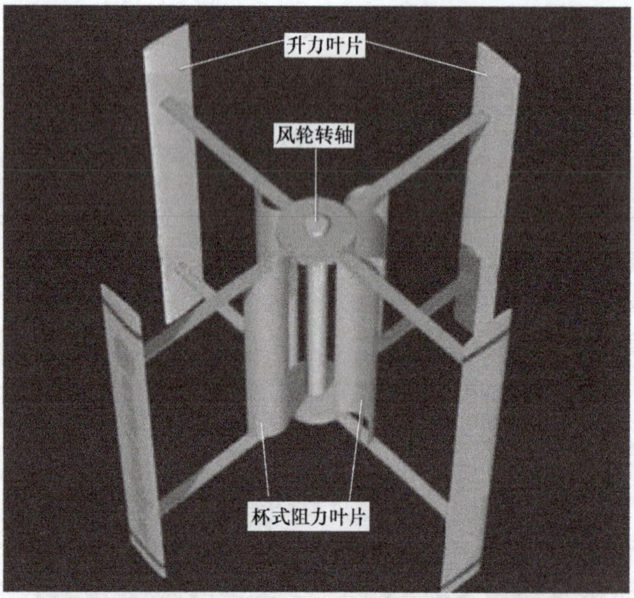

图3-67　加装风杯式风轮的升力型风轮

无论是加装双S式风轮或风杯式风轮，都同时应用了升力风力发电机组与阻力风力发电机组的技术，故把这种风力发电机组称为升力–阻力结合式垂直轴风力发电机组。升力–阻力结合式垂直轴风力发电机组虽然可以解决自起动问题，但也带来一些新问题。下面以直的升力叶片为例进行简单分析。

为简化叙述，把达里厄风力发电机组的叶片称为升力叶片，把S式风轮或风杯式风轮叶片称为阻力叶片，当升力叶片风轮直径是阻力叶片风轮直径的4倍时，升力叶片的叶尖速比超过3时阻力叶片的推力下降。随着升力叶片的叶尖速比继续升高，阻力叶片慢于风速会产生较大的阻力，使风能利用系数下降。

图 3-68　加装风杯式风轮的直叶片达里厄风力发电机组

如将升力叶片风轮直径改为阻力叶片风轮的 5 倍以上，可使升力叶片的叶尖速比运行到 5，但由于阻力叶片风轮直径的缩小，其起动转矩会明显下降，这种做法有利有弊。具体多少合适，最好由实际试验结果决定。

有的方案是在升力叶片风轮与阻力叶片风轮间设有离合装置，一个问题是在升力叶片风轮进入运行后与阻力叶片风轮脱离，使阻力叶片风轮不拖后腿，但即使不拖后腿，阻力叶片风轮的存在也会明显影响升力叶片风轮的运行，特别是对下风面的升力叶片运行影响较大，使风能利用系数明显降低；另一个问题是结构复杂了。

所以升力-阻力结合式垂直轴风力发电机组也不是完美的方案，对于小型风力发电机组，结构简单、易维护、生产成本低的机型仍是较好的选用机型，但对大中型机不太合适。除了上述问题外，庞大的 S 式风轮生产安装都很麻烦，大风调速、强风保护都难以实现。

目前有关垂直轴风力发电机组的空气动力学理论还不成熟，垂直轴风力发电机组的气动特性比水平轴风力发电机组复杂得多，特别是叶片在风轮背风侧的气流状态不是平稳的，在风轮向风侧运行的叶片产生的尾流不是用流管可以描述的，往往会伴随湍流的产生，时常是随机不可预测的。但粗略的分析基本能表述垂直轴风力发电机组的运行原理，随着垂直轴风力发电机组的技术发展，其理论会逐步成熟。

3.3.3　垂直轴风力发电机组与水平轴风力发电机组的比较

（1）设计方法　水平轴风力发电机组的叶片设计目前普遍采用的是动量-叶素理论，主要的方法有 Glauert 法、Wilson 法等。但是由于叶素理论忽略了各叶素之间的流动干扰，同时在应用叶素理论设计叶片时都忽略了翼型的阻力，这种简化处理不可避免地造成了结果的不准确性，这种简化对叶片外形设计的影响较小，但是对风轮的风能利用率影响较大。同时，风轮各叶片之间的干扰也十分强烈，整个流动非常复杂，如果仅仅依靠叶素理论是完全没有办法得出准确结果的。

关于垂直轴风力发电机组的叶片，以前也是按照水平轴的方法，依靠叶素理论来设计。由于垂直轴风轮的流动比水平轴更加复杂，是典型的大分离非定常流动，不适合用叶素理论进行分析、设计，这也是垂直轴风力发电机组长期得不到发展的一个重要原因。随着计算机技术的不断发展，计算流体力学得到了长足的进步，从最初的小扰动速势方程，到欧拉方程，以及更加复杂的 N-S 方程，目前的 CFD（即计算流体动力学）技术完全能模拟在复杂外形下的复杂流动。对于垂直轴风轮的叶片，已经可以用CFD方法来设计，这无疑要比叶素理论精确得多。而水平轴叶片的设计还没有办法应用CFD方法来设计，这主要是由这两种风轮结构决定的。水平轴的叶片由于每个截面的扭角、弦长以及叶尖速比都不同，如果要用CFD模拟的话，就必须采用三维模型，这样计算网格至少要100万个，整个计算量就会大大增加。直观地说，模拟一个工况，在采用CPU为P43.0G的个人计算机上，计算时间大概需要7~10天，如果设计一个风轮可能需要几年到十几年时间，这样的代价在工业设计中是很难接受的。而垂直轴就完全不一样（仅限于Darrieus式H形风轮），叶片的每个截面都一样，这样就能简化成二维情况，网格数大大下降，计算量也随之下降，一般模拟一个工况只需4h。从设计方法上讲，垂直轴风力发电机组要比水平轴风力发电机组先进得多。

（2）风能利用率　目前，大型水平轴风力发电机组的风能利用率绝大部分是由叶片设计方法计算所得，一般在40%以上。前面已经提到了，由于设计方法本身的缺陷，这样计算所得的风能利用率的准确性很值得怀疑。当然，风电厂的风力发电机都会根据测得的风速和输出功率绘制风功率曲线，但是此时的风速是风轮后部测风仪测得的风速，要小于来流风速，这样测下来的风功率曲线偏高，必须进行修正。根据修正方法修正后，水平轴的风能利用率要降低30%~50%。对于小型水平轴风力发电机的风能利用率，中国空气动力研究与发展中心曾做过相关的风洞实验，实测的利用率在23%~29%。

由于以前一直用叶素理论计算垂直轴风轮的风能利用率，得出了利用率不如水平轴的结论，但是通过CFD模拟结果来看，垂直轴风轮的风能利用率不比水平轴的低，国外也有机构经过实验表明垂直轴风轮的风能利用率在40%以上。另外，在实际环境中风向是经常变化的，水平轴风轮的迎风面不可能始终对着风，这就引起了“对风损失”，而垂直轴风轮则不存在这个问题，因此在考虑了对风损失之后，垂直轴风轮的风能利用率完全有可能超过水平轴风轮。

（3）起动风速　水平轴风轮的起动性能好已经是个共识，但是根据中国空气动力研究与发展中心对小型水平轴风力发电机所做的风洞实验来看，起动风速一般在4~5m/s之间，最大的居然达到了5.9m/s，这样的起动性能显然是不能令人满意的。

垂直轴风轮的起动性能差也是目前业内的共识，特别是对于Darrieus式ϕ形风轮，完全没有自起动能力，这也是限制垂直轴风力发电机组应用的一个原因。但是，对于Darrieus式H形风轮却有相反的结论，根据研究发现，只要翼型和安装角选择合适，完全能得到相当不错的起动性能，通过对上海麟风P-200垂直轴风力发电机组的风洞实验来看，这种Darrieus式H形风轮的起动风速只需要2m/s，这无疑要比上述的水平轴风力发电机好得多。

（4）结构特点　水平轴风力发电机组的叶片在旋转一周的过程中，受惯性力和重力的综合作用，惯性力的方向是随时变化的，而重力的方向始终不变，这样叶片所受的就是一个交变载荷，这对于叶片的疲劳强度是非常不利的。另外，水平轴风力发电机组都置于几十米的高空，这给发电机的安装和维护检修带来了很多的不便。

垂直轴风轮的叶片在旋转过程中的受力情况要比水平轴的好得多，由于惯性力与重力的方向始终不变，所受的是一恒定载荷，因此疲劳寿命要比水平轴的长。同时，垂直轴的发电机可以放在风轮的下部或是地面，便于安装维护。

（5）环保问题　虽然风力发电也号称是清洁能源，能起到很好的环保作用，但是随着越来越多大型风力发电场的建立，一些由风力发电机引发的环保问题也凸显出来。这些问题主要体现在两个方面：一是噪声问题；二是对当地生态环境的影响。

水平轴风轮的叶尖速比一般为 5 ~7，在这样的高速下叶片切割气流将产生很大的气动噪声，同时，很多鸟类在这样的高速叶片下也很难幸存。

垂直轴风轮的叶尖速比则要比水平轴的小得多，一般在 1.5 ~2 之间，这样的低转速基本上不产生气动噪声，完全达到了静音的效果。无噪声带来的好处是显而易见的，以前因为噪声问题不能应用风力发电机的场合（如城市公共设施、民宅等），现在可以应用垂直轴风力发电机来解决，因此，垂直轴风力发电机组比水平轴风力发电机组有更广阔的应用领域。

低叶尖速比带来的好处不仅仅是环保方面的优势，对于风力发电机组的整体性能也是非常有利的。从空气动力学上分析，物体速度越快，外形对流场的影响越大。当风力发电机在户外运行时，叶片上不可避免地受到污染，这种污染实际上是改变了叶片的外形。对于水平轴风轮来讲，即使这种外形变化很微小，也很大地降低了风轮的风能利用率，而垂直轴风轮因为转速低，所以对外形的改变没那么敏感，这种叶片的污染基本上对风轮的气动性能没有影响。

本章小结

现代风力机都是利用空气升力做功的。大部分是翼型叶片，由翼型叶片中途阻止的气流不仅包括在流动方向的推力，也包括垂直于推力方向的升力。水平轴风力发电机组是目前应用最广也是技术最纯熟的风力发电机组。垂直轴风力发电机组可以全方位地接收来自各个方向的风，因为其良好的空气动力学性能近年来也受到了很多关注，未来会有更广阔的利用空间。

本章习题

1. 简述风轮的作用。
2. 水平轴式风力发电机组由哪些部分组成？
3. 风力发电基于什么原理？
4. 风力发电和其他常规能源发电方式相比有何优势？
5. 风力发电系统的运行方式有哪些？
6. 什么是达里厄风力发电机组？有何特点？
7. 水平轴风力发电机组和垂直轴风力发电机组各有什么特点？区别是什么？
8. 简述垂直轴风力发电机组的分类。
9. 风力发电机组的主要参数有什么？
10. H 形风力发电机组有什么特点？

第4章 风力发电的空气动力学基础

4.1 叶片的空气动力技术

风力发电机叶片的形状设计均基于以最低成本获取最高效能的考虑。基本上，设计必须满足空气动力学要求，但经济性要求意味着叶片形状同样要保证成本架构的合理性。特别需要提到的是，越接近根部，叶片弯曲程度越大，结构应力也达到最大，叶片实际厚度比理想的空气动力学设计更厚。

叶片设计往往开始于一个“理想的猜测”，这个“猜测”将空气动力学与结构效率有机地结合起来；同时，材料和制造工艺的选择对能否把叶片做“薄”（理想的空气动力学设计）也有很大影响。例如，对比碳纤维预浸料和灌注的玻璃纤维，前者强度高、刚性好，优势十分明显。当在既定的动力学形状上施加更高载荷时，许多设计问题将会显现出来，此时，设计者需要重新计算空气动力学性能，这些问题则可以帮助设计者优化翼型，即风力发电机叶片形状。

1. 风力发电机组翼型的几何参数及空气动力特性

风力发电机组叶片的剖面形状称为风力发电机组翼型，其对风力发电机组性能有很大影响，风力发电机组翼型主要选自航空翼型，如 NACA44 系列、NACA63 - 2 系列。

（1）翼型的几何参数　常见的翼型形状如图 4-1 所示。

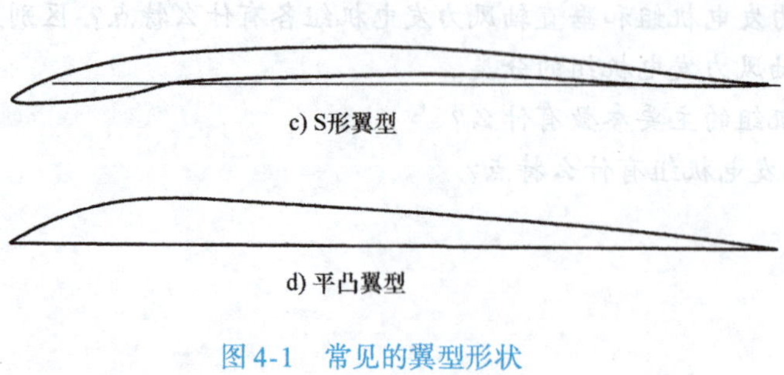

图 4-1　常见的翼型形状

翼型的几何参数及受力如图 4-2 所示。

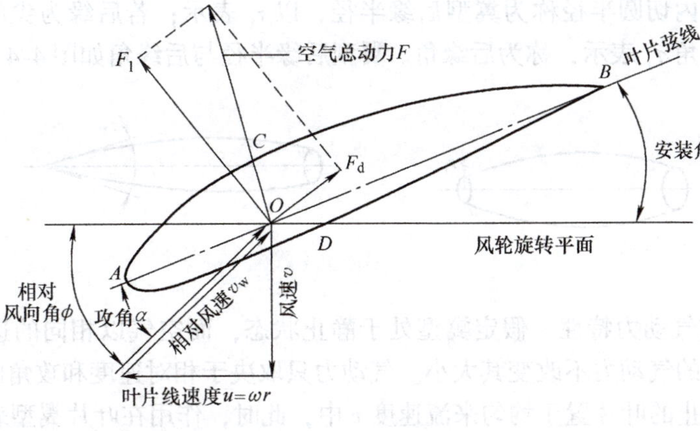

图 4-2　翼型的几何参数及受力

1）弦长（即翼弦）b：翼型最前点（前缘）与最后点（后缘）的连线称为翼弦，它的长度称为弦长，用 b 表示。当前、后缘厚度不为 0 时，翼弦定义为前缘中点与后缘中点的连线。

2）厚度（指最大厚度）c：上、下翼面在垂直于翼弦方向的距离，其中最大者称为最大厚度，用 c 表示。

3）相对厚度$\bar{c}$：最大厚度 c 与弦长 b 的比值，用$\bar{c}=\dfrac{c}{b}$表示。

4）最大厚度位置 c_σ：最大厚度线到前线点的弦向距离，记作 c_σ。

5）最大厚度相对位置$\bar{c}_\sigma$：最大厚度位置 c_σ 与弦长 b 的比值，用$\bar{c}_\sigma=\dfrac{c_\sigma}{b}$表示。

6）弯度 f：翼型厚度中点的连线称为中弧线，它与翼弦之间的最大距离称为弯度，用 f 表示。

7）相对弯度$\overline{f}$：弯度 f 与弦长 b 的比值。

8）攻角（迎角）α：来流速度v方向与弦线间的夹角。

9）零升力角 θ_0：弦线与零升力线（即以该线所在角度将翼面迎向气流方向，将不产生升力或者升力为零）间的夹角。

10）安装角 θ：来流速度方向与零升力线间的夹角。$\alpha=\theta+\theta_0$，此处 θ_0 是负值，θ 和 α 是正值。

11）前后缘半径、后缘角：翼型前缘点的内切圆半径称为翼型前缘半径，以 r_1 表示；亚音速翼型前缘是圆的，超音速翼型前缘是尖的，以前缘点上下翼面的切线夹角 τ_1 表示，称为前缘角。翼型前缘半径与前缘角如图 4-3 所示。

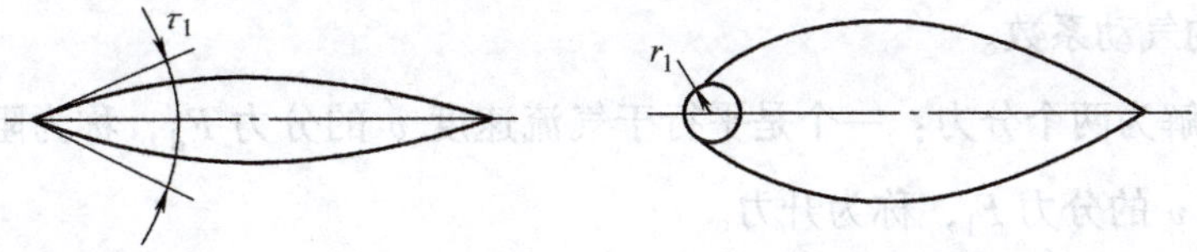

图 4-3　翼型前缘半径与前缘角

翼型后缘点的内切圆半径称为翼型后缘半径，以 r_t 表示；若后缘为尖的，则以后缘点上下翼面切线的夹角 τ_t 表示，称为后缘角。翼型后缘半径与后缘角如图 4-4 所示。

图 4-4　翼型后缘半径与后缘角

（2）翼型的空气动力特性　假定翼型处于静止状态，而空气以相同的速度从反方向向吹来。作用在翼型上的气动力不改变其大小。气动力只取决于相对速度和攻角的大小。为了便于研究，先研究静止的叶片置于均匀来流速度 v 中，此时，作用在叶片翼型表面上的空气压力是不均匀的，上表面压力减小，下表面压力增加。翼型的压力变化如图 4-5 所示。

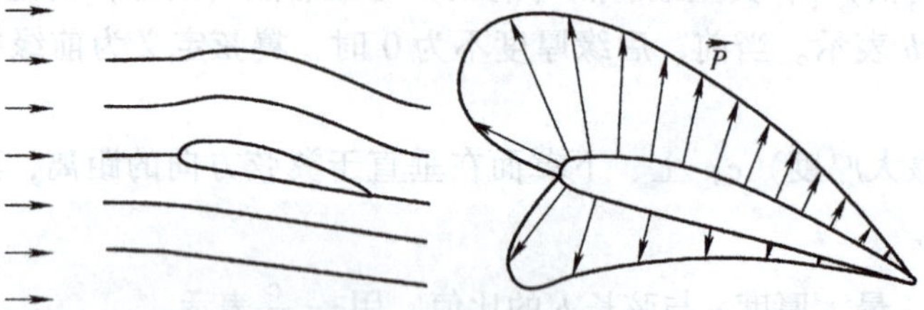

图 4-5　翼型的压力变化

根据伯努利定理，与远离翼型的未受干扰气流相比，叶片翼型上方的气流速度高，而下方则低。因而上表面压力小于下表面压力，上下表面压差的合力在翼型剖面上形成了升力、阻力、力矩等气动力。

翼型周围的气流可以看作是下面两类气流的合成：一类是处于均匀气流中，在零升力条件下流过翼型的气流；另一类是围绕翼型的环流，从下表面流回到上表面。翼型的升力是由后者产生的。翼型的受力分析如图 4-6 所示。

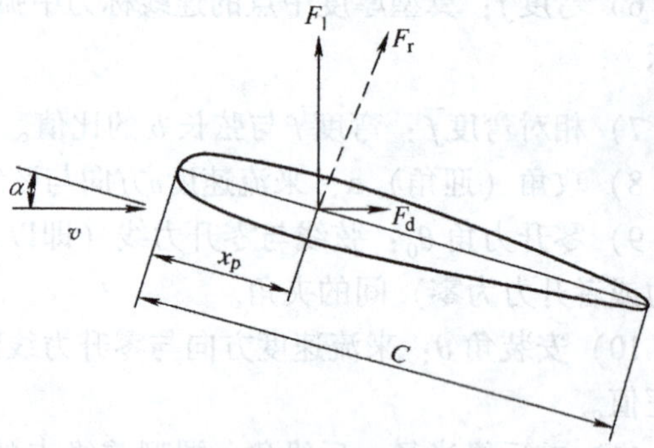

图 4-6　翼型的受力分析

作用在翼型上的力 F_r 为总气动力，有

$$F_r = \frac{1}{2}\rho C_r S v^2$$

式中　ρ——空气密度；

S——叶片面积，它等于叶片长与翼弦的乘积；

C_r——总的气动系数。

该力可以分解为两个分力：一个是平行于气流速度 $\vec{v}$ 的分力 F_d，称为阻力；另一个是垂直于气流速度 $\vec{v}$ 的分力 F_l，称为升力。

F_l 为升力：

$$F_l = \frac{1}{2}\rho C_l S v^2$$

F_d 为阻力：
$$F_d = \frac{1}{2}\rho C_d S v^2$$

$$F_r^2 = F_l^2 + F_d^2$$

压力中心是指气动合力的作用点。它是空气动力合力作用线和弦线的交点，作用在压力中心上的力只有升力和阻力。

$$C_r^2 = C_l^2 + C_d^2$$

翼型升力特性曲线和阻力特性曲线如图 4-7 和图 4-8 所示。

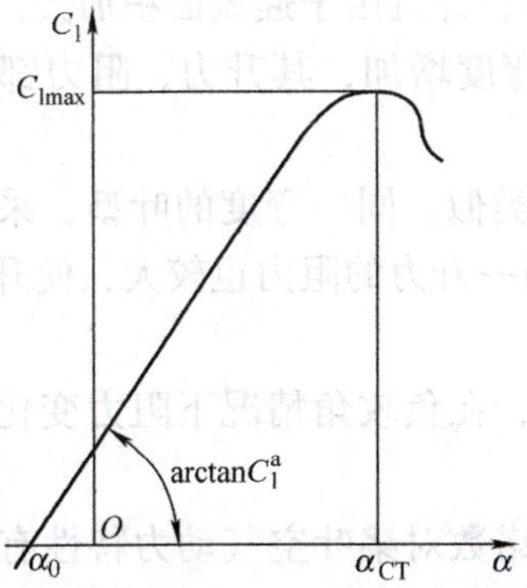

图 4-7　翼型升力特性曲线

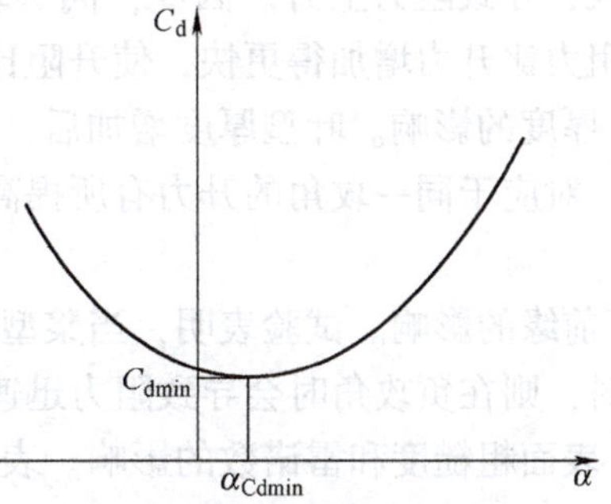

图 4-8　翼型阻力特性曲线

可以看出，升力系数的变化由直线和曲线两部分组成。开始直线上升到最大值 C_{lmax}，对应于攻角 α_{CT}，称为失速点，超过失速点后，升力系数下降，阻力系数增加。在负攻角时，C_l 也呈曲线形，C_l 通过最低点。阻力系数曲线的则不同，它的最小值对应已确定的攻角值。

升力系数与阻力系数随攻角的变化曲线图如图 4-9 所示。

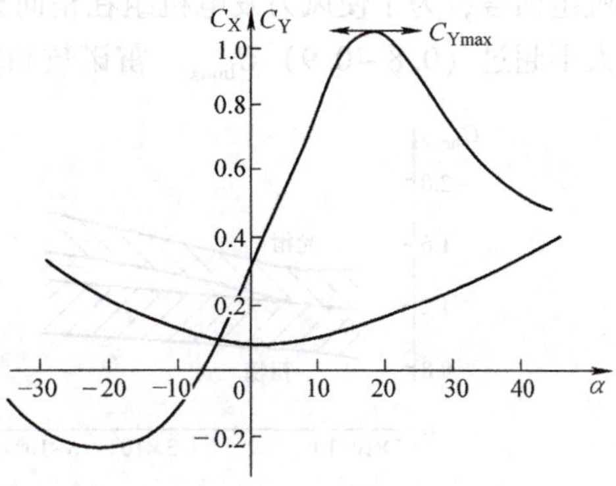

图 4-9　升力系数与阻力系数随攻角的变化曲线图

当攻角 α 值在一定范围内变化时，升力随攻角的增加而变大，阻力也在变化；当攻角 α 值增加到某一临界值时，升力达到最大值（即 $C_Y \to C_{Ymax}$）；当 α 值再增大时，升力突然开始下降，同时阻力也急剧增加，这种现象称为“失速”。产生失速的根本原因，是气体的比较有规则的流线与翼型后上部的轮廓分离，并在分离区形成涡流，使翼型上下压差变小。

若设 M 为 F 相对于前缘的气动俯仰力矩，则可求得俯仰力矩系数 C_M：

$$M = \frac{1}{2}\rho C_M S b v^2$$

式中　b——翼型弦长。

因此，作用在翼型断面上的空气动力可表示为升力、阻力和俯仰力矩三部分。对于攻角的各个值总存在某一特殊的点 C，空气动力 F 对该点的力矩为零，称为压力中心。于是作用在翼型断面上的空气动力可表示为作用在压力中心处的升力和阻力。压力中心点与前缘的相对距离由以下比值决定：

$$C_P = \frac{C_M}{C_l}$$

通常 C_P 为25%～30%。

不同的桨型截面形状对升力和阻力的影响很大，体现在以下几个方面：

1）弯度的影响。叶型的弯度加大后，导致上、下弧流速差加大，从而使压力差加大，故升力增加；与此同时，上弧流速加大，摩擦阻力上升，并且由于迎流面积加大，故压差阻力也加大，导致阻力上升。因此，同一攻角时，随着弯度增加，其升力、阻力都将显著增加，但阻力比升力增加得更快，使升阻比有所下降。

2）厚度的影响。叶型厚度增加后，其影响与弯度类似。同一弯度的叶型，采用较厚的桨型时，对应于同一攻角的升力有所提高，但对应于同一升力的阻力也较大，使升阻比有所下降。

3）前缘的影响。试验表明，当桨型的前缘抬高时，在负攻角情况下阻力变化不大。前缘低垂时，则在负攻角时会导致阻力迅速增加。

4）表面粗糙度和雷诺数的影响。表面粗糙度和雷诺数对桨叶空气动力特性有着重要影响。当叶片在运行中出现失速以后，噪声常常会突然增加，引起风力发电机组的振动和运行不稳等现象。因此，在选取 C_l 值时，以失速点作为设计点是不好的。对于水平轴型风力发电机组而言，为了使风力发电机组在稍向设计点右侧偏移时仍能很好地工作，所取的 C_l 值，最大不超过（0.8～0.9）C_{lmax}。雷诺数和表面粗糙度对气动特性的影响如图4-10所示。

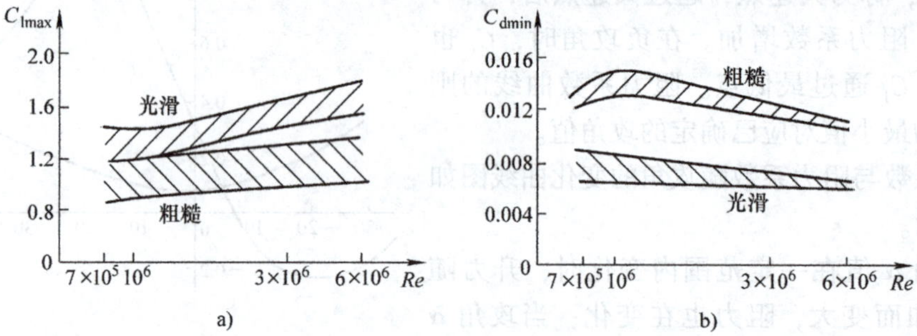

图4-10　雷诺数和表面粗糙度对气动特性的影响

（3）NACA翼型　由于普通航空翼型的空气动力学性能在21世纪上半叶已经得到充分研究，所以传统风力发电机组叶片翼型一般沿用航空翼型。最常用的且最具代表性的传统风力发电机组翼型为NACA翼型，所以下面以此翼型作为重点介绍。NANA翼型是20世纪30年代末40年代初由美国国家宇航局（NASA）前身国家航空咨询委员会（NACA）提出的。NACA翼型由厚度和中弧线叠加而成。

叶片通常在尖部使用薄翼型以满足高升阻比的要求，而在叶根则采用相同翼型较厚的形式，以满足结构强度的要求。典型运行工况下的雷诺数范围是 $5\times10^5\sim2\times10^6$。NACA44XX系列和NACA230XX系列，由于具有最大升力系数及最低的阻力系数，因而成为最流行采用的翼型。

翼型气动特性对风轮的动力输出至关重要，要实现最佳的翼型特性，提高在大攻角、低雷诺数下的数值计算精度是重要手段。但需要注意的是，优化翼型及风轮最佳形状以满足最佳的设计要求，以达到最可靠的动力输出，才是风轮翼型优化设计的关键问题，而不是选择一个截面最佳的翼型气动特性。

1）NACA 四位数翼型。NACA 四位数翼型是美国 NACA 最早建立的一个低速翼型系列。与早期的其他翼型相比，它有较高的最大升力系数和较低的阻力系数。

四位数字的含义：

NACA XYZZ

X——相对弯度；

Y——最大弯度位置；

ZZ——相对厚度。

例如，NACA 2412 表示翼型的相对弯度为2%，最大弯度位置在弦长的0.4处，相对厚度为12%。

NACA 四位数翼型分为对称翼型和有弯度翼型两种，对称翼型（零弯度翼型）即为基本厚度分布，有弯度翼型由中弧线与基本厚度分布叠加而成，中弧线由两段抛物线组成，在中弧线最高点两者相切。也即当$\bar{x}=\bar{x}_f$时前后段抛物线的值相等且达最大值，同时抛物线的斜率相等。NACA 四位数翼型的中弧线方程为

$$\bar{y}_f=\frac{\bar{f}}{x^2}(2\,\bar{x}_f\,\bar{x}-\bar{x}_2)$$

式中 f——中弧线最高点的纵坐标（即最大弯度）；

x_f——最大弯度的弦向位置。

有弯度翼型的上下翼面坐标（$\bar{x}_U$，$\bar{y}_U$）和（$\bar{x}_L$，$\bar{y}_L$）可写成

$$\bar{x}_U=\bar{x}-\bar{y}_t\sin\theta \qquad \bar{x}_L=\bar{x}+\bar{y}_t\sin\theta$$

$$\bar{y}_U=\bar{y}_f+\bar{y}_t\cos\theta \qquad \bar{y}_L=\bar{y}_f-\bar{y}_t\cos\theta$$

式中 θ——中弧线在弦向位置$\bar{x}$处的切线与横轴的夹角。

前缘半径的圆心位于通过前缘点的斜率等于0.005弦线处中弧线斜率的线段上，圆心距前缘点距离等于前缘半径。

因此，对于 NACA 四位数翼型只要给定了$\bar{f}$、$\bar{x}_f$和厚度t，就可以由上述公式算出完整的翼面数据。

2）NACA 五位数翼型。这是 NACA 继四位数翼型后又提出的一个低速翼型系列。该翼型系列的厚度分布与四位数系列相同，但中弧线参数有更大的选择，可使最大弯度位置靠前而提高最大升力系数，降低最小阻力系数，但失速性能欠佳。

五位数字的含义：

NACA XYWZZ

X——设计升力系数为 X×(3/20)；

Y——最大弯度位置为 Y/20；

W——中弧线为简单型取0，否则取1（有拐点）；

ZZ——相对厚度。

从实验中发现，中弧线最大弯度相对位置离开弦线中点，无论是前移还是后移，对提高

翼型最大升力系数是有好处的。但是往后移时会产生很大的俯仰力矩，故不能采纳；而要往前多移一点的话，原来四位数翼型中弧线形状要修改，这就产生了五位数翼型。五位数翼型中弧线在最大弯度点以前是一抛物线，在最大弯度点处曲率降为零，一直到后缘为止，也即后半段是一直线，其中弧线方程为

$$\overline{y}_f=\frac{K}{6}[x_3-3m\,x^2+m^2(3-m)x]\qquad 0\leqslant x\leqslant m$$

$$\overline{y}_f=\frac{1}{6}Km^2(1-x)\qquad m\leqslant x\leqslant 1.0$$

式中，m 和 K 随 $\overline{x}_f$ 的变化而变化，见表4-1。

表4-1　m、K 随 $\overline{x}_f$ 变化的关系

中弧线代号	x_f	m	K
210	0.05	0.5080	361.4
220	0.10	0.1260	51.64
230	0.15	0.2025	15.957
240	0.20	0.2900	6.643
250	0.25	0.3910	3.230

例如，NACA23012 的设计升力系数为 $2\times\frac{3}{20}=0.30$；最大弯度相对位置为15%，最大相对厚度为12%。

2. 叶片的空气动力特性

人们可以采用各种不同的装置利用风能。仅用理论效率来衡量各种装置的好坏及其经济性如何是不科学的。实际上风能本身没有价值，首先应考虑的是风力发电机组的造价。投资少的风力发电机组应允许其效率低一些。从物理和技术角度来看，一台风力发电机组是最佳的，但它在提高效率和特性方面付出了很大代价造成成本上升，那并不一定合理。

从理论上讲，能量可在物体中以不同形式存储或被存储。目前自然界中已有很多能量形式可被利用。除通过核裂变和化学反应从化石初级能源中获取能量外，在很多情况下是利用物体中的势能和动能，如水电站。水能一直在不断开发中，甚至于在某些国家水电占了电力供应的一半。风能不能被广泛利用的主要原因是风能随时间变化大，无法准确预测，相对造价高，能量密度低。从技术角度看，风能无法存储，能量转换后必须马上送出去，并不能像水那样通过拦河坝来调整，假如要存储风能几秒钟的话，成本会大大提高。

(1) 贝兹理论　贝兹理论是风力发电中关于风能利用效率的一条基本的理论，它由德国物理学家 Albert Betz 提出。贝兹理论是指理想情况下风能所能转换成动能的极限比值为16/27，约为59%。

风能转换常用自由流场来描述。瞬时能量转换由流线图表达。风轮前方是个等截面的流线，在风轮前流线较窄，由于通过风轮时，受风轮阻挡向外挤压而绕过风轮没有被利用。只有通过截面的气流，才能在风轮里被延迟而释放能量。这个截面的大小取决于速度差 $\Delta v=v_1-v_2$。当 $\Delta v=0$ 时，截面的气流穿过了风轮，没有能量转换。如果 $\Delta v=v_1$，即 $v_2=0$，

则根本没有气流通过风轮，因为风轮后没有气流流动，所有气流从风轮旁流过没有能量的转换。气流如何运动才能获得能量呢？贝兹（Betz）从物理学角度做了简要的论述，并给出了这一过程的数学公式，一个质量为 m 的物体以速度 v 运动，产生的能量为

$$E=\frac{1}{2}mv^2$$

最后物体的速度必定会变为零。气流也有一个确定的质量，对于给定的体积，由空气密度可计算出气体的质量为

$$m=\rho V$$

单位时间内通过风轮扫风面的气体体积为

$$V=Sv$$

这里 v 是风速，S 为横截面积，空气密度 ρ 取决于温度、气压、湿度。为了计算方便，ρ 用足够准确的近似值表示为

$$\rho=1.225\text{kg/m}^3$$

单位时间内空气所做的功称为功率，即

$$P=\frac{1}{2}\rho v^3 S$$

单位是 W。现在的问题是多少气流的能量被吸收了，不能用通过截面的气流表示，而应该是气流通过风轮，风速发生变化而产生能量转换。

低速气流中的空气可认为是不可压缩的物质，那么根据连续定律，在变换过程中进入的气流量与出来的气流量相等，由于空气的不可压缩性，气流不会变密或变疏。连续方程为

$$m=V\rho=S_1v_1\rho=S_2v_2\rho=\text{常数}$$

功率为

$$P=\frac{1}{2}\rho(S_1v_1^3-S_2v_2^3)$$

经过变换，功率用

$$P=\frac{1}{2}\rho S_1v_1(v_1^2-v_2^2)$$

来表示。

从上述表达式来看，当 $v_2=0$ 时，吸收的功率最大，但实际上速度变到零就根本没有气流进入风轮，也就是说，气流进入时就扩散掉了，反过来说，进入的气流速度也就趋近于零了。如果 $v_1=v_2$，也就是速度没有变化，则根本没有功率吸收。在这两种特殊情况之间必定存在某一气流变化特性使得能量转换最佳。

根据这一特性分析气流流动过程，理想装置必须与轴向推力保持平衡，以便它不会被气吹走。风轮前空气被阻挡了一些，与无限前远方比，只有很少的气流穿过风轮，压力在能量转换面上发生突变，在风轮后压力与周围气压相同，在转换面前后气流速度发生变化。

（2）叶素理论　叶素理论即桨叶由连续布置的无限多个桨叶微段（即叶素）组成。

1）几何定义。

转轴：风轮的旋转轴；

回转平面：垂直于转轴线的平面，叶片在该平面内旋转；

风轮直径：风轮扫掠面直径；

叶片轴线：叶片纵轴线，围绕它可使叶片一部分或全部相对于回转平面做倾斜变化；

安装角或节距角 β：半径 r 处回转平面与叶型截面弦长之间的夹角。

2）叶素特性分析。

取一长度为 dr 的叶素，在半径 r 处的弦长为 L，节距角为 β。则叶素在旋转平面内具有一圆周速度 $u=2\pi rn$。如果取 v 为吹过风轮的轴向风速，气流相对于叶片的速度为 w，则

$$\vec{v}=\vec{u}+\vec{w},\qquad \vec{w}=\vec{v}-\vec{u}$$

而攻角为 $\alpha=\gamma-\beta$。其中，γ 为 w 与旋转平面间的夹角称为倾斜角。叶素特性分析如图4-11所示。

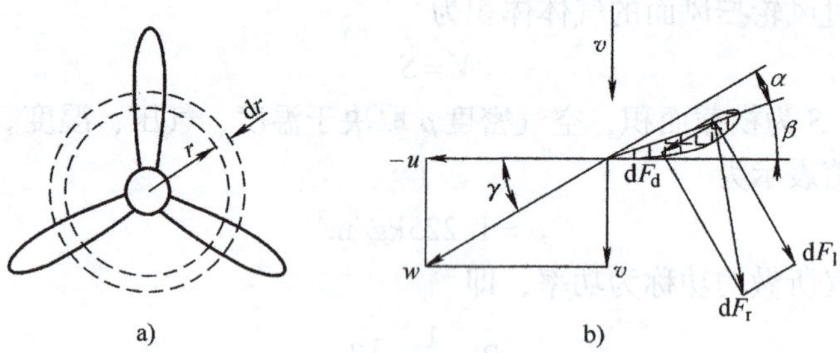

图4-11　叶素特性分析

因此，叶素受到相对速度 w 的气流作用，进而受到一气动力 dF_r 作用。dF_r 可分为一个升力 dF_l 和一个阻力 dF_d，分别与相对速度 w 垂直或平行，并对应于某一攻角 α。

C_l 和 C_d 的值可按相应的攻角查取所选叶型的气动特性曲线得到。

现在来计算由气动力 dF_r 产生的作用在风轮上的轴向推力以及作用在转轴上的力矩。dF_a 为 dF_r 在转轴上的投影，dT 为 dF_r 在回转平面上的投影对转轴的力矩，ω 为风轮角速度，则有

$$dF_a=dF_l\cos\gamma+dF_d\sin\gamma$$

$$dT=r(dF_l\sin\gamma-dF_d\cos\gamma)$$

代入以前的有关关系式得

$$dF_l=\frac{1}{2}\rho C_l w^2 dS\qquad dF_d=\frac{1}{2}\rho C_d w^2 dS$$

$$w_2=v_2+u_2=v_2+\omega_2 r_2,\qquad \omega r=v\cot\gamma$$

$$dP=\omega dT$$

于是得到 dF_a、dT 和 dP 的表达式为

$$dF_a=\frac{1}{2}\rho v^2 dS(1+\cot^2\gamma)(C_l\cos\gamma+C_d\sin\gamma)$$

$$dT=\frac{1}{2}\rho v^2\gamma dS(1+\cot^2\gamma)(C_l\sin\gamma-C_d\cos\gamma)$$

$$dP=\frac{1}{2}\rho v^3 dS\cot\gamma(1+\cot^2\gamma)(C_l\sin\gamma-C_d\cos\gamma)$$

3. 风力发电机组性能指标

表示风力发电机组性能的特征参数主要有以下几个：风能利用系数（功率系数）C_P、

叶尖速比 λ、扭矩系数 C_T 和实度。

（1）风能利用系数 C_P　风能利用系数 C_P 的物理意义：风力发电机组的风轮能够从自然风中获得的能量与风轮扫掠面积内的未扰动气流所含风能的百分比，可表示为

$$C_P = \frac{204P}{\rho v^3 A}$$

式中　P——实际获得的输出功率（kW）；

ρ——空气密度（kg/m^3）；

A——风力发电机组的扫掠面积（m^2）；

v——风速（m/s）。

每秒穿过风轮的气流量为

$$V = Sv = S_1 v_1 = S_2 v_2$$

这里 S 是风轮扫风面积，v 是气流穿过扫风面时的速度。

根据气流冲量原理，风轮必须抵抗风的压力也称为轴向推力，它由下式计算，即

$$F = m(v_1 - v_2)$$

通过风轮的功率为

$$P = \frac{1}{2}m({v_1}^2 - {v_2}^2)$$

轴向推力 F 是空气施加给风轮的，那么根据作用力与反作用力，必定有一个向空气施加的反作用力 F'，相对于气流以 v' 反方向运动，那么功率为

$$P = Fv$$

变换得

$$F'v' = \frac{1}{2}m({v_1}^2 - {v_2}^2)$$

根据关系式 $v_1^2 - v_2^2 = (v_1 + v_2)(v_1 - v_2)$，得

$$m(v_1 - v_2)v' = \frac{1}{2}m({v_1}^2 - {v_2}^2)$$

$$v' = \frac{1}{2}(v_1 + v_2)$$

那么穿过风轮扫风面的速度刚好等于风轮前远方和风轮后远方气流速度和的一半。现在实际通过风轮的气流质量为

$$m = \rho v' S = \frac{1}{2}\rho(v_1 + v_2)S$$

那么功率 P 为

$$P = \frac{1}{4}\rho({v_1}^2 - {v_2}^2)(v_1 + v_2)S$$

穿过 S 截面干扰的气流功率为

$$P_0 = \frac{1}{2}\rho {v_1}^3 S$$

从风能中获得能量的比值，即功率系数为

$$C_P = \frac{P}{P_0} = \frac{1}{2}(1 - \zeta)(1 + \zeta)$$

这里为风轮前后风速的比值，对于最大的 C_P 值（理想系数），可以用图解或数学计

算得

$$\zeta = \frac{v_2}{v_1}$$

$$C_{\mathrm{Pmax}} = \frac{16}{27} = 0.5925$$

这个数值是速度比为 $\xi = 1/3$ 时计算得出的。与功率系数相关的常数定义为效率值 η，它是上网功率与理想可获得功率的比值，即

$$\eta = \frac{P_{\pi}}{P_{\mathrm{id}}} = \frac{P_{\pi}}{\frac{\rho}{2} C_{\mathrm{Pid}} {v_1}^3 S}$$

理想风力发电机组的风能利用系数 C_{P} 的最大值是0.593，对实际使用的风力发电机组来说，高性能螺旋桨式风力发电机组的 C_{P} 值是0.45，阻力型风力机只有0.15左右。C_{P} 值越大，表示风力发电机组能够从自然风中获得的能量百分比也越大，风力发电机组的效率越高，即风力发电机组对风能的利用率也越高。

（2）叶尖速比 λ　叶尖速比也叫周速比，是指风力发电机组叶片叶尖速度和风速的比值，通常用 λ 表示，也可用TSR（Tip Speed Ratio）表示。

叶尖速比 λ 可用下式计算，即

$$\lambda = \frac{2\pi n R}{v}$$

式中　v——风速（m/s）；

n——风力发电机组的转速（r/min）；

R——风轮半径（m）。

（3）扭矩系数 C_{T}　扭矩系数 C_{T} 是表示风力发电机组扭矩的特征系数，阻力系数 C_{d} 是表示风力发电机组所受阻力的特征系数，为了便于和其他风力发电机组比较，把这两个系数都无因次化。C_{T} 和 C_{d} 可用下式表示为

$$C_{\mathrm{T}} = \frac{T}{(\rho v^2/2)\pi R^3}$$

$$C_{\mathrm{d}} = \frac{F_{\mathrm{d}}}{\rho v^2/2}\pi R^2$$

式中　T——风力发电机组扭矩（N·m）；

F_{d}——风力发电机组所受阻力（N）。

高速风力发电机组的输出功率系数大，扭矩系数小，适用于风力发电；低速风力发电机组的输出功率系数较小，扭矩系数大，适用于低速、高扭矩的风力提水。

（4）实度SA　风力发电机组实度的定义是风轮投影面积与风轮扫掠面积之比值，用SA表示。风力发电机组实度是标志风力发电机组性能的重要特征系数。一般来说，实度大的风力发电机组属于叶尖速比小的大扭矩、低转速型，而实度小的风力发电机组则属于叶尖速比大的小扭矩、高转速型。

4. 风力发电机组输出功率

（1）风力发电机组输出功率与转速、风速的关系　风力发电机组需要根据一个确定的

风速来确定风力发电机组的额定功率，这个风速称为额定风速。在这种风速下，风力发电机组功率达到最大。在风电工程中，将风力发电机组开始运行做功时的风速称为起动风速或切入风速。当风速大到某一极限值时，风力发电机组就有损坏的危险，必须停止运行，这一风速称为停机风速或切出风速。因此，在统计风速资料计算风能潜力时，必须考虑这两个因素。通常将切入风速到切出风速之间的风能称为有效风能。有效风能密度是有效风能范围内的风能平均密度。

在风速很低的时候，风力发电机组风轮会保持不动。当到达切入风速时（通常为3～4m/s)，风轮开始旋转并牵引风力发电机组开始发电。随着风力越来越强，输出功率会增加，当风速达到额定风速时，风力发电机组会输出其额定功率，之后输出功率会保留大致不变，当风速进一步增加，达到切出风速的时候，风力发电机组会制动，不再输出功率，防止受损。风力发电机的性能可以用功率曲线来表达。功率曲线可显示在不同风速下（切入风速到切出风速）风力发电机组的输出功率。

(2) 风力发电机组输出功率和能量的估算　风力发电机组的输出功率可用下式计算，即

$$P = C_P C_Q \frac{\rho v^3 A}{204}$$

式中　ρ——空气密度，在空气温度为15℃及大气压力为101.32kPa时，$\rho = 1.225\text{kg/m}^3$；

C_Q——效率系数；

A——风轮扫掠面积，对于水平轴风力发电机组：

$$A = \frac{\pi}{4} D^2$$

式中　D——风轮直径。

4.2　风轮的空气动力学特性

风力发电机叶片的上侧比下侧弯曲幅度大，或者前部边缘向上翻掀（正攻角)，叶片上侧比叶片下侧的气流速度要大，这就导致叶片两侧产生压力差。根据气体的伯努利方程可知，叶片上侧是低压区，叶片下侧是高压区。叶片获得垂直于气流方向的升力。

事实上，不仅仅是翼型，而是所有置于均匀气流中的物体都受到一个力的作用，而该力的方向一般与来流的方向不同。这一点很关键，它解释了为什么升力分量垂直于来流，另一部分阻力分量平行于来流的原因。

4.2.1　风轮的转速

风轮在风的作用下旋转，旋转速度用风轮转速 Ω 表示。

4.2.2　风轮的叶尖速比

风轮的叶尖速比是风轮的一个重要参数，它指的是风轮叶片叶尖线速度与来流风速的比值。

$$\lambda = \frac{\Omega R}{v}$$

4.2.3 作用在风轮上的力和力矩

翼型的空气动力特性好坏直接影响风力发电机组的性能。以前风轮叶片常采用飞机翼型，当前也有专用于风力发电机组的专用翼型。风轮工作条件和飞机有较大区别。一方面风轮叶片工作时，其迎角变化范围大；另一方面风轮叶片是在低雷诺数情况下工作。在设计风力发电机组时，总希望得到高的风能利用系数，使风轮的能量损失尽可能小，此时即阻力尽可能地小。要求选择的翼型具有高的升力系数，从飞机机翼理论可知升阻比（C_l/C_d）的概念，一般流线翼型的升阻比在150~170之间，某些特殊翼型的理论升阻比可达到400左右。一般来说，雷诺数越大，翼型升阻比越好。

近年来，采用新翼型制造的叶片不多，主要是由于新翼型的开发研制投入比较大。设计者通常都比较保守，采用具有公开数据而性能优良的翼型是比较明智的选择，如选用NACA632xx、NACA634xx系列低阻层流翼型等。由于失速计算不准确，这是限制翼型选择的另一个因素。

应根据以下规则选择翼型：对于低速风轮，由于叶片数较多，不需要特殊的翼型升阻比；对于高速风轮，由于叶片数较少，应当选用在很宽的风速范围内具有较高升阻比和平稳失速特性的翼型，对粗糙度不敏感，以便获得较高的功率系数；另外要求翼型的气动噪声低。

作用在翼型上的力的物理机理是由于环绕翼型面流体流速的变化。如图4-12所示，翼型上面流速比翼型下面快，结果上面压力低于下面压力，于是产生了气动力 F_r。气动力 F_r 可以分解为一个平行于来流的阻力分量 F_d 和一个垂直于来流的升力分量 F_l。升阻力不但与来流的速度有关，还与它的角度（迎角）有关。翼型剖面受力图如图4-12所示。

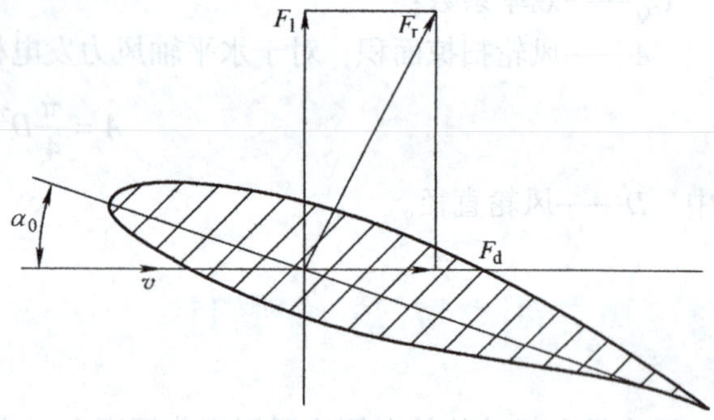

图4-12　翼型剖面受力图

作用在风轮叶片上的力和力矩，可以由作用在风轮叶片各剖面叶素上的力和力矩积分来确定。

风作用在风轮上引起的总推力 F_a（F_r 在转轴上的投影）和作用在转轴上的总扭矩 T 可由所有作用在叶素上的 dF_a 和 dT 求和得到。推力 F_a、扭矩 T、功率 P 和效率 η 间的关系式为

$$P = \sum dF_a \cdot v = F_a v$$

轴功率为

$$P_U = T\omega$$

效率为

$$\eta = \frac{P_U}{P} = \frac{T\omega}{F_a v}$$

4.3 风轮轴功率

风轮轴功率大小是评价风轮起动特性优劣的主要参数。它取决于风的能量和风轮的风能

利用系数，即风轮的气动效率。

1. 风的能量

单位体积的空气动能为$1/2\rho v^2$，因此单位面积的风能为

$$\frac{E}{S}=\frac{\rho v^3}{2}$$

式中 v——风速；

ρ——空气密度；

S——风轮扫掠面积。

2. 风能利用系数 C_P

风能利用系数是评定风轮气动特性优劣的主要参数。风的能量只有部分可被风轮吸收成为机械能，因此风能利用系数定义为

$$C_P=\frac{P_U}{1/2\rho v^3 S}$$

$$P_U=\Omega M$$

式中 C_P——风能利用系数；

P_U——风轮的轴功率；

Ω——风轮转速；

M——风轮扭矩。

3. 风力发电机组的输出功率

风力发电机组的输出功率与风速的大小、空气密度、风轮直径、风轮功率系数、传动效率和机械效率有关，其关系用计算公式表示为

$$P=\frac{1}{8}\pi\rho D^2 v^3 C_P\eta_t\eta_g$$

式中 P——风力发电机的输出功率（kW）；

ρ——空气密度（kg/m^3）；

D——风力发电机风轮直径（m）；

v——场地风速（m/s）；

C_P——风轮功率系数，一般在0.2~0.5之间，最大为0.593；

η_t——风力发电机传动装置的机械功率；

η_g——发电机的机械效率。

理论上，从风中含有的气流能量中最大可以获取59.3%。从风中获取的功率与风中包含的功率之间的比例关系值被称为贝兹功率系数（$C_{P,Betz}$），是阿尔伯特·贝兹于1926年计算出来的。这一事实从现象和原理上都能够得到解释：如果从风的气流中获取能量，风速会减缓。但由于气体流量必须保持不变，在气流从各个方向涌来的风能设备上，风会扩散，因为在设备背后风速减慢的情况下，还是要有相同数量的空气流动。基于这个原因，通过风能设备不可能将风能全部转换为旋转能量。否则就意味着风能设备后面的空气静止不动，气流

就会被阻挡住。

和所有的机器一样，这里也不可能达到理论上的最大值。好的风能设备会有0.4～0.5的功率系数。设备的空气动力效率可以通过机器的功率系数与贝兹功率系数之间的比例表示。

不同类型的风轮，其风能利用系数是不同的，并网型风力发电机组的风能利用系数一般都在0.4以上。

4.4　风轮功率调节

风力发电机组必须有一套控制系统用来限制功率和转速，使风力发电机组在大风或故障过载时得到保护。随着风力发电机组容量增大，相应的安全系统的费用提高，结构过载的范围也就越小。只有在这些保护功能的作用下，才能输出良好的电能，如避免功率波动以及产生与电网一致的频率。

当风速达到某一值时，风力发电机组达到额定功率。自然风的速度变化常会超过这一风速，在正常运行时，不是限制结构载荷的大小，而是发电机超载后过热的问题。风力发电机组制造商一般会给出发电机过载的能力。控制系统允许发电机短时过载，但绝不能长时间或经常过载。

由于风速和功率是三次方的关系，当风力发电机组功率达到额定点以后，必须有相应的功率调节措施，使机组的输出功率不再增加。

目前主要有两种调节功率的方法，都是采用空气动力方法进行调节的。这两种方法包括定桨距（失速）调节方法和变桨距调节方法。

4.4.1　失速控制

失速控制主要是通过确定叶片翼型的扭角分布，使风轮功率达到额定点后，减少升力提高阻力来实现的。

失速控制是一种很好的功率调节方法，因为它无需任何附加转动部件，叶片刚性固定在轮毂上，因此，其造价比较低。

在一般运行情况下，风轮上的动力来源于气流在翼型上流过产生的升力。由于风轮转速恒定，风速增加，叶片上的迎角随之增加，但迎角增大到一定程度（一般情况下迎角在15°～16°升力系数最大，超过15°～16°时升力下降，阻力上升）后阻力上升，直到最后气流在翼型上表面分离而产生脱落，这种现象称为**失速**。一旦迎角达到失速点，叶素将进入失速区，C_l减小，C_d增加，这两个变化导致扭矩减小，功率也跟着减小。但由于阻力项的增加，作用在机组上的力是增加的。

应注意的是：失速不总是在同一迎角下，而与迎角变化有关（如阵风），是一个动态变化过程。在失速与气流恢复到正常流动之间，有滞后现象存在，造成叶片受力变化很大，机组发生过发电现象。

失速型机组对安装角比较敏感，叶片的安装角要尽量达到最佳，以免影响机组额定出力。另外，失速型机组受空气密度的影响比较大，在高海拔地区有可能达不到其额定输出。

失速控制型机组的起动特性比较差，在风轮静止时，出现气流的扰动，那么起动转矩很小，主要是由于在叶片表面上的流动气流变化而造成的。并网型失速控制机组在起动时，发电机一般作电动机运行，这时从电网吸收的电能不多，风轮会很快加速到同步转速自动地由电动状态变为发电状态。

失速控制的一个难题是如果风力发电机组脱网，风轮将加速，在这种情况下，迎角将减小，叶片将脱离失速区，导致风轮上的扭矩增加，这将加剧风轮超速的程度，因此，相对定桨距风力发电机组来说，在设计失速型风力发电机组的制动系统时，更应注意其安全性。

失速控制型风力发电机组风轮气流特性图如图4-13所示。

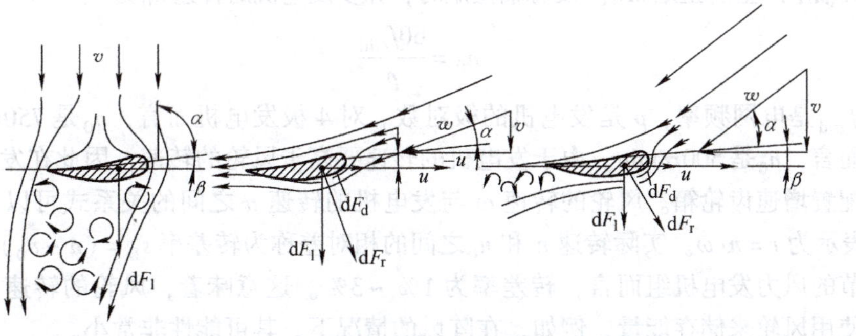

图4-13　失速控制型风力发电机组风轮气流特性图

与变桨距机组相比，当超过额定风速时，迎角进入失速区，气动阻力变得很大，轴向推力随着风速的增加而增加，因此，失速型风轮产生的轴向推力随着风速继续增加时，推力会增加，而且当功率恒定或稍微下降时也会这样。失速控制型机组的各个部件与变桨距控制机组相比所承受的载荷要大。

失速控制机组必须有可靠的制动系统，以保证风轮能停下来，这样在制动机构和风轮上的载荷都要比变桨距机组大得多。

叶片失速后，阵风对功率波动影响不大，因为失速时升力变化不大。这一范围内产生的功率波动变化不大，与变桨距机组一样，气流失速就像变桨距机组的功率调节。当风速变化时，瞬时功率变化在失速时相对很小，而变桨距机组只有当变桨距速度很快时才能达到功率变化小的目的。失速控制型风轮的优缺点如下。

优点：

1）叶片和轮毂之间无运动部件，轮毂结构简单，费用低。

2）没有功率调节系统的维护费。

3）在失速后功率的波动相对小。

缺点：

1）气动制动系统可靠性设计和制造要求高。

2）叶片、机舱和塔架上的动态载荷高。

3）由于常需要制动过程，在叶片和传动系统中产生很高的机械载荷。

4）起动性差。

5）机组承受的风载荷大。

6）在低空气密度地区难以达到额定功率。

失速调节的风力发电机组通常在恒定的速度下运行，因此叶片攻角随风速的增加而增加，随着局部攻角的增加，叶片失速，引起升力系数减小和阻力系数增大，最终导致切向载荷降低。功率的减小取决于桨距角、叶片的扭转角以及弦长分布和叶片上所使用的翼型。如果现场测试表明功率的大小不能得到充分的限制，则需要卸下叶片，改变固定的桨距角设置。在失速调节的风力发电机组中，通常采用异步发电机，其转速几乎不变且由发电机的扭矩特性确定，即输入发电机的轴扭矩 M_G是该轴转速 n 的函数。根据扭矩特性可知，异步发电机既可以作为电动机运行，也可以作为发电机运行。电动机运行模式可以用来起动风力发电机组。当发电机在发电的情况下，选择其符号为正值。发电机的转速将位于 n_0和 n_{nom}之间，而扭矩等于风轮叶片在发电机轴上产生的扭矩 M_R。没有轴扭矩时，异步发电机的转速 n_0为

$$n_0 = \frac{60f_{grid}}{p}$$

此处 f_{grid}是电网频率，p 是发电机的极对数。对 4 极发电机而言，n_0是 750r/min，对 6 极发电机而言，n_0是 500r/min。由于发电机的转速要高于风轮的转速，因此在发电机和风轮之间需要配置增速齿轮箱。风轮的转速 ω 与发电机的转速 n 之间的关系式可以用齿轮箱的增速比 r 表示为 $r = n/\omega$。实际转速 n 和 n_0之间的相对差称为转差率 $s_L = (n - n_0)/n_0$，对通常的失速调节的风力发电机组而言，转差率为 1% ~3%。这意味着，风轮的转速几乎是不变的，因此使用风轮来储存能量，例如，在阵风的情况下，其可能性非常小。

4.4.2 变桨距控制

变桨距控制主要是通过改变翼型迎角变化，使翼型升力变化来进行调节的。变桨距控制多用于大型风力发电机组。

变桨距控制是通过叶片和轮毂之间的轴承机构转动叶片来减小迎角，由此来减小翼型的升力，以达到减小作用在风轮叶片上的扭矩和功率的目的。变桨距调节时，叶片迎角可相对气流连续地变化，以便得到风轮功率输出达到希望的范围。在 90°迎角时是叶片的顺桨位置。在风力发电机组正常运行时，叶片向小迎角方向变化而限制功率。一般变桨距范围为 90°~100°。从起动角度 0°到顺桨，叶片就像飞机的垂直尾翼一样。

除此之外，还有一种方式，即主动失速，又称为负变桨距，就像失速一样进行调节。负变桨距一般在 -5°左右；在额定功率点以前，叶片的桨距角是固定不变的，与定桨距风轮一样；在额定功率以后（即失速点以后），由于叶片失速导致风轮功率下降，风轮输出功率低于额定功率，为了补偿这部分损失，适当调整叶片的桨距角来提高风轮的功率输出。

变桨距叶片变距时气流变化过程和叶片角度变化示意图如图 4-14 所示。当达到最佳运行状态时，一般已达到额定功率，就不再变桨了。70% ~80% 的运行时间在零至额定功率之间，这段范围内桨距处于非最佳状态，这样会产生很大的能量损失，而且确定最佳迎角由测量风速来决定，而风速测量往往不准确，反而产生副作用。由于阵风时风轮叶片变桨距反应滞后会产生能量损失，以至于最佳迎角在部分负载运行时无法达到稳定的调节。

功率调节的好坏与叶片变桨距速度有关。叶片变桨距速度应很快，以产生很小的风轮回转质量惯性力矩，且调节质量保持不变。变桨距控制风轮的优缺点如下。

优点：

1）起动性好。

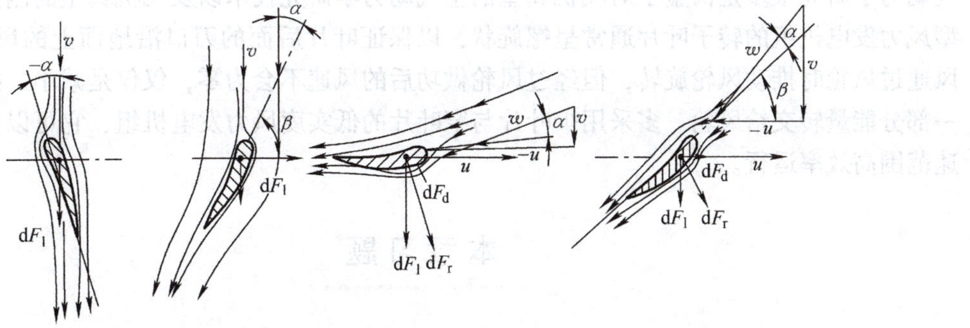

图4-14 变桨距叶片变距时气流变化过程和叶片角度变化示意图

2）制动机构简单，叶片顺桨后风轮转速可以逐渐下降。

3）额定点以前的功率输出饱满。

4）额定点以后的输出功率平滑。

5）风轮叶根承受的静、动载荷小。

缺点：

1）由于有叶片变桨距机构，轮毂较复杂，可靠性设计要求高，维护费用高。

2）功率调节系统复杂，费用高。

变桨距调节方式是通过改变叶片迎风面与纵向旋转轴的夹角，从而影响叶片的受力和阻力，以限制大风时风力发电机组输出功率的增加，保持输出功率恒定。采用变桨距调节方式，风力发电机组功率输出曲线平滑。在额定风速以下时，控制器将叶片攻角置于零度附近，不做变化，近似等同于定桨距调节。在额定风速以上时，变桨距控制结构发生作用，调节叶片攻角，将输出功率控制在额定值附近。变桨距调节型风力发电机组的起动速度较定桨距风力发电机组低，停机时传递冲击应力相对缓和。正常工作时，主要是采用功率控制，在实际应用中，功率与风速的三次方成正比。较小的风速变化会造成较大的风能变化。

由于变桨距调节型风力发电机组受到的冲击较其他风力发电机组要小得多，可减少材料使用率，降低整体重量，且变桨距调节型风力发电机组在低风速时可使桨叶保持良好的攻角，比失速调节型风力发电机组有更好的能量输出，因此比较适合于在平均风速较低的地区安装使用。

变桨距调节的另外一个优点是，当风速达到一定值时，失速调节型风力发电机组必须停机，而变桨距调节型风力发电机组可以逐步变化到一个桨叶无负载的全翼展开模式位置，避免停机，增加风力发电机组的发电量。

变桨距调节的缺点是要求对阵风反应灵敏。失速调节型风力发电机组由于风的振动引起的功率脉动比较小，而变桨距调节型风力发电机组则比较大，尤其对于采用变桨距方式的恒速风力发电机，这种情况更明显，如果不要求风力发电机组的变桨距系统对阵风的响应速度足够快，则可以减轻此现象。

本章小结

风机叶片在空气中的受力特性与飞机机翼在空气中的受力相类似，所以对风机叶片的空气动力学研究很多是借鉴了对飞机翼型的空气动力学研究技术以及飞机翼型的制造技术。大型风力发电机组的转子叶片通常呈螺旋状，以保证叶片后面的刀口沿地面上的风向被推离。风通过风轮时推动风轮旋转，但经过风轮做功后的风速不会为零，仅仅是减小，故风只能把一部分能量转交给风轮。多采用少叶片与窄叶片的低实度风力发电机组，它可以在很宽的风速范围高效率运行。

本章习题

1. 经典的叶素动量理论做了哪些假设？
2. 写出理想流体的伯努利方程。
3. 什么是贝兹极限？贝兹极限是多少？
4. 简述风力发电机组叶片产生升力的原因。
5. 风力发电机组叶片常见的翼型有哪几种？
6. 不同的翼型截面形状对升力和阻力的影响体现在哪些方面？
7. 如何对风轮的功率进行调节？
8. 什么是叶尖速比？
9. 什么是失速？失速控制有哪些优缺点？
10. 什么是变桨距调节？变桨距调节有什么优点？

第5章 风力发电机组的结构

5.1 风力发电机组概述

5.1.1 风力发电机组的基本结构

风力发电机组根据应用场合的不同可分为并网型和离网型风力发电机组。离网型风力发电机组亦称为独立运行风力发电机组，是应用在无电网地区的风力发电机组，一般功率较小。独立运行风力发电机组一般需要与蓄电池和其他控制装置共同组成独立运行风力发电系统。这种独立运行系统可以是几千瓦乃至几十千瓦解决一个村落供电的系统，也可以是几十到几百瓦的小型风力发电机组以解决一家一户的供电。风力发电机组主要由两大部分组成：风力机部分——将风能转换为机械能；发电机部分——将机械能转换为电能。

小型风力发电机组（简称为风电机）一般由下列几部分组成：机舱、发电机、偏航装置、电子控制器、液压系统、冷却元件及塔架等。

1. 机舱

机舱包容着风力发电机组的关键设备，包括齿轮箱、发电机。维护人员可以通过风电机塔进入机舱。机舱左端是风力发电机组转子，即转子叶片及轴。

2. 转子叶片

它捕获风，并将风力传送到转子轴心。现代600kW风力发电机组上，每个转子叶片的测量长度大约为20m，而且被设计得很像飞机的机翼。它安装在机头上，是把风能转换为机械能的主要部件。大部分风力发电机组具有恒定转速，转子叶片末的转速为64m/s，在轴心部分转速为零。距轴心1/4叶片长度处的转速为16m/s。因为叶片末端的转速是撞击风力发电机组前部的风速的8倍。风力发电机组叶片如图5-1所示。

图5-1 风力发电机组叶片

大型风力发电机组的转子叶片通常呈螺旋状。从转子叶片看过去，并向叶片的根部移动，直至转子中心，你会发现风从很陡的角度进入（比地面的通常风向陡得多）。如果叶片从特别陡的角度受到撞击，转子叶片将停止运转。因此，转子叶片需要被设计成螺旋状。

大型风力发电机组上的大部分转子叶片用玻璃纤维强化塑料（GRP）制造。采用碳纤维或芳族聚酰胺作为强化材料是另外一种选择，但这种叶片对大型风力发电机组是不经济的。木材、环氧木材或环氧木纤维合成物目前还没有在转子叶片市场出现，尽管目前在这一领域已经有了发展。钢及铝合金分别存在重量及金属疲劳等问题，它们目前只用在小型风力发电机组上。

3. 轴心

转子轴心附着在风力发电机组的低速轴上。风力发电机组结构图如图5-2所示。

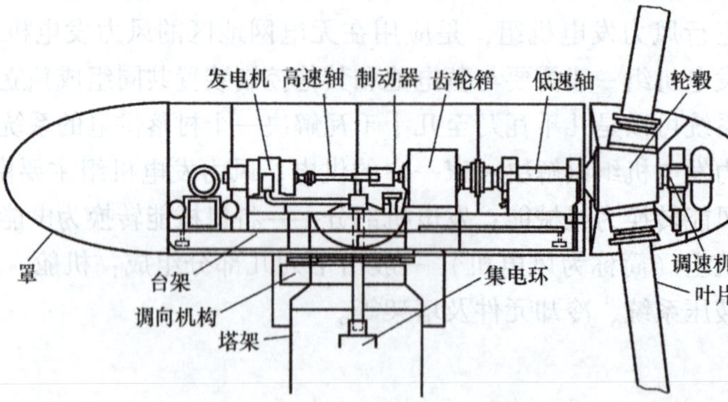

图5-2　风力发电机组结构图

4. 低速轴

风力发电机组的低速轴将转子轴心与齿轮箱连接在一起。在现代600kW风力发电机组上，转子转速相当慢，大约为19～30r/min。轴中有用于液压系统的导管，用于激发空气动力闸的运行。

5. 齿轮箱

齿轮箱左边是低速轴，它可以将高速轴的转速提高至低速轴的50倍。如果使用普通发电机，并使用两个、四个或六个电极直接连接在50Hz交流三相电网上，将不得不使用转速为1000～3000r/min的风力发电机组。对于43m转子直径的风力发电机组，这意味着转子末端的速度比声速的2倍还要高。另外一种可能性是建造一个带许多电极的交流发电机。但如果要将发电机直接连在电网上，则需要使用200个电极的发电机，来获得30r/min的转速。另外一个问题是，发电机转子的质量需要与转矩大小成比例，因此直接驱动的发电机会非常重。用齿轮箱，可以将风力发电机组转子上的较低转速、较高转矩转换为用于发电机上的较高转速、较低转矩。风力发电机组上的齿轮箱通常在转子及发电机转速之间具有单一的齿轮比。对于600kW或750kW机器，齿轮比大约为1:50。

6. 高速轴及其机械闸

高速轴以 1500r/min 运转并驱动发电机。它装备有紧急机械闸，用于空气动力闸失效时或风力发电机组被维修时。

7. 发电机

它通常被称为感应发电机或异步发电机。在现代风力发电机组上，最大电力输出通常为 500～1500kW。

8. 偏航装置

风力发电机组偏航装置用于将风力发电机组转子转动到迎风的方向。它借助电动机转动机舱，以使转子正对着风。偏航装置由电子控制器操作，电子控制器可以通过风向标来感觉风向。通常，在风改变其方向时，风力发电机组一次只会偏转几度。

当转子不垂直于风向时，风力发电机组存在偏航误差。偏航误差意味着风中的能量只有很少一部分可以在转子区域流动。如果只发生这种情况，偏航控制将是控制向风力发电机组转子电力输入的极佳方式。但是，转子靠近风源的部分受到的力比其他部分要大。一方面，这意味着转子倾向于自动对着风偏转，逆风或顺风的汽轮机都存在这种情况。另一方面，这意味着叶片在转子每一次转动时都会沿着受力方向前后弯曲。存在偏航误差的风力发电机组与沿垂直于风向偏航的风力发电机组相比，将承受更大的疲劳负载。

几乎所有水平轴风力发电机组都会强迫偏航，即用一个带有电动机及齿轮箱的机构来保持风力发电机组对着风偏转。几乎所有逆风设备的制造商都喜欢在不需要的情况下停止偏航机构。偏航机构由电子控制器来激发。

9. 电子控制器

它能不断监控风力发电机组的状态，并控制偏航装置。为了防止任何故障（即齿轮箱或发电机的过热），该控制器可以自动停止风力发电机组的转动，并通过电话调制解调器来呼叫风力发电机组操作员。

10. 液压系统

它用于重置风力发电机组的空气动力闸。

11. 冷却元件

它包含一个风扇，用于冷却发电机。此外，它包含一个油冷却元件，用于冷却齿轮箱内的油。一些风力发电机组具有水冷发电机的功能。

12. 塔架

风力发电机组塔载有机舱及转子。通常高的机塔具有优势，因为离地面越高，风速越大。现代 600kW 风力发电机组的机塔高为 40～60m。它可以为管状的塔，也可以是格子状的塔。管状塔对于维修人员更为安全，因为它们可以通过内部的梯子到达塔顶。格子状塔的优点在于它比较便宜。

13. 风速计及风向标

风速计是测量空气流速的仪器。它的种类较多，其基本原理是将一根细的金属丝放在流体中，通入电流加热金属丝，使其温度高于流体的温度，因此也将金属丝风速计称为热线风速计。当流体沿垂直方向流过金属丝时，将带走金属丝的一部分热量，使金属丝温度下降。根据强迫对流热交换理论可导出热线散失的热量 Q 与流体速度 v 之间的关系式。标准的热线探头由两根支架张紧一根短而细的金属丝组成。金属丝通常用铂、铑、钨等熔点高、延展性好的金属制成。常用的金属丝直径为 5μm，长为 2mm；最小的探头直径仅 1μm，长为 0.2mm。根据不同的用途，热线探头还做成双丝、三丝、斜丝及 V 形、X 形等。为了增加强度，有时用金属膜代替金属丝，通常在一热绝缘的基体上喷镀一层薄金属膜，称为热膜探头。热线探头在使用前必须进行校准。静态校准是在专门的标准风洞里进行的，测量流速与输出电压之间的关系并画成标准曲线；动态校准是在已知的脉动流场中进行的，或在风速仪加热电路中加上一脉动电信号校验热线风速仪的频率响应，若频率响应不佳，可用相应的补偿线路加以改善。

风向标是测定风来向的设备。风向标基本上是一个不对称形状的物体，重心点固定于垂直轴上。当风吹过时，对空气流动产生较大阻力的一端便会顺风转动，显示风向。金属风向标由风标、风轮、尾翼、动杆、主杆、底座六部分组成，主体部分为优质不锈钢材料，风叶采用优质工程塑料制作，耐腐蚀性强，动杆部分采用优质双不锈钢防水轴承，灵敏度高，起动风速小，经久耐用。风向标广泛应用于气象、化工、矿区、农业、油田勘探等行业。

5.1.2　风力发电机组的主要参数

1）风轮直径，通常风力发电机组的功率越大，直径越大。

2）叶片数目，高速发电用风力发电机组为 2 ~ 4 片，低速风力发电机组大于 4 片。

3）叶片材料，现代常采用高强度低密度的复合材料。

4）风能利用系数，一般为 0.15 ~ 0.5。

5）起动风速，一般为 3 ~ 5m/s。

6）停机风速，通常为 15 ~ 35m/s。

7）输出功率，现代风力发电机组一般为几百千瓦至几兆瓦。

8）发电机，分为直流发电机和交流发电机。

9）塔架高度，等等。

5.1.3　风力发电机组的设计级别

在世界范围内，可用于风力发电的风场条件千差万别。国际电工委员会根据风速和湍流状态参数将水平轴风力发电机组分成若干个级别，这样就减少了风力发电机组的类型，从而可以降低风力发电机组的设计成本，增加风力发电机组的竞争力。

在风力发电机组设计中，必须考虑安装地点的风速情况。对于不同的安装地点，风力发电机组尺寸等参数是不同的。考虑到风速特性的地区差异性，IEC 国际标准给出了四个风力发电机组等级，这四个风力发电机组等级是依据风速和湍流密度来划分的。这里给出的风速和湍流密度的参数可代表多数地区的风况，当然，它并不能很精确地反映任何安装地点的风况。表 5-1 给出了用于划分风力发电机组等级的基本参数。其中，S 级在特殊的风况下（如暴风带、海上区域等）或特殊安全等级下使用。

表 5-1　划分风力发电机组等级的基本参数

风力发电机组等级		Ⅰ	Ⅱ	Ⅲ	S
V_{ref}/(m/s)		50	42.5	37.5	由设计者确定
I_{ref}（-）	A	0.16			
	B	0.14			
	C	0.12			

在表 5-1 中，所有参数都是基于轮毂高度处而言的，其中：

V_{ref}——10min 参考平均风速；

A——高的湍流特性范畴；

B——适中的湍流特性范畴；

C——低的湍流特性范畴；

I_{ref}——15m/s 平均风速时，湍流密度均值。

在风力发电机组设计过程中，除了以上这些基本参数外，还需要其他重要的参数才能完整定义外部风况。我们将处于从 $\mathrm{I}_A \sim \mathrm{III}_C$ 级的风力发电机组称为标准风力发电机组等级。对于从 $\mathrm{I}_A \sim \mathrm{III}_C$ 级的风力发电机组，规定其设计寿命至少达 20 年。对于 S 级的风力发电机组，制造商必须给出用于设计风力发电机组的详细设计参数的文件。

我国东南沿海多台风，平均风速小而参考风速大；内蒙古地区远离海洋，受西伯利亚寒流影响，平均风速大而参考风速小；风资源丰富的东北山区，地形复杂，易形成局部小气候，湍流密度往往偏高。

5.2　风轮

5.2.1　叶片

小型风力发电机组的风轮大多由 2～3 个叶片组成，它是把风能转换为机械能的部件。叶片作为风力发电机组的关键部件，约占风力发电机组成本的 20%。世界风力发电进一步向大功率、长叶片方向发展。随着叶片长度的增加，对增强材料的强度和刚度等性能提出了新的要求，玻璃纤维在大型复合材料叶片制造中逐渐显现出性能方面的不足。国外风电机叶片生产商早已着手在大型叶片的制造中使用碳纤维。

风力发电机组叶片安装在轮毂上，轮毂与主轴相连，并将叶片力矩传递到发电机。叶片是风能技术进步的关键，其良好的设计、可靠的质量和优越的性能是保证机组正常稳定运行的决定因素。叶片形状如图 5-3 所示。

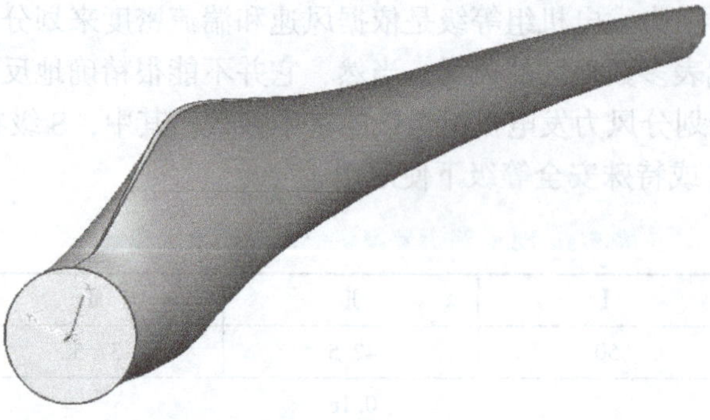

图 5-3　叶片

风力发电机组叶片的形状设计均出自于以最低成本获取最高效能的考虑，基本上，设计必须满足空气动力学要求，但经济性要求意味着叶片形状同样要保证成本架构的合理性。**特别需要提到的是，越接近根部，叶片弯曲程度越大，结构应力也达到最大，叶片实际厚度比理想的空气动力学设计更厚。**

对每个风力发电机组而言，捕获风能的能力固定而且有限，这意味着叶片数量越多，每个叶片捕获的风能越少；此外，叶片也必须足够窄，以保证其空气动力学效率。在给定的叶尖速度下，叶片存在理论最佳实度，叶片数量越多，叶片宽度就必须越窄。在实际风力发电机组中，实度的值非常低，因此，即使只有三个叶片，每个也必须非常窄；同时，这也导致叶片被设计得非常薄，当然薄叶片会带来制造技术的挑战和制造成本的压力。鉴于以上原因，大型风电设备中叶片数量不会多于3。

叶片的主要原料是树脂、PVC和玻璃纤维布。叶片长度越长，所能捕获到的风能就越多，同时，叶片长度增加，意味着其安装位置增高，从而其承受的风能更强，叶片也更容易遭到破坏。据统计，叶片事故约占风电场事故的三分之一，维修人员可以对叶片开裂、累计缺损、叶尖开裂、叶尖加固、砂眼修堵、胶衣修复、横向竖向裂纹阻断进行修复，还可以对风力发电机组叶片进行整体翻新、叶脊加固。这样对叶片进行定期检查、维护、工业清洗等，可以早期发现潜在问题或事故的苗头，采取措施，防患于未然，以极小的成本减少风力发电机组可能发生的运营风险。

风力发电机组叶片设计的使用寿命为20年，我国到2040年，需要处理的玻璃钢风力发电机组叶片估计将达到100万t以上。目前，对热固性复合材料废弃物的处理主要采取填埋和焚烧。填埋会造成土壤的破坏和大量土地的浪费，焚烧会造成空气污染。因此，退役后叶片的处理也是必须攻克的一个难题。叶片在设计时应满足以下要求：

1）良好的空气动力外形，能够充分利用风电场的风资源条件，获得尽可能多的风能。

2）可靠的结构强度，具备足够的承受极限载荷和疲劳载荷的能力；合理的叶片刚度、叶尖变形位移，避免叶片与塔架碰撞。

3）良好的结构动力学特性和气动稳定性，避免发生共振和颤振现象，振动和噪声小。

4）耐腐蚀、防雷击性能好，方便维护。

5）在满足上述目标的前提下，优化设计结构，尽可能减轻叶片重量，降低制造成本。

目前世界上最长的叶片是西门子公司采用整体叶片工艺由玻璃纤维增强环氧树脂闭模一

体成形的75m叶片。我国已经能够规模生产与1.5MW和2MW风力发电机组配套的叶片，但与国外企业相比仍存在差距。国内企业叶片价格低于国际市场同类产品，产品质量在近几年已经明显提升，叶片设计制造水平有了大幅提高，在研发新产品方面也进行了大量尝试。目前，国内市场上综合实力较强的碳纤维风电叶片制造企业主要是以LM、VESTAS等为代表的外资企业和以中航惠腾、中复连众、天津东汽等为代表的本土企业。

5.2.2 轮毂

轮毂是风力发电机中连接主轴和叶片的关键部件。它用于传递风轮的力和力矩到后面传动系统。变桨距风力发电机的轮毂由轮毂壳体、变桨距轴承、变桨距驱动和控制箱等装置构成。由于轮毂结构形状复杂，当其承受叶片传来的各种静载荷和交变载荷时，在轮毂法兰盘处很容易引起应力集中。在大型风力发电机组中，轮毂的重量占风力发电机组总重量的30%左右，其重要性随着风力发电机组容量的增加而越来越明显。风力发电机轮毂本体材料采用低锰、低硫的球墨铸铁，通过复合孕育和半封闭的底注式浇注工艺制作而成。采用这种加工工艺制成的风力发电机轮毂不仅能更好地满足系统对力学性能的需要，而且不存在超过标准规定的缩孔、缩松、气孔、夹杂物以及表面微裂纹等铸造缺陷。

三叶片风轮大部分采用刚性轮毂，也是目前使用最广泛的一种形式，但它要承受所有来自风轮的力和力矩，相对来讲承受风轮载荷高，后面的机械承载大，刚性轮毂的结构有三角形和球形等形式，如图5-4所示。

a) 球形轮毂　　b) 三角形轮毂

图5-4 刚性轮毂

5.2.3 变桨距机构

变桨距机构能在额定风速附近依据风速的变化随时调节桨距角，控制风轮吸收的机械能，一方面保证获取最大的能量（与额定功率对应），另一方面减少风力对风力发电机的冲击。在并网过程中，变桨距控制还可以实现快速无冲击并网。变桨距控制系统与变速恒频技术相配合，可以提高整个风力发电系统的发电效率和电能质量。变桨距叶片可以改变角度以保证风力发电机组在设计风速下很快达到额定功率，超过设计风速后，整个叶片绕叶片中心轴旋转，减小攻角并降低升力，使输出功率保持相对稳定。服役过程中，先使叶片顺桨，减少机组结构受力，即可使风力发电机组安全停机。变桨距系统的机械结构如图5-5所示。

叶片的变桨距操作通过变桨距系统实现。变桨距系统按照驱动方式可以分为液压变桨距系统和电动变桨距系统，按照变桨距操作方式可以分为同步变桨距系统和独立变桨距系统。同步变桨距系统中，风轮各叶片的变桨距动作同步进行，而独立变桨距系统中，每个叶片具有独立的变桨距机构，变桨距动作独立进行。

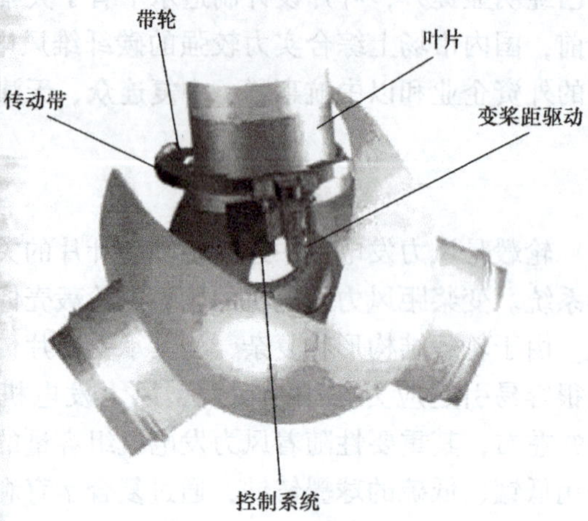

图5-5　变桨距系统的机械结构

变桨距控制系统采用三套直流电动机伺服控制系统分别对每个桨叶的桨角进行控制，桨叶控制范围为0°~90°，每个桨叶分别采用一个带转角反馈的伺服电动机进行单独调节，电动机转角反馈采用光电编码器，安装在电动机轴上，采集电动机转动角度，由伺服驱动系统实现转速速度闭环控制和变桨距控制器实现的转角位置闭环控制。伺服电动机连接减速箱，通过主动齿轮与桨叶轮毂内齿圈相连，带动桨叶进行转动，实现对桨叶节距角的直接控制。在轮毂内齿圈安装第二个转角传感器，直接检测内齿圈转动的角度，即桨距角变化，该传感器作为冗余控制的参考值。当电动机输出轴、联轴器或转角传感器出现故障时，会出现两个转角传感器所测数据不一致的现象，控制器即可据此判断此类故障。在轮毂内齿圈边上还装有两个接近开关，起限位作用。

变桨距系统是风力发电机的重要组成部分，变桨距系统的所有部件都安装在轮毂上。风力发电机组正常运行时所有部件都随轮毂以一定的速度旋转。变桨距系统通过控制叶片的角度来控制风轮的转速，进而控制风力发电机组的输出功率，并能够通过空气动力制动的方式使风力发电机组安全停机。风力发电机组的叶片（根部）通过变桨距轴承与轮毂相连，每个叶片都要有相对独立的电控同步的变桨距驱动系统。变桨距驱动系统通过一个小齿轮与变桨距轴承内齿啮合联动。

风力发电机组正常运行期间，当风速超过机组额定风速（风速在12~25m/s之间）时，为了控制功率输出，变桨距角度限定在0°~30°之间（变桨距角度根据风速的变化进行自动调整），通过控制叶片的角度使风轮的转速保持恒定。任何情况引起的停机都会使叶片顺桨到90°位置（执行紧急顺桨命令时叶片会顺桨到91°限位位置）。

变桨距系统有时需要由备用电池供电进行变桨距操作（如变桨距系统的主电源供电失效后），因此变桨距系统必须配备备用电池以确保机组发生严重故障或重大事故的情况下可以安全停机（叶片顺桨到91°限位位置）。此外，还需要一个冗余限位开关（用于95°限位），在主限位开关（用于91°限位）失效时确保变桨距电动机的安全制动。由于机组故障或其他原因而导致备用电源长期没有使用时，风力发电机组主控就需要检查备用电池的状态和备用电池供电变桨距操作功能的正常性。

每个变桨距驱动系统都配有一个绝对值编码器，安装在电动机的非驱动端（电动机尾部)，还配有一个冗余的绝对值编码器，安装在叶片根部变桨距轴承内齿旁。它通过一个小齿轮与变桨距轴承内齿啮合联动记录变桨距角度。风力发电机组主控接收所有编码器的信号，而变桨距系统只应用电动机尾部编码器的信号，只有当电动机尾部编码器失效时，风力发电机组主控才会控制变桨距系统应用冗余编码器的信号。

5.3　风力发电机组传动系统

风力发电机组的主传动系统主要由主轴、主轴承、齿轮箱、联轴器等组成。

5.3.1　主轴

主轴也称为低速轴，安装在风轮和齿轮箱之间。前端通过螺栓与轮毂刚性连接，后端与齿轮箱低速轴连接。主轴如图 5-6 所示。

图 5-6　主轴

风力发电机组主轴是连接风轮与齿轮箱或发电机的关键部件，主要原材料为钢锭，经过锻压、热处理、精加工三道主要工序后制作成为主轴，由于主轴在使用过程中更换成本高，因此对其生产质量要求非常严格，一般使用寿命要求超过 20 年以上。根据机组的总体布置要求，有时将与风轮轮毂直接相连的传动轴（俗称主轴）和齿轮箱的输入轴合为一体，其轴端形式是法兰盘连接结构。

一般的风力发电机组主轴规格都按照匹配的风力发电机组整机的功率确定，如装配在 2.0MW 风力发电整机的主轴规格就为 2.0MW 风力发电机组主轴。主轴可按照其生产方式、产品应用方式进行分类。

以生产方式分类，风力发电机组主轴分为锻造轴和铸造轴两种。锻造加工能保证金属纤维组织的连续性，使锻件的纤维组织与锻件外形保持一致，金属流线完整，可保证零件具有良好的力学性能，使其具有长的使用寿命。采用精密模锻、冷挤压、温挤压等工艺生产的锻件，都是铸件所无法比拟的。铸造工艺主要用于较大型风力发电机组主轴的生产。锻造风力发电机组主轴从使用比例来讲多于铸造风力发电机组主轴。近几年来，在引进国外先进技术和先进生产设备以及自有技术经验积累的基础上，我国风力发电机组主轴生产技术和工艺已有较大提高，包括国外的整机生产企业，都在选购我国制造的风力发电机组主轴。

以产品应用分类，风力发电机组主轴主要分为双馈异步变速型风力发电机组主轴与永磁直驱式风力发电机组主轴。

5.3.2　齿轮箱

风力发电机组中的齿轮箱是一个重要的机械部件，其主要功能是将风轮在风力作用下所产生的动力传递给发电机并使其得到相应的转速。通常风轮的转速很低，远达不到发电机发电所要求的转速，必须通过齿轮箱齿轮副的增速作用来实现，故也将齿轮箱称为增速箱。齿轮箱如图 5-7 所示。

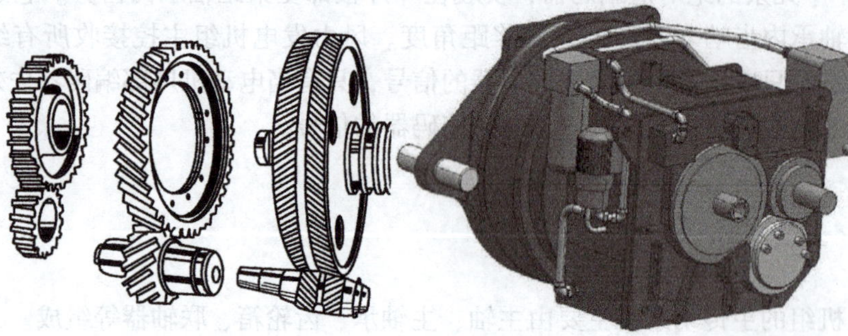

图 5-7 齿轮箱

风力发电机组齿轮箱的种类很多，按照传统类型可分为圆柱齿轮增速箱、行星齿轮增速箱以及它们互相组合起来的齿轮箱；按照传动的级数可分为单级和多级齿轮箱；按照传动的布置形式又可分为展开式、分流式、同轴式及混合式等。

根据机组的总体布置要求，有时将与风轮轮毂直接相连的传动轴（俗称大轴）与齿轮箱合为一体，也有将大轴与齿轮箱分别布置，其间利用涨紧套装置或联轴器等连接结构。为了增加机组的制动能力，常常在齿轮箱的输入端或输出端设置制动装置，配合叶尖制动（定桨距风轮）或变桨距制动装置共同对机组传动系统进行联合制动。

由于机组通常安装在高山、荒野、海滩、海岛等风口处，受无规律的变向变负荷的风力作用以及强阵风的冲击，常年经受酷暑严寒和极端温差的影响，加之所处自然环境交通不便，齿轮箱安装在塔顶的狭小空间内，一旦出现故障，修复非常困难，故对其可靠性和使用寿命都提出了比一般机械高得多的要求。例如，对构件材料的要求，除了常规状态下的力学性能外，还应该具有低温状态下抗冷脆性等特性；应保证齿轮箱平稳工作，防止振动和冲击；保证充分的润滑条件等。对冬夏温差巨大的地区，要配置合适的加热和冷却装置，还要设置监控点，对运转和润滑状态进行遥控。

不同形式的风力发电机组有不一样的要求，齿轮箱的布置形式以及结构也因此而异。在风电界水平轴风力发电机组用固定平行轴齿轮传动和行星齿轮传动最为常见。

如前所述，风力发电受自然条件的影响，一些特殊气象状况的出现，皆可能导致风力发电机组发生故障，而狭小的机舱不可能像在地面那样具有牢固的机座基础，整个传动系的动力匹配和扭转振动的因素总是集中反映在某个薄弱环节上，大量的实践证明，这个环节常常是机组中的齿轮箱。因此，**加强对齿轮箱的研究，重视对其进行维护保养的工作显得尤为重要。**

箱体是齿轮箱的重要部件，它承受来自风轮的作用力和齿轮传动时产生的反力，必须具有足够的刚性去承受力和力矩的作用，防止变形，保证传动质量。箱体的设计应按照风力发电机组动力传动的布局安排、加工和装配条件，便于检查和维护等要求来进行。**应注意轴承支承和机座支承的不同方向的反力及其相对值，选取合适的支承结构和壁厚，增设必要的加强筋。筋的位置须与引起箱体变形的作用力的方向相一致。**

风力发电机组运转环境非常恶劣，受力情况复杂，要求所用的材料除了要满足机械强度条件外，还应满足极端温差条件下所具有的材料特性，如抗低温冷脆性、冷热温差影响下的尺寸稳定性等。

齿轮箱的设计必须保证在满足可靠性和预期寿命的前提下，使结构简化并且重量最轻。

风力发电机组载荷谱是齿轮箱设计计算的基础。载荷谱可通过实测得到，也可以按照 GB/T 18451.1—2012 标准计算确定。当按照实测载荷谱计算时，齿轮箱使用系数 $K_A=1$。当无法得到载荷谱时，对于三叶片风力发电机组取 $K_A=1.3$。

风力发电机组齿轮箱的设计参数除另有规定外，常常采用优化设计的方法，即利用计算机的分析计算，在满足各种限制条件下求得最优设计方案。

1. 效率

齿轮箱的效率可通过功率损失计算或在试验中实测得到。功率损失主要包括齿轮啮合、轴承摩擦、润滑油飞溅和搅拌损失、风阻损失、其他机件阻尼等。齿轮的效率在不同工况下是不一致的。

风力发电机组齿轮箱的专业标准要求齿轮箱的机械效率应大于 97%，是指在标准条件下应达到的指标。

2. 噪声级

风力发电机组齿轮箱的噪声标准为 85dB（A）左右。噪声主要来自各传动件，故应采取相应降低噪声的措施，例如，适当提高齿轮精度，进行齿形修缘，增加啮合重合度；提高轴和轴承的刚度；合理布置轴系和轮系传动，避免发生共振；安装时采取必要的减振措施，将齿轮箱的机械振动控制在一定范围内。

3. 可靠性

按照假定寿命最少 20 年的要求，视载荷谱所列载荷分布情况进行疲劳分析，对齿轮箱整机及其零件的设计极限状态和使用极限状态进行极限强度分析、疲劳分析、稳定性和变形极限分析、动力学分析等。

在风力发电机组中，齿轮箱是重要的部件之一，必须正确使用和维护，以延长使用寿命。齿轮箱主动轴与叶片轮毂的连接必须可靠紧固。输出轴直接与电动机连接时，应采用合适的联轴器，最好是弹性联轴器，并串接起保护作用的安全装置。齿轮箱轴线与相连接部分的轴线应保证同心，其误差不得大于所选用联轴器的允许值。

5.3.3　轴的连接与制动

对齿轮和轴类零件而言，由于其传递动力的作用而要求极为严格的选材和结构设计，一般情况下不推荐采用装配式拼装结构或焊接结构，齿轮毛坯只要在锻造条件允许的范围内，都采用轮辐轮缘整体锻件的形式。当齿轮顶圆直径在 2 倍轴径以下时，由于齿轮与轴之间的连接所限，常制成轴齿轮的形式。为了提高承载能力，齿轮、轴一般都采用合金钢制造。

齿轮箱中的轴按其主动和被动关系可分为主动轴、从动轴和中间轴。首级主动轴和末级从动轴的外伸部分用于安装半联轴器，与风轮轮毂或电动机传动轴相连。为了提高可靠性和减小外形尺寸，有时将半联轴器（法兰）与轴制成一体。

轴上各个配合部分的轴颈需要进行磨削加工。为了减少应力集中，对轴上台肩处的过渡圆角、花键向较大轴径过渡部分，均应作必要的处理，如抛光，以提高轴的疲劳强度。在过盈配合处，为了减少轮毂边缘的应力集中，压合处的轴径应比相邻部分轴径加大 5%，或在轮毂上开出卸荷槽。装在轴上的零件，轴向固定应可靠，工作载荷应尽可能用轴上的止推轴肩来承受，相反方向的固定则可利用螺母或其他紧固件。为了防止螺纹松动，可利用止动垫圈、双螺母垫圈、锁止螺钉或串联钢丝等。有时为了节省空间，简化结构，也可以用弹簧挡圈代替螺母和止动垫圈，但不能用于轴向负荷过大的地方。轴的材料采用碳钢和合金钢。如40、45、50、40Cr、50Cr、42CrMoA等，常用的热处理方法为调质，而在重要部位做淬火处理。要求较高时，可采用20CrMnTi、20CrMo、20MnCr5、17CrNi5、16CrNi等优质低碳合金钢进行渗碳淬火处理，以获取较高的表面硬度和较高的心部韧性。

齿轮箱的支承大量应用滚动轴承，其特点是静摩擦力矩和动摩擦力矩都很小，即使载荷和速度在很宽范围内变化时也如此。滚动轴承的安装和使用都很方便，但是当轴的转速接近极限转速时，轴承的承载能力和寿命急剧下降，高速工作时的噪声和振动比较大。齿轮传动时轴和轴承的变形会引起齿轮和轴承内外圈轴线的偏斜，使轮齿上载荷分布不均匀，会降低传动件的承载能力。由于载荷不均匀而使轮齿经常发生断齿的现象，在许多情况下又是由于轴承的质量和其他因素，如剧烈的过载。选用轴承时，不仅要根据载荷的性质，还应根据部件的结构要求来确定。风力发电机组轴毂连接的作用是用来实现轴和轴上零件的周向固定以传递扭矩。常用的轴毂连接有键连接、花键连接、过盈连接、螺钉连接和型面连接等。

机械制动系统作为一个主动系统安装在高速主轴上，通过卡销的闭锁来实现风轮制动。在初级安全系统部分或全部失效时，该机械系统可被激活，并与叶片调节系统一起使风轮停止。它同样可在空气动力制动系统已经停止风轮的情况下为维修工作给予更多安全保障。

钳盘式制动器的固定摩擦元件是制动衬垫，装在与机架连接且不能绕高速轴线旋转的制动钳中。制动衬块与制动盘接触面很小，在制动盘上所占的中心角一般仅为30°~50°，故这种盘式制动器又称为点盘式制动器。钳盘式制动器按制动钳的结构不同，有以下几种。

固定钳式：制动钳固定不动，既不能旋转，也不能沿制动盘轴线方向移动，因而必须在制动盘两侧装设制动块促动装置，以便分别将两侧的制动块压向制动盘，这种形式也称为对置活塞式或浮动活塞式。

滑动钳式：制动钳可以相对于制动盘做轴向滑动，其中只在制动盘的内侧置有液压缸，外侧的制动块固装在钳体上。制动时，活塞在液压作用下使活动制动块压靠到制动盘。而反作用力则推动制动钳体连同固定制动块压向制动盘的另一侧，直到两制动块受力均匀为止。

摆动钳式：它也是单侧液压缸结构，制动钳体与固定于车轴上的支座铰接。为实现制动，钳体不是滑动而是在与制动盘垂直的平面内摆动。显然，制动块不可能全面均匀地摩擦。为此，有必要将衬块预先做成楔形（摩擦面对背面的倾斜角6°左右）。在使用过程中，衬块逐渐磨损到各处残存厚度均匀（一般为1mm左右）后应立即更换。

5.4　机舱、主机架与偏航系统

5.4.1　机舱

机舱包含着风力发电机的关键设备，包括齿轮箱、发电机等。机舱由底盘和机舱罩组成，机舱内通常布置有偏航系统、主传动系统、制动系统、发电机及控制系统等。机舱尾部安装有风速计和风向标。维护人员可以通过风力发电机组塔进入机舱。机舱结构如图 5-8 所示。

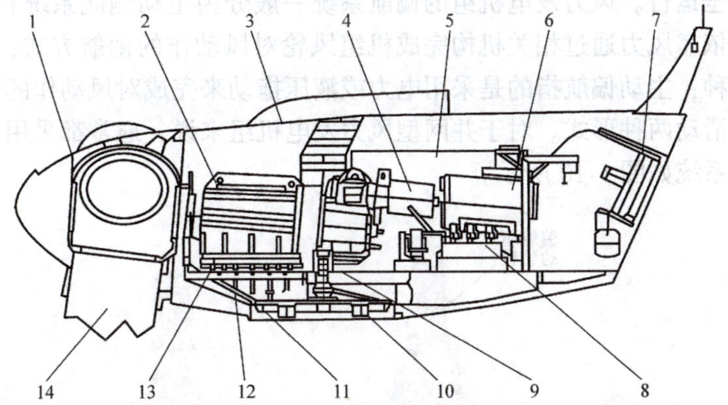

图 5-8 机舱结构

1—轮毂 2—齿轮箱 3—机舱罩 4—联轴器 5—电控系统 6—发电机 7—冷却器 8—泵站 9—偏航驱动 10—偏航制动器 11—偏航轴承 12—底座 13—弹性底座 14—叶片

5.4.2 主机架

主机架是风力发电机组机舱部分的基础，对各个零部件起支撑连接紧固的作用。主机架结构如图 5-9 所示。

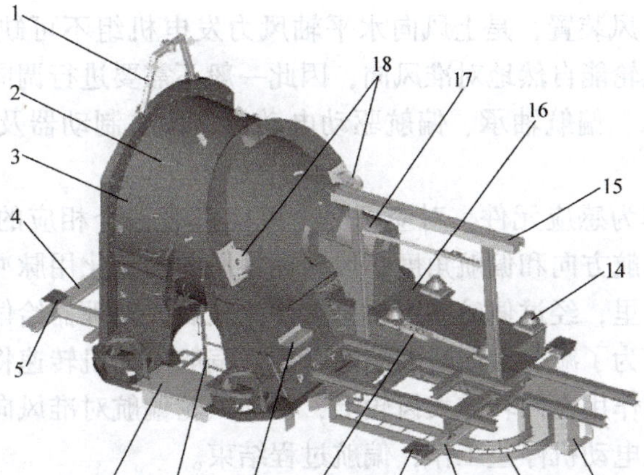

图 5-9 主机架结构

1—壳体吊挂 2—梯子 3—增速机机架 4、11—机架悬臂 5、10—U 形板 6—踏板 7—机舱梯子 8—背壁板 9—电缆管夹总成 12—电缆支架 13—调节装置吊挂 14—弹性轴承 15—变频器吊挂 16—发电机底座 17—联轴器罩子 18—提升吊耳

5.4.3 偏航系统

偏航系统是水平轴式风力发电机组必不可少的组成系统之一。偏航系统的主要作用有两个：其一是与风力发电机组的控制系统相互配合，使风力发电机组的风轮始终处于迎风状

态，充分利用风能，提高风力发电机组的发电效率；其二是提供必要的锁紧力矩，以保障风力发电机组的安全运行。风力发电机组的偏航系统一般分为主动偏航系统和被动偏航系统。被动偏航指的是依靠风力通过相关机构完成机组风轮对风动作的偏航方式，常见的有尾舵、舵轮和下风向三种；主动偏航指的是采用电力或液压拖动来完成对风动作的偏航方式，常见的有齿轮驱动和滑动两种形式。对于并网型风力发电机组来说，通常都采用主动偏航的齿轮驱动形式。偏航系统如图5-10所示。

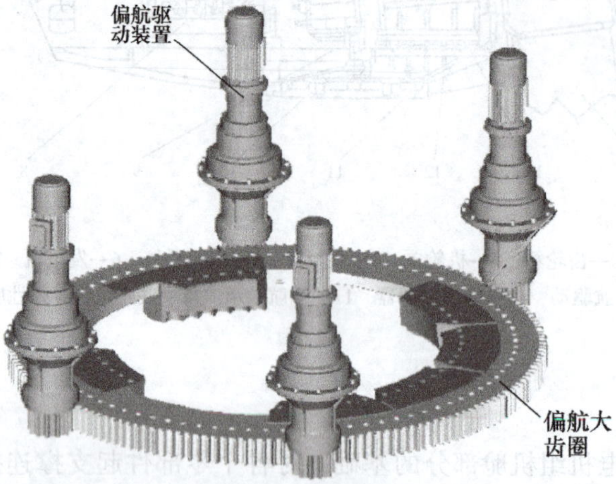

图5-10　偏航系统

偏航系统也称为对风装置，是上风向水平轴风力发电机组不可缺少的组成系统，而下风向风力发电机组的风轮能自然地对准风向，因此一般不需要进行调向对风控制。

偏航系统由风向标、偏航轴承、偏航驱动电动机、偏航制动器及扭缆保护装置等几个部分组成。

风向标的作用：作为感应元件，对应每一个风向都有一个相应的脉冲输出信号，通过偏航系统软件确定其偏航方向和偏航角度；风向标将风向的变化用脉冲信号传递到偏航电动机的控制回路的处理器里，经过偏航系统调节软件比较后，处理器给偏航电动机发出顺时针或逆时针的偏航命令；为了减少偏航时的陀螺力矩，偏航电动机转速将通过同轴连接的减速器减速后，将偏航力矩作用在回转体大齿轮上，带动风轮偏航对准风向；当对风完成后，风向标失去电信号，偏航电动机停止工作，偏航过程结束。

偏航轴承的轴承内、外圈分别与机组的机舱和塔体采用螺栓联接。

偏航制动器的作用：采用齿轮驱动的偏航系统时，为避免因振荡的风向变化而引起偏航轮齿产生交变的载荷，应采用偏航制动器来吸收微小的自由偏转振荡，防止偏航齿轮的交变应力引起齿轮过早损伤。

解缆和扭缆保护是风力发电机组的偏航系统所必须具有的主要功能。大多数风力发电机输出功率的同轴电缆在风力发电机组偏航时一同旋转，为了防止偏航超出而引起的电缆旋转，应在偏航系统中设置与方向有关的计数装置——偏航计数器。偏航计数器是记录偏航系统旋转圈数的装置，当偏航系统旋转的圈数达到设计所规定的初级解缆和终极解缆圈数时，计数器则给控制系统发信号使机组自动进行解缆。计数器一般是一个带控制开关的蜗轮蜗杆装置或是与其相类似的程序。偏航系统的解缆分为初级解缆和终极解缆。初级解缆是在一定的条件下进行的，一般与偏航圈数和风速有关。偏航计数器如图 5-11 所示。

风力发电机组的偏航系统一般有外齿形式和内齿形式两种。偏航驱动装置可以采用电动机驱动或液压马达驱动，制动器可以是常闭式或常开式。常开式制动器一般是指由液压力或电磁力拖动时，制动器处于锁紧状态的制动器；常闭式制动器一般是指由液压力或电磁力拖动时，制动器处于松开状态的制动器。采用常开式制动器时，偏航系统必须具有偏航定位锁紧装置或防逆传动装置。

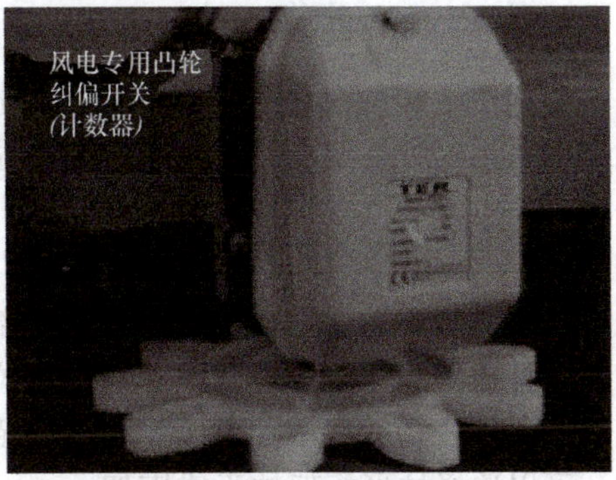

图 5-11　偏航计数器

扭缆保护装置是偏航系统必须具有的装置，它是出于失效保护的目的而安装在偏航系统中的。它的作用是在偏航系统的偏航动作失效后，电缆的扭绞达到威胁机组安全运行的程度而触发该装置，使机组进行紧急停机。一般情况下，这个装置是独立于控制系统的，一旦这个装置被触发，机组必须进行紧急停机。

5.5　其他部件

5.5.1　塔架

塔架和基础是风力发电机组的主要承载部件，随着风力发电机组容量的增加，高度也随之增加，塔架的重要性越来越明显。在风力发电机组中，塔架的重量占其总重量的 1/2 左右，其成本占风力发电机组制造成本的 15% 左右。由此可见塔架在风力发电机组设计与制造中的重要性。

塔架的主要功能是支承风力发电机的机械部件、发电系统（重力负荷），承受风轮的作用力和风作用在塔架上的力（弯矩、推力及对塔架的扭力）；塔架还必须具有足够的疲劳强度，能承受风轮引起的振动载荷，包括起动和停机的周期性影响、突风变化、塔影效应等。塔架的刚度要适度，其自振频率（弯曲及扭转）要避开运行频率（风轮旋转频率的 3 倍）的整数倍。自振频率高于运行频率的塔架称为钢塔，低于运行频率的塔架称为柔塔。

近地面受地形、地物的影响，风速锐减，且常出现紊流。风力发电机组在紊流中运行会产生剧烈振动，严重时会导致机组损坏。为了获得较高且稳定的风速，常利用塔架将风力发电机组主体支撑到距离地面一定的高度。由于地表的粗糙度影响，产生风的剪切效应，塔架越高，风速越大，风力发电机组获取的风能越多，但是制造成本和安装费用也越高。塔架高度的确定需要从风能量增益和成本增加两者统筹考虑，通常取风轮直径的 2.5～3 倍。塔架的最低高度可按下式考虑：

$$H = h + c + R$$

式中　h——接近风力发电机组的障碍物高度；

c——由障碍物顶点到风轮扫掠面最低点的距离，常取 1.5～2.0m；

R——风轮半径。

塔架的结构形式主要有钢管拉索、柱形桁架拉索、塔形桁架、锥管和折叠塔杆五种。

1. 钢管拉索式塔架

它简单、轻便，易于搬运安装，制造和安装施工成本较低。风轮直径偏小的风力发电机组多采用这种塔架。拉索式塔架采用拉索和钢管或角钢。

2. 柱形桁架拉索式塔架

它由角铁或钢管等型材焊成，结构剖面呈等边三角形或四边形，塔体上下外轮廓尺寸相同。特点是与相同外轮廓尺寸的钢管拉索式塔架相比，风载荷更小；制造和安装施工成本较低。在安装场地狭小的复杂地形、道路交通运输困难、起重装备不能到达安装现场的地方，可以选择柱形桁架拉索式塔架。

3. 塔形桁架

塔形桁架的顶部截面结构尺寸小，根部截面结构尺寸大，可以按等强度减少耗材的原则进行设计，塔架的性价比较高。在松软地质的地面上采用这种塔架，可以节省基础用材料，减少基础挖掘深度，降低工程造价。这种结构适用于风轮下风向布置的风力发电机组，能有效地降低塔影效应带来的影响。

4. 独立锥管式塔架

独立锥管式塔架外形美观，结构紧凑，便于做整体防蚀处理，投入运行后便于日常维护管理。

在交通运输、安装环境条件适宜的情况下，采用锥管式塔架适宜机械化吊装，施工效率高，便于控制工程质量。

5. 折叠塔杆

它由主杆和支杆组成。支杆高度约为主杆高度的2/5，垂直于地面固定在基础上，在顶端与主杆铰接；主杆以铰接点为支点构成杠杆，可以撬动，也可以与支杆拢紧。安装风力发电机组主体时，主杆顶端降至地面，安装完毕将主杆翘起竖立，主、支杆拢紧固定。主体质量500kg、塔架高度15m的风力发电机组，只需2~3人即可安全施工。

塔架载荷主要来自风力的水平载荷及风力发电机组主体重力、塔架重力的垂直载荷，还有振动导致的动应力载荷。垂直载荷容易确定。确定水平载荷时，以极端风速作为计算条件。极端风速是按当地几十年一遇的大风风速值选取的。风力发电机组使用的外部条件在GB/T 17646—2017中规定了标准和特殊两种风力发电机组等级。标准级的极端风速为40m/s，而特殊级的极端风速由设计者根据使用地点的风况来规定和说明。风力发电机组性能指标参数中的“安全风速”，指停机状态下的风力发电机组在这一风速形成的水平载荷下不会倾倒。通常离网型风力发电机的安全风速取值为40m/s、50m/s和60m/s，塔架强度要保证暴风吹袭时风力发电机组不会倾倒，塔架必须要有足够的强度和适宜的刚度。设计计算应符合GB/T 13981—2009中的规定，疲劳强度的许用安全系数应大于1.5。塔架固有频率要避开正常运行转速范围内风力发电机组的振动频率。为了避免产生共振，塔架的固有频率应在1.1倍风轮一阶频率到0.9倍风轮三阶频率这个范围内。

拉索式塔架采用拉索和钢管或角钢，桁架式采用角钢，锥管采用钢板。所选材料应符合有关国家标准或行业标准。拉索式塔架的拉索材料都要进行极限载荷和疲劳强度验算，还应采用具有防腐蚀功能的钢丝绳。所有的联接螺栓应进行极限载荷和疲劳载荷的强度验算。

近年来风力发电机组容量已达到 5MW，风轮直径达 126m，塔架高度达 100m。在德国，风力发电机组塔架设计必须经过建筑部门的批准和安全证明。

风力发电机组的基础用于安装、支承风力发电机组，平衡风力发电机组在运行过程中所产生的各种载荷，以保证机组安全、稳定地运行。因此，在设计风力发电机组基础之前，必须对机组的安装现场进行工程地质勘查，充分了解、研究地基土层的成因及构造，以及它的物理力学性质等，从而对现场的工程地质条件做出正确的评价。这是进行风力发电机基础设计的先决条件。同时还必须注意到，由于风力发电机组的安装，将使地基中原有的应力状态发生变化，故还需应用力学的方法来研究载荷作用下地基土的变形和强度问题，以使地基基础的设计满足以下两个基本条件：

1）要求作用于地基上的载荷不超过地基允许的承载能力，以保证地基在防止整体破坏方面有足够的安全裕量。

2）控制基础的沉降，使其不超过地基允许的变形值。以保证风力发电机组不因地基的变形而损坏或影响机组的正常运行。因此，风力发电机组基础设计的前期准备工作是保证机组正常运行必不可少的重要环节。

根据风力发电机组型号与容量自身特性，要求基础承载载荷也各不相同。风力发电机基础均为现浇钢筋混凝土独立基础。

根据风电场场址工程地质条件、地基承载力及基础荷载、尺寸大小的不同，从结构形式看，常用的可分为块状基础和框架式基础两种。

块状基础即实体重力式基础，应用广泛，对基础进行动力分析时，可以忽略基础的变形，并将基础作为刚性体来处理，而仅考虑地基的变形。按其结构剖面，块状基础又可分为凹形和凸形两种；后者与前者相比，均属实体基础，区别在于扩展的底座盘上回填土也成了基础重力的一部分，这样可节省材料，降低费用。

框架式基础实为桩基群与平面板梁的组合体，从单个桩基持力特性看，又分为摩擦桩基础和端承桩基础两种：桩上的荷载由桩侧摩擦力和桩端阻力共同承受的为摩擦桩基础；桩上荷载主要由桩端阻力承受的则为端承桩基础。

根据基础与塔架（机身）的连接方式又可分为地脚螺栓式和法兰筒式两种类型基础。前者塔架用螺母与尼龙弹垫平垫固定在地脚螺栓上，后者塔架法兰与基础段法兰用螺栓对接。

5.5.2　发电机

风力发电机是风力发电系统中最重要的部件之一，它有将风轮上所获得的机械能转换成电能的重要作用。发电机和对发电机进行控制的部分对风电系统的性能、风电转换效率有着非常重要的影响。目前，并网运行的风电系统中所采用的发电机主要有异步发电机和同步发电机两种。异步发电机即感应发电机，有笼型和绕线转子式两种。在风力发电机系统中，笼型异步发电机常用在恒速恒频风力发电机系统中，而绕线转子异步发电机则主要用在变速恒频系统中（多为双馈型结构）。当异步发电机以并网形式发电时，异步发电机一方面向电网注入电能，另一方面又从电网吸取励磁电流。同步发电机是最理想的发电机机型，它在运行时频率稳定，电能品质好，不但能输出有功功率，还能输出无功功率，可在功率因数为1的条件下运行，减小了输电线路损耗。由于电网的负载中不但要求提供有功功率，而且还需要无功功率，而同步发电机正是可以利用调节励磁电流使发电机处于不同的励磁状态，从而方便地对无功功率进行调节的一种发电机。

5.5.3 控制系统

1MW以上的大型风力发电机组皆配有由微机或可编程序控制器（PLC）组成的控制系统来实现控制、自检和显示功能。大型风力发电机组的运行及保护需要一个全自动控制系统，它必须能控制自动起动、叶片桨距的机械调节及在正常和非正常情况下停机。除了控制功能，系统也能用于监测以提供运行状态、风速、风向等信息。该系统是以计算机为基础，可以远程监测控制。风力发电机组的控制系统将在第7章详细介绍。

并网运行的风力发电机组的控制系统通常应具备以下功能：

1）根据风速信号自动进入起动状态或从电网切出。也就是说按预先设定的风速值（3.5m/s）自动起动风力发电机组，并通过软起动装置将异步发电机并入电网，而当风速大于最大运行速度（25m/s）时实现自动停机，失速调节风力发电机通过电动机控制叶片尖端部分沿叶片枢轴转动90°，从而实现电动制动。

2）根据功率及风速大小自动进行转速和功率控制。

3）根据风向信号自动偏航对风控制。

4）根据功率因数自动投入（或切出）相应的补偿电容。

5）当发电机脱网时，能确保机组安全停机。

6）在机组运行过程中，能对电网、风况和机组的运行状况进行监测和记录，包括电网三相电压、发电机输出的三相电流、电网频率及发电机功率因数等，对出现的异常情况能够自行判断并且采取相应的保护措施，并能够根据记录的数据生成各种图表，以反映风力发电机组的各项性能指标。

7）具有以微型计算机为核心的中央监控系统（上位机），可以对风力发电场一台或多台风力发电机组进行监测、显示及控制。

8）具备完善的保护功能，确保机组的安全。具备远程通信的功能，可以实现异地遥控操作。

5.6 风力发电机组迎风技术

5.6.1 风力发电机组风向跟踪原理

水平轴风力发电机组一般都需要偏航装置，也称为调向装置，以确保风轮能够追踪风向。根据风轮与风向的位置，可以分为上风向式和下风向式。下风向偏航风轮背对风向，风通过塔架后吹到风轮上，风轮能自然地对准风向，一般不需要偏航装置。但塔架干扰了流过叶片的气流而形成所谓塔影效应，使性能有所降低。上风向偏航风轮直接对着风向，必须使用偏航装置。目前风力发电机组一般都为上风向式，常用的有以下几种。

1. 尾舵调向

尾舵调向主要用于小型风力发电机，它的优点是能自然地对准风向，不需要特殊的控制。缺点是结构笨重，调向频繁。尾舵调向如图 5-12 所示。

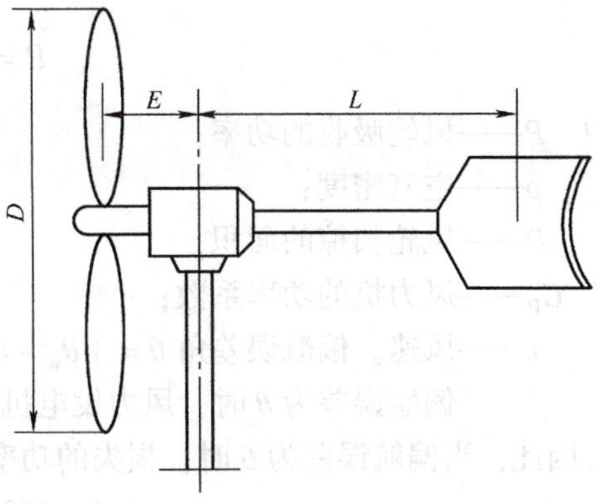

图 5-12　尾舵调向

2. 侧风轮调向

侧风轮调向装置采用 1 个或 2 个小风轮安装在机舱的侧面，其旋转轴与风轮主轴垂直。如果主风轮没有对准风向，则侧风轮会被风吹动，产生偏向力，通过蜗轮蜗杆机构使机舱绕转向轴旋转，直到风向与侧风轮轴垂直时为止。侧风轮调向装置既可用于上风式的风力发电机组，也可用于下风式的风力发电机组。与尾舵调向装置相比，侧风轮调向装置的优点是转动更加平稳柔和。侧风轮调向如图 5-13 所示。

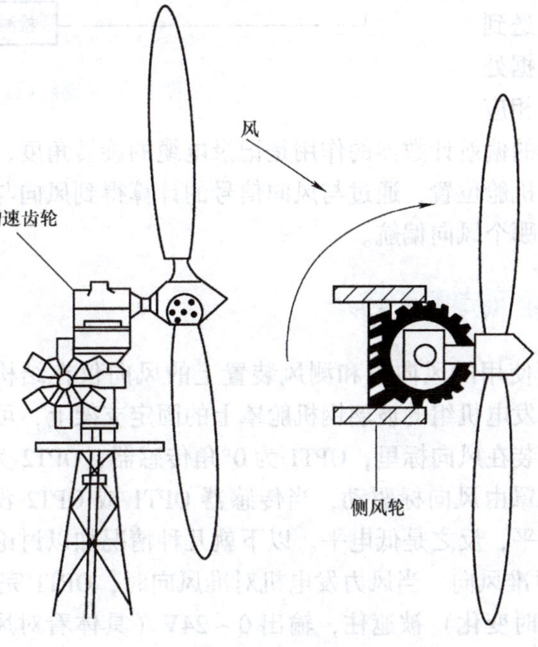

图 5-13　侧风轮调向

3. 伺服电动机调向系统

伺服电动机调向系统使用电动机驱动转向装置，根据风向的变化调整风轮位置。它主要用于大型风力发电机组。

4. 偏航原理

根据空气动力学中的贝兹理论，风力发电机组能够从风中捕获并输出的功率 P 的表达

式为

$$P=\frac{1}{2}\rho C_P D v^3$$

式中 P——风轮吸收的功率；

ρ——空气密度；

D——风轮扫掠的面积；

C_P——风力机的功率系数；

v——风速。偏航误差角 $\theta=|\theta_w-\theta_r|$，其中 θ_w 为风向角度，θ_r 为风机机舱角度。当偏航误差为 θ 时，风力发电机所获得的风能是风轮正对时（$\theta=0°$）的 $\cos\theta$ 倍。

因此，当偏航误差为 θ 时，损失的功率占比为

$$K=100(1-\cos^3\theta)\%$$

风力发电机偏航控制系统是一个典型的随动系统。偏航原理如图5-14所示，是通过风向风速传感器检测出风向和风速，并将检测到的风向与风速数据送到控制器处理，控制器根据处理的结果发出命令进行相应的偏航操作。其中内环的偏航计数器的作用是记录电缆的旋转角度，用于解缆操作。外环的检测元件的作用是检测机舱位置，通过与风向信号的计算得到风向与机舱位置的夹角，由此判断是否需要偏航，向哪个风向偏航。

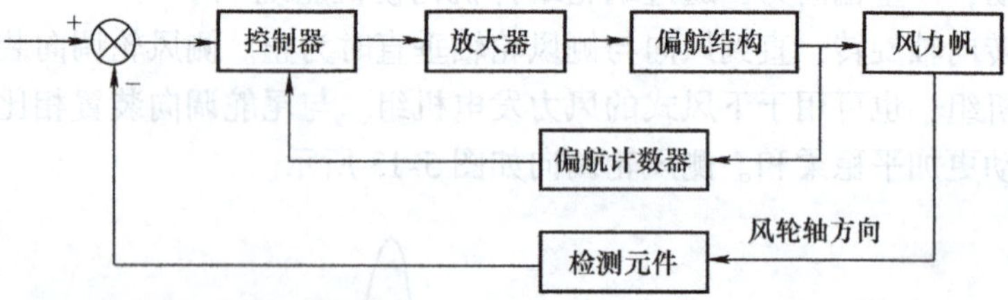

图5-14 偏航原理

5.6.2 风力发电机组风向跟踪方法

风力发电机组上所使用的风向仪和测风装置上的风向仪在结构和原理上有很大区别。风向传感器安装在风力发电机组的玻璃钢机舱罩上的固定支架上，可随风力发电机组同步旋转。两个光敏传感器安装在风向标里，OPT1为0°角传感器，OPT2为90°角传感器。其工作原理是：一个半圆形桶罩由风向标驱动，当传感器OPT1或OPT2没有被半圆筒罩挡住时，传感器输出信号是高电平，反之是低电平。以下就几种情况加以讨论。

（1）风力发电机对准风向　当风力发电机对准风向时，OPT1完全或部分（因此时不一定对风很准，且风向不时变化）被遮住，输出0~24V（具体看对风的准确度）的电信号。OPT2完全没有被遮住，输出24V稳定高电平信号。

（2）风力发电机与风向成顺时针90°　当风力发电机与风向成顺时针90°时，OPT2完全或部分被遮住，输出0~24V电信号。OPT1完全没有被遮住，输出24V稳定高电平信号。

（3）风力发电机与风向成180°　当风力发电机与风向成180°时，OPT1完全或部分被遮住，输出0~24V电信号，OPT2完全被遮住，输出0V稳定低电平信号。

（4）风力发电机与风向成逆时针90°　当风力发电机与风向成逆时针90°时，OPT1完全被遮住，输出0V低电平信号。OPT2完全或部分被遮住，输出0~24V电信号。由于风一直是波动的，方向是不定的，因此风向标在风中不停摇摆，这样造成OPT1或OPT2的输出有

时不是稳定的 0V 或 24V 的电平信号，而是 0～24V 之间的一个不确定值。这样造成的后果是由于对风不是很正，偏航系统不停地工作，机舱将会频繁地调向。

偏航控制器负责接收和处理信号，根据控制要求发送控制命令。通常采用单片机等微处理器作为偏航控制器。随着数字处理信号技术的发展，采用嵌入式微处理器或者 DSP 等作为控制器成为研究应用的趋势。

由于风力发电机组总是选择最短距离最短时间内偏航对风，有时由于风向的变化规律，风力发电机组有可能长时间往一个方向偏航对风，这样就会造成电缆的缠绕，如果缠绕圈数过多，超过了规定的值，将造成电缆的损坏。为了防止这种现象的发生，通常安装有解缆传感器。解缆传感器安装在机舱底部，通过一个尼龙齿轮与偏航大齿圈啮合，这样在偏航过程中，尼龙齿轮也一起转动。通过蜗轮、蜗杆和齿轮传动多级减速驱动一组凸轮，每个凸轮推动一个微动开关工作，发出不同的信号指令。微处理器通过各个微动开关的信号来判断是否需要解缆，向哪个方向解缆以及何时停止解缆等。有的风力发电机组的解缆传感器中设置了有条件解缆和无条件解缆两种解缆信号，目的是保证电缆在扭转圈数较少的情况下，在无功率输出或停机的情况下就进行解缆，以减少解缆时的停机次数和功率损失。

风力发电机组偏航控制系统从原理上来说是一个位置伺服控制系统，即偏航电动机带动风力发电机组机舱负载，使其根据传感器发出的信号进行位置调整，以达到对风的目的。工作原理即通过风传感器检测风向、风速，并将检测到的风向信号送到微处理器，微处理器计算出风向信号与机舱位置的夹角，从而确定是否需要调整机舱方向以及朝哪个方向调整能尽快对准风向。当需要调整方向时，微处理器发出一定的信号给偏航驱动机构，以调整机舱的方向，达到对准风向的目的。

为了使风力发电机吸收的功率最大，发挥最大效能，机舱必须准确对风，因此必须使叶轮法线方向与风向基本一致。当风向改变超过允许误差范围时，系统计算机发出自动偏航指令，传感器和偏航电动机组成的对风系统执行校正动作，使机舱准确对风。

在出现特大强风，遭遇切除风速以上的大风暴时，控制系统对机舱做 90°侧风处理。由于 90°侧风是在外界环境对风力发电机组有较大影响的情况下（如出现特大强风），为了保证风力发电机组的安全所实施的措施，所以在 90°侧风时应当使机舱走最短路径，且屏蔽自动偏航指令；在侧风结束后应当抱紧偏航闸，同时当风向变化时，继续追踪风向的变化，确保风力发电机组的安全。

人工偏航是指在自动偏航失败、人工解缆或需要维修时，通过人工指令进行的风力发电机偏航措施。

自然界中的风是一种不稳定的资源，它的速度与风向是不定的。由于风向的不确定性，风力发电机就需要经常偏航对风，而且偏航的方向也是不确定的，由此引起的后果是电缆会随风力发电机的转动而扭转。如果风力发电机多次向同一方向转动就会造成电缆缠绕、绞死，甚至绞断，因此必须设法解缆。不同的风力发电机需要解缆时的缠绕圈数都有其规定。当达到其规定的解缆圈数时，系统应自动解缆，此时起动偏航电动机向相反方向转动缠绕圈数解缆，将机舱返回电缆无缠绕位置。若因故障导致自动解缆未起作用，风力发电机也规定了一个极值圈数，在扭缆达到极值圈数左右时，扭缆开关动作，报扭缆故障，停机等待人工解缆。在自动解缆过程中，必须屏蔽自动偏航动作。

自动解缆包括计算机控制的凸轮自动解缆和扭缆开关控制的安全链动作计算机报警两

部分，以保证风力发电机组的安全。

为了保证制动过程的稳定性，风力发电机的偏航系统中的阻尼制动装置都是呈对称分布的，至少由两组四个制动盘组成。

阻尼制动的工作过程：当风力发电机收到偏航指令时，制动机构动作。根据风速、风向及偏航系统调向的速度来确定阻尼力矩的大小。阻尼力矩大小的调节是通过调节比例阀的开度的大小，从而调节液压流量的大小和液压力的大小。液压力大小的改变同时也改变了制动力矩的大小，制动力矩大小的变化也就反映了阻尼力矩大小的变化。

通过风向标、风速计检测风向、风速，并将检测到的风速、风向信号送到 PLC 中，PLC 通过计算风向信号与机舱位置的夹角，从而确定是否需要调整机舱方向以及朝哪个方向调整能尽快对准风向。当需要调整方向时，PLC 发出一定的信号给偏航驱动机构，以调整机舱的方向，达到对准风向的目的。

1）正常情况下，风力发电机组处于自动偏航状态，控制机舱使叶轮法线方向与风向基本一致。

2）出现特大强风，遭遇 12 级以上的大风暴时，控制系统对机舱做 90°侧风处理。

3）当机舱向同一方向转动两圈时，为避免造成电缆缠绕、绞死，甚至绞断，需进行自动解缆控制。

本章小结

风力发电机组是由风轮、传动系统、偏航系统、液压系统、制动系统、发电机、控制与安全系统、机舱、塔架和基础等组成。机组通过风力推动叶轮旋转，再通过传动系统增速，达到发电机的转速后驱动发电机发电，有效地将风能转换成电能。风力发电机组的控制系统一般以 PLC 为核心，经过 PLC 的适当运算和处理后，由控制器发出控制指令，使系统能够在给定的状态下运行，从而完成各种控制功能。

本章习题

1. 水平轴风力发电机组由哪几部分组成？
2. 风力发电机组最重要的部件是哪部分？
3. 风力发电机组控制系统的主要任务是什么？
4. 风力发电机组的主要技术参数是什么？
5. 简述风轮机的风向跟踪原理。
6. 叶片变桨距系统的分类有哪些？
7. 风力发电机组控制系统的主要作用是什么？
8. 什么是偏航控制？基于什么原理？
9. 偏航系统主要有什么作用？
10. 风力发电机组齿轮箱的种类有哪些？

第6章 风电场电气系统

6.1 风电场概述

风力发电场简称风电场，即在风能资源丰富的地区按一定的规律安装风力发电机组，组成集群，少的有3~5台，多的可达几十台、几百台，甚至数千上万台。风力发电场内的风力发电机组单机容量为几十千瓦至几百千瓦，也有达到兆瓦以上的。风电场是在一定的地域范围内所有风力发电机组及配套的输变电设备、建筑设施、运行维护人员等共同组成的集合体。选择风力资源良好的场地，根据地形条件和主风向将多台风力发电机组按照一定的规则排成阵列，组成风力发电机群，并对电能进行收集和管理，统一送入电网，是建设风电场的基本思想。

6.1.1 风电场选址

风力发电场一般选在较大盆地的风力进出口或较大海洋湖泊的风力进出口等，具体体现在高山环绕盆地（或海洋或湖泊）的峡谷低处，或有贯穿环山岩溶岩洞处，这样可获得较大的风力。进行选址前，首先从地方各级气象台及有关部门收集有关气象、地理及地质数据资料，对其进行分析和归类，从中筛选有代表性的完整数据资料。其中包括能反映该地气象特征的多年（一般不少于30年）平均值和极值，如平均风速和极端风速、平均气温和极端气温、平均气压、雷暴日数等。然后对收集的资料进行进一步分析，按标准风能区域、风功率密度等级初步确定风能可利用区。10m高度有效风功率密度在$100W/m^2$以上属于可开发区域。最后根据风能资源调查与分区的结果选择最佳的场址，全面考虑场址所在地对电力的需求及交通、电网、土地使用和环境等因素，力求增大风力发电机组的输出，提高供电的经济性、稳定性和可靠性，最大限度地减少各种因素对风能利用、风力发电机组使用寿命和安全的影响。

为了正确评价拟选风力发电场的风能资源情况，取得代表性风速、风向资料，了解不同高度风速、风向变化特点以及地形地貌对风的影响，必须进行实地测风。而且现场测风应连续进行，至少持续一年以上，有效数据不得少于90%。测风塔数量依地形和项目规模而定。测风的位置应选择在风电场内风能资源具有代表性的位置。测风位置附近应无高大建筑、树木等障碍物，与单个障碍物距离应大于障碍物高度的3倍，与成排障碍物距离应保持在最大高度的10倍以上。测风设备的数量应依风电场规模及场内地形的复杂程度而定。对于地形较为平坦、容量在50MW以下的风电场，可选择一处安装测量设备；对于地形较为复杂或容量超过100MW的风电场，应选择两处及以上安装测风设备。测风塔安装的高度不应低于拟安装风力发电机组的轮毂中心高度，一般为70m。风电场多处安装测风塔时，其高度可按10m的整数倍选择，但至少应有一处测风塔的高度高于拟安装的风力发电机组的轮毂高度。安装在测风塔上的测量仪器包括风速传感器、风向传感器、气压传感器、温度传感器和数据采集器等设备。只在一处安装测风塔时，测风塔应安装至少四层风速、风向传感器，其中两层应选择在10m高度和拟安装的风力发电机组的轮毂高度处（或其以上位置），其他层可按10m的整数倍高度安装，通常会选择在30m和50m高度。不得对现场采集的原始数据进行任何的删改增减。对下载的数据应及时进行复制和整理，应对数据进行初判，看其是否在合理范围内。测风数据的合理范围和数据相关性及变化趋势见表6-1～表6-3。

表6-1　测风数据合理范围

主要参数	合理范围
平均风速	0m/s≤小时平均风速<40m/s
风向	0°≤小时平均值<360°
平均气压（海平面）	94kPa≤小时平均值<106kPa

表6-2　测风数据相关性

主要参数	合理相关性
50m/30m高度小时平均风速差值	<2.0m/s
50m/10m高度小时平均风速差值	<4.0m/s
50m/30m高度风向差值	<22.5°

表6-3　测风数据变化趋势

主要参数	合理变化趋势
1h平均风速变化	<6m/s
1h平均气温变化	<5°
1h平均气压变化	<1kPa

在数据整理过程中发现数据缺漏和失真时，应立即与现场测风人员联系，认真检查测风设备，及时进行设备检修或更换，对缺漏和失真数据应说明原因。特殊的地理和气象条件下，要对风力发电机组提出特殊的要求，如海拔超过2500m，最大风速超过50m/s或极大风速超过70m/s，气温低于零下20℃，积雪、积冰、雷暴、盐雾或沙尘多发地区等。

6.1.2　风电场选址的技术原则

风电场选址一般分为预选和定点两个步骤。预选是从$10\times10^4km^2$的大面积上进行分析，筛选出$1\times10^4km^2$较合适的中尺度区域再进行考察，选出$100km^2$的小尺度区域，该区域在经验上看是可以利用的，且有一定的可用面积。然后收集气象资料，并设几个点观测风速。定点是在风速资料观测的基础上进行风能潜力的估计，做出可行性的评价，最后确定风力发电机组的最佳布局。

风电场设计必须遵守国家有关法规的规定，严格按国家最新规定的核准制程序进行。设计文件应符合有关规章制度规定的内容和深度要求。风电场设计应结合工程的中长期发展规划进行，正确处理近期建设与远期发展的关系。风电场设计应本着安全可靠、经济合理、技术先进等原则，结合地区特点，在确保工程安全的前提下积极推广、采用成熟的新技术、新设备、新材料、新工艺，努力提高自动化水平。风电场工程设计应充分利用场区已有设施，统筹考虑分期建设情况，避免重复建设。风电场工程设计应落实环境保护和水土保持措施，减少工程建设对环境和植被的破坏，风电场工程设计应符合劳动安全与工业卫生的要求，落实安全预评价提出的安全对策措施。

预选场址处应有较为丰富的风力资源，年平均风速较大。拟建风电场地面以上70m高处年平均风速一般应大于6m/s；海拔超过2000m的高原地区应大于6.5m/s；对于风电电价较高的地区（高于0.61元/kW·h）可适当放宽，但不应低于5.5m/s。预计10m高度处的年平均风速应在5.0m/s以上，盛行风向稳定。

预选场址处地势要开阔，地质条件较好。场地开阔便于大规模开发和运输、管理。良好的地质条件可有效减少基础工程投资。可利用面积大，规划场区范围应在15km^2以上。在预选场址主导风向方向5~10km范围内不应有较大障碍物或大山。

预选场址的地势应明显高出周围的地形。场区内为地形变化平缓的台地或丘陵，避开茂密的林地。预选场址应有较好的工程地质条件，不压矿，避开生态保护区及自然灾害多发地区。风电场布置应考虑风力发电机组噪声对附近居民的影响，机位一般应布置在民居300m以外。

预选场址应有较好的外部交通运输条件，便于大型设备的运输。场址选择应根据风力发电机组机舱重量、叶片长度等充分考虑大件运输的可行性及对投资的影响。

预选场址应有较好的电网联网条件。风电场并网条件良好，应符合电网规划，电力消纳能力满足风电场建设规模的要求，尽量靠近电网，减少送出工程投资。

预选场址土地征用方便。风电场单位容量布机区域的面积一般为200~400m^2/kW，土地征用面积约为布机区域面积的1%，应尽量避开基本农田、养殖区、自然保护区及军事基地或国家重要设施。

6.1.3 风电场现场位置选择对策

1）应避开基本农田、林地、居民区、电力线路、天然气管道等限制用地的地区。

2）风力发电机组的布置应根据机组参数、场区地形与范围、风能分布确定，并与本场规划容量、接入系统方案相适应。

3）在同等风况条件下，优先考虑地形地质条件良好且便于运输安装的场地进行布置。

4）风力发电机组布置要尽量减少风力发电机组间的尾流影响，充分利用土地资源，兼顾风力发电机组间各种电气设备的配置和保护要求。

5）变电站、中央监控室及场区建筑物的选址应根据风力发电机组的布置、接入系统方案、地形、地质、交通、生产、生活和安全要素确定。

6）场区集电线路的布置应根据风力发电机组的布置，变电站的位置及单回集电线路的输送距离、输送容量、安全距离确定。

7）风力发电机组变电单元布置应与场区集电线路的形式相适应：采用架空线路时，该单元应靠近架空线路布置；采用直埋电缆时，该单元应靠近风力发电机组布置，并要保证其安全距离，必要时设置安全防护围栏。

8）中央监控通信网络布置应根据风力发电机组的布置、中央监控室的位置及通信介质的传输距离、传送容量确定。

9）场区道路应能满足设备运输、安装和运行维护的要求，并保留可进行大修与吊装的作业面。

10）场区内道路、场区集电线路、中央控制通信网络、其他防护功能设施之间的布置应满足其相关规程、规范的电磁兼容水平和安全防护的要求。

在风电场设计中，风力发电机应以风电场主导风向及主导能量方向来确定排列方向。由于风力发电机组把风能转换成电能，风通过风轮后速度下降而产生湍流，要经过一定的距离后才能恢复。理想情况下，在主风向上尽量使风力发电机组布置得远，减少风力发电机组相互之间的影响。但是，缩短机组之间的距离可以减小电缆长度，从而降低联网费用。另外，充分利用土地等因素则要求把风力发电机组布置得尽量近。在大型风电场排布设计中，风电机组之间的距离不宜小于3倍的叶轮直径，在满足机组安全性要求的前提下相对紧凑。风力发电机组布置时应综合考虑这些因素，根据实际地形情况因地制宜，优化布置。作为一条指导原则，风电场布置风力发电机组时，在盛行风向上要求机组间相隔5～9倍风轮直径，在垂直于盛行风向上要求机组间相隔3～5倍风轮直径。

6.1.4　风电场风能资源评估

1）地形、地貌特征。对缺少测风数据的丘陵和山地，可利用地形、地貌特征进行风能资源评估。地形图是表现地形地貌特征的主要工具。

① 从地形图上可以判别发生较高平均风速的典型特征如下：

经常发生强烈气压梯度的区域内的隘口和峡谷、从山脉向下延伸的长峡谷、高原和台地、强烈高空风区域内暴露的山脊和山峰、强烈高空风或温度/压力梯度区域内暴露的海岸、岛屿的迎风和测风角。

② 从地形图上可以判别发生较低平均风速的典型特征如下：

垂直于高处盛行风向的峡谷、盆地、表面粗糙度大的区域，如森林覆盖的平地等。

2）风力造成的植物变形。植物因长期被风吹而导致永久变形的程度可以反映该地区风力特性的一般情况。特别是树的高度和形状能够作为记录多年持续的风力强度和主风向的证据。

3）受风力影响形成的地貌。地表物质会因风吹而移动或沉积，形成干盐湖、沙丘或其他风成地貌，从而表明附近存在固定方向的强风，如在山的迎风坡岩石裸露，背风坡沙砾堆积等。

4）向当地居民调查了解。

6.2　风电场集电系统

中型或大型风力发电机（几百千瓦到几兆瓦）主要采用并网运行方式，其好处是与公共电网互补，能充分发挥风电的效益，电能质量更好。风电场电气系统要求可靠、灵活、经济地把电能送入电网。风电场内的电气系统和常规电厂内的电气系统比较，具有简单、辅助设施少的优点。

在风电场内，风力发电机组与变电所之间的连接有两种方式：场地布置相对集中时用电缆直埋；场地布置相对分散时用架空 10kV 线路。

风电场集电系统的中压（MV）电平的选择通常由当地配电公司的经验确定。这样电缆和开关设备都比较容易获得。一般选择在 10～35kV 之间，可以是 10kV、20kV 和 35kV 等。

6.2.1　风力发电机组

目前风电场中应用的风力发电机组大都是三相交流发电机。各类发电机的主体部分都由静止的定子和可以旋转的转子两大部分构成。定子就像一个空心的圆筒，转子像一个实心的滚轴。原动机（如风力发电中用的风力机）带动转子绕轴旋转，在定子绕组中感应出电动势，在闭合的外电路中形成电流从定子绕组出线端（见图 6-1 中的 A、B、C）送出。风力发电机如图 6-1 所示。

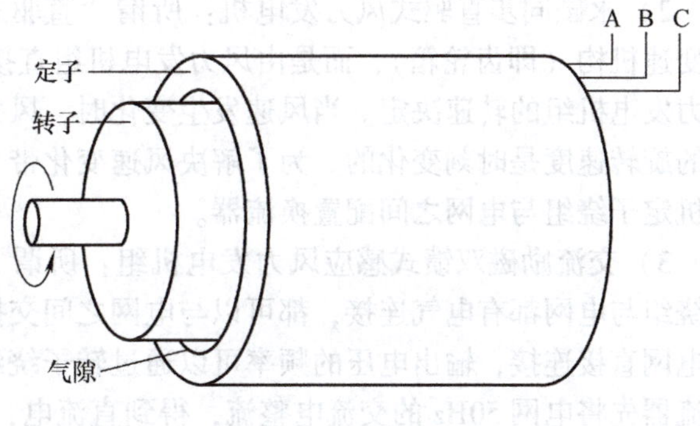

图 6-1　风力发电机

定子和转子一般都由铁心和绕组构成。绕组多是用铜线缠绕的金属线圈，当然铜线外面要包裹绝缘物质。铁心的功能是靠铁磁材料提供磁的通路，以约束磁场的分布。各种发电机定子的基本结构是类似的。发电机结构的差别可能主要体现在转子的形状或转子绕组的形状上，发电机的转子有凸极式和隐极式等类别，如图 6-2 所示。凸极式转子铁心有明显的磁极凸出。隐极式转子铁心的截面为圆形。

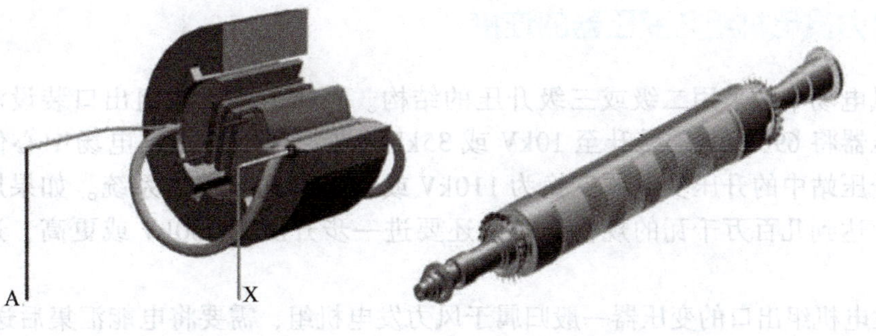

a) 凸极式转子　　b) 隐极式转子

图 6-2　发电机转子

发电机的工作原理主要基于电磁感应现象。

电-磁转换：当导体中通入电流时，在带电导体的周围会产生磁场。如果导体中流过的电流是直流电，则产生恒定的磁场。如果导体中流过的电流是交流电，则产生交变的磁场。

磁-电转换：处于磁场中的导体做不平行于磁场方向的运动时，导体切割磁力线，就会在该导体中感应出电动势。如果该导体与外电路构成了闭合回路，则还会在感应电动势的作用下形成感应电流。

未来并网风力发电的主流机型都是通过电力电子换流器实现风力发电机组的变速恒频控制。变速恒频，即风力发电机组和发电机转子的转速是可变的，而发电机输出电压的频率是恒定的。目前并网风力发电的主流机型主要有以下几种。

1）笼型异步风力发电机：由于风速的不断变化，导致风力发电机组以及发电机的转速也随之变化，所以实际上笼型风力发电机发出的电压频率是变化的。基于电力电子技术的换流器先将风力发电机输出的交流电压整流，得到直流电压，再将该直流电压逆变为频率、幅值、相位都满足要求的交流电送入电网。

2）永磁同步直驱式风力发电机：所谓“直驱式”，是指风力发电机组与发电机之间没有变速机构（即齿轮箱），而是由风力发电机组直接驱动发电机的转子旋转。转子的转速由风力发电机组的转速决定。当风速发生变化时，风力发电机组的转速也会发生变化，因而转子的旋转速度是时刻变化的。为了解决风速变化带来的输出电压频率变动的问题，需要在发电机定子绕组与电网之间配置换流器。

3）交流励磁双馈式感应风力发电机组：所谓“双馈式”，是指发电机的定子绕组和转子绕组与电网都有电气连接，都可以与电网之间交换功率。双馈式风力发电机组的定子绕组与电网直接连接，输出电压的频率可以通过转子绕组中的交流励磁电流的频率调节来控制。换流器先将电网50Hz的交流电整流，得到直流电，再将该直流电逆变为频率满足要求的交流电，用于转子绕组的励磁。

4）无刷双馈式风力发电机组：无刷双馈式风力发电机组的定子有两套极数不同的绕组，一个称为功率绕组，直接接电网；另一个称为控制绕组，通过双向换流器接电网。转子为笼型或磁阻式结构，无需电刷和集电环，转子的极对数应为定子两个绕组极对数之和。这种无刷双馈发电机定子的功率绕组和控制绕组的作用分别相当于交流励磁双馈发电机的定子绕组和转子绕组。

6.2.2　风力发电机组与变压器的连接

大型风电场中常采用二级或三级升压的结构。在风力发电机组出口装设满足其容量输送的变压器将690V电压提升至10kV或35kV；在汇集后送至风电场中心位置的升压站，经过升压站中的升压变压器变换为110kV或220kV送至电力系统。如果风电场装机容量更大，达到几百万千瓦的规模，可能还要进一步升压到500kV或更高，送入电力主干网。

风力发电机组出口的变压器一般归属于风力发电机组，需要将电能汇集后送给升压站，也称为集电变压器。升压站中的升压变压器的功能是将风电场的电能送给电力系统，因此也称为主变压器。为了满足风电场和升压站自身的用电需求，还设置有场用变压器或所用变压器。变压器与风力发电机组的连接如图6-3所示。

6.2.3　多台风力发电机组的连接

多台风力发电机组的连接如图6-4所示。

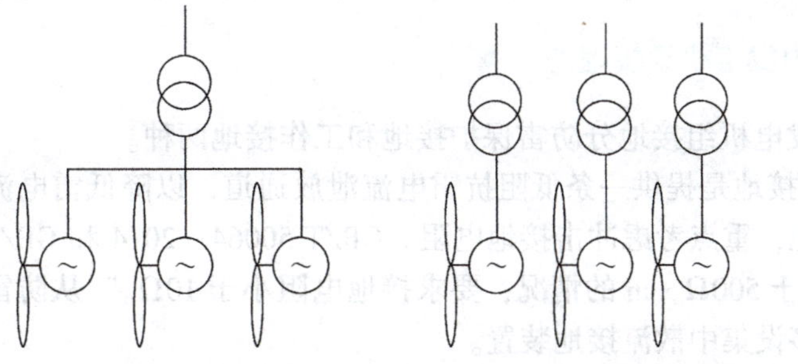

图 6-3　变压器与风力发电机组的连接

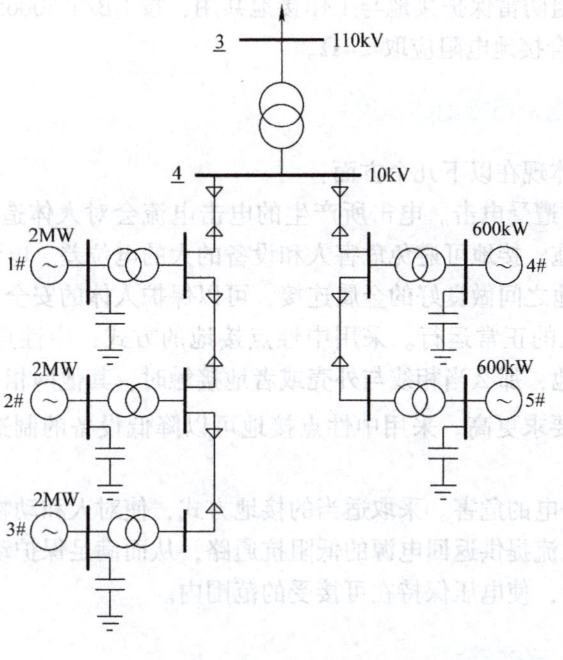

图 6-4　多台风力发电机组的连接

6.3　接地系统

6.3.1　接地的基本概念

在电力系统中，接地通常指的是接大地，即将电力系统或设备的某一金属部分经金属接地线连接到接地电极上，是指将有关系统、电路或设备与地连接。通过接地可以使连接到地的导体具有等于或者近似于大地的电位并引导入地电流流入和流出大地。电力系统中的接地通常是指中性点或相线上某点的金属部分与接地电极相连接。电气设备的接地通常情况下是指不带电的金属导体（一般为金属外壳或底座）与接地电极相连接。非电气设备的导体接地如风管、输油管及建筑物的金属构件经金属接地线与接地电极相连接。

1. 风电场风力发电机组接地的分类

风电场风力发电机组接地分防雷保护接地和工作接地两种。

1）防雷保护接地是提供一条低阻抗雷电流泄放通道，以降低雷电流通过时的地电位升高。对于防雷接地，重点考虑冲击接地电阻。GB/T 50064—2014 和 GB/T 50065—2011 规定“在土壤电阻率小于 500Ω · m 的情况，要求接地电阻小于 10Ω。”从防雷角度考虑，应在风力发电机组附近多设集中散流接地装置。

2）工作接地是为了保证风力发电系统正常运行而设置的接地，以稳定电网对地电位，降低电气设备绝缘要求等。工作接地主要考虑的是工频接地电阻，按多数风力发电机组设计要求，其工作接地电阻≤4Ω。

由于风力发电机组防雷保护接地与工作接地共用，按 GB/T 50065—2011 和 GB 50343—2012 规范要求，其综合接地电阻应取≤4Ω。

2. 风电场风力发电机组接地的作用

接地的作用主要体现在以下几个方面：

1）防止人和动物遭受电击。电击所产生的电击电流会对人体造成伤害甚至导致死亡，所以必须采取防护措施。接地可避免危害人和设备的大的电位差。电气设备在正常情况下不带电的金属部分与接地之间做良好的金属连接，可以保护人体的安全。

2）保障电气系统的正常运行。采用中性点接地的方式，中性点与地间的电位接近于零。如果中性点不接地，那么当相线与外壳或者地接触时，其他两相对地电压会升高为相电压的$\sqrt{3}$倍，绝缘水平要求更高。采用中性点接地可以降低设备的制造成本和建设费用，提高继电保护的可靠性。

3）防止雷击和静电的危害。采取适当的接地方式，使对人和动物的雷击危害最小化。

4）为接地故障电流提供返回电源的低阻抗通路，从而满足保护动作要求。

5）改善雷电保护，使电压保持在可接受的范围内。

6.3.2　配电网接地方式选择

配电网中性点接地方式的选择涉及配电网的绝缘水平、安全性、经济性以及供电的可靠性。配电网接地方式主要有以下几种。

1. 中性点直接接地方式

单相接地时，通过接地中性点形成单相短路，产生很大的零序电流，根据零序分量的特点可构成保护，保护动作后跳闸。

不对称短路引起的工频电压升高较小，操作过电压较低，对系统绝缘水平的要求相对较低。

2. 中性点不接地方式

当系统对称运行时，电源中性点与负载中性点电压为零。

单相接地故障时，故障点相对于地的电压为零，非故障相的相电压升高到$\sqrt{3}$倍，等于线电压，此时线电压仍保持对称不变，对用户供电无影响。

当各相对地电容不相等时，即使在正常运行状态，系统的中性点对地电位仍将发生偏移。中性点不接地系统要求的绝缘水平较高，各种操作过电压较高。当电网发生单相接地时，中性点不接地系统可能造成电磁式电压互感器因励磁电流激增而损坏，甚至可能产生谐振过电压。这种接地方式存在电弧接地过电压的危险。

3. 中性点经消弧线圈接地

消弧线圈是一个具有铁心的可调电感线圈，安装在变压器的中性点。

单相接地时，消弧线圈产生电感电流，补偿接地点的电容电流，使较大的接地电流减到很小，使电弧容易熄灭。

自动跟踪补偿式的消弧线圈装置，由接地变压器、可调式消弧线圈和消弧线圈自动跟踪调节控制器、阻尼电阻和氧化锌避雷器组成。当系统发生单相接地时，接地点电容电流的变化会传到消弧线圈自动跟踪调节控制器上，调节控制器可测量出电网的脱谐度，并控制可调式消弧线圈的直流励磁，从而改变消弧线圈的电感量，进而改变消弧线圈中的电流。

4. 中性点经电阻接地方式

中性点经电阻接地的系统相当于在零序阻抗上并联一个电阻R，该电阻与系统对地电容构成并联回路，可起到抑制谐振过电压的作用。当发生接地故障时，中性点出现电压，能迅速切除故障，可降低设备绝缘水平。继电保护可方便地监测接地的故障线路。

为了使风力发电机组将雷电流泄放到大地，每个风力发电机组都必须设置自己的低阻抗接地系统，并与整个风电场的接地系统相连接，形成一个巨大的接地网。但实际情况是：很多风电场的风力发电机组接地系统的设计只采用其本身的钢筋混凝土基础做接地体，并未沿着基础另外做环形接地网。一个比较有效的风力发电机组接地，应将塔基钢筋混凝土与其外围的环形接地网相连，并通过电缆沟与整个风电场的接地系统相连。

一般每个风力发电机组环形地网的附加接地应不少于两个，至于环形接地网采取水平接地体还是垂直接地体，要根据风电场的土壤实际情况来确定。

防雷接地系统的接地电阻大小非常重要，由于雷电流包含很多高频成分，在雷电流传导时，接地网呈现的阻抗既包含电阻，也包括接地体电感的感抗，它们对高频雷电流呈现很高的瞬时阻抗。当水平接地系统的长度超过50m时，它的接地电阻可能较低，但高频瞬时阻抗却很高。在工程中如果需要设置60m的水平接地体，采用长度较短的多个地极来代替一根长导体效果会更好。风力发电机组之间采用水平接地体与电力和SCADA电缆埋在同一地沟中，以减小电缆沟内各类线缆上的雷电流传导，降低远端风力发电机组上感应过电压的水平。

当风力发电机组遭受雷击时，强大的高频雷电流由风机叶片前端的接闪器经引下线（金属塔筒）通过地网迅速泄入大地，其过程只有十几至几十微秒。在如此短暂的时间内，要将高频、高压电荷通过接地体引入大地，风力发电机组防雷地网必须具备散流通道电阻小、散流时限要求高的特点。换句话说，即使地网电阻值很小，符合要求，但对地通道（引下线）阻抗较大，也不能尽快将接闪的雷电流泄放到大地，依然无法对风力发电机组设备起到有效的防护作用。

在实施接地工程前，一定要检查引下线是否贯通，金属导线的截面积是否满足热稳定要求。由于大多数情况风力发电机组都是利用金属塔筒作为引下线的，要特别注意塔筒法兰跨接铜编织线的连接，叶片接闪器到轮毂引出线的接触电阻和线径，各电控柜电涌保护器的接地等。要确保机舱到大地的金属导线的贯通。通常越有效的防雷系统，其引下线的直径越大，交叉点的间距越小，分流效率越高。如果引下线的贯通有问题，将直接影响雷电流的泄流，由雷电流产生的热能和电磁能将会引起叶片和电气系统受到不同程度的破坏。因此不能单纯注意接地电阻的大小，而忽略引下线的贯通和等电位联结。从实际情况看，风力发电机组叶片和各类电控柜遭雷击损坏，很多都是由此引发的，这一点应引起我们的高度重视。

风电场的接地大多位于野外，线长面广，施工往往涉及土石方，施工开挖需要破坏植被，容易对周围环境造成影响，因此要特别重视对环境的保护。在施工中要尽量减小对环境破坏程度，如采用垂直接地形式，可使开挖面积小，临时占地范围小。此外，在施工中采用现场原土进行改良，最大限度地维持了现场的原状和生态平衡。

为了达到环保目的，我们要尽量少破坏现场的土地和植被。迫不得已的情况下，被破坏植被一定要在工程竣工的同时还原，恢复原有生态。

6.3.3 风电场接地系统

风力发电机组接地系统应包括一个围绕风力发电机组基础的环状导体，此环状导体埋设在距风力发电机组基础1m远的地面下1m处，采用50mm^{2}铜导体或直径更大些的铜导体；每隔一定距离打入地下镀铜接地棒，作为铜环导体的补充；铜导电环连接到塔架两个相反位置，地面的控制器连接到连接点之一。有的设计在铜环导体与塔基中间加上两个环导体，改善跨步电压。如果风力发电机组放置在接地电阻率高的区域，要延伸接地网以保证接地电阻达到规范要求。若测得接地网电阻值大于要求的值，则必须采取降阻措施，直至达到标准要求。

可以将多台风力发电机组的接地网进行互连，这样通过延伸机组的接地网可进一步降低接地电阻，使雷电流迅速流散入大地而不产生危险的过电压。

6.4 防雷保护

对于风力发电机组的防雷保护主要应考虑两个方面：一是机舱；二是叶片。为满足风力发电机组防雷的要求，在风力发电机组周围应设置以垂直接地体为主的环形接地网。风力发电机组接地网的接地电阻不应大于4Ω。

6.4.1 雷电特性

雷电是一种非常壮观的自然现象，但也具有极大的破坏力，会对人类的生命、财产安全造成巨大的危害。目前各种建筑大多仍采用避雷针（带）防雷电，由多年使用经验可知，避雷针（带）不但是防止直击雷害行之有效的方法，而且是非常经济的措施。但是，自从进入电气化时代以后，雷电的破坏由主要以直击雷击毁人和物发展到以通过金属线传输雷电波破坏电气设备为主。随着近年来电子技术的飞速发展，计算机系统的网络化程度越来越高，人类对电气设备尤其是计算机设备的依赖越来越严重。这些高精度的微电子计算机设备内置大量的CMOS半导体集成模块，导致过电压、过电流保护能力极其脆弱，无法保证在特定的空间遭受雷击时仍能安全运行。雷电是雷云间或雷云与地面物体间的放电现象。电位差可达数兆伏甚至数十兆伏，放电电流达到几十千安甚至几百千安。经验表明，对地放电的雷云绝大部分带负电荷，所以雷电流的极性也为负。

雷击对风轮机是一个重要的潜在的危害，多年前认为，风轮机叶片采用不导电的玻璃钢（塑料）或环氧树脂等制成，因而不需要提供直接的保护。大量的现场经验表明，雷击会加到由这种材料制成的叶片上，如果没有安装合适的保护系统，则可能会造成灾难性的损害。当然如果碳纤维（它是导电的）被用来增强叶片，则需要另外的防范。

雷电造成的破坏主要表现为以下几种形式。

1. 直击雷

直击雷蕴含极大的能量，当直击雷对地放电时，在8μs左右达到峰值，并在40μs内完全泄放，电压峰值可达5000kV，具有极大的破坏力。因此，雷电流具有幅值极高、频率极高、冲击力极强等特点。如建筑物直接被雷电击中，巨大的雷电流沿引下线入地，会造成以下三种影响：

1）几十甚至几百千伏的雷电流沿引下线在数微秒时间内入地的过程中，有可能直接击穿空气，损毁低压设备。在地网中，由于瞬态高电压的冲击，在接地点产生局部电位升高，在地网间出现电位差，由此，导致地中反击过电压而损坏电器设备。地网中的电位差还会产生跨步电压，直接危及人们的生命。

2）雷击产生的冲击电流沿引下线对地泄放过程中，在引下线上会产生强烈的电磁场，耦合到供电线路或音频线、数据线上，产生远远超过弱电设备耐受能力的浪涌电压，击毁弱电设备。

3）雷电流流经电气设备产生极高的热量，造成火灾或爆炸事故。

2. 传导雷

远处的雷电击中线路或因电磁感应产生的极高电压，由室外电源线路和通信线路传至建筑物内，损坏电气设备。

3. 感应雷

云层之间的频繁放电产生强大的电磁波，在电源线和信号线上感应极高的脉冲电压，峰值可达50kV。

4. 开关过电压

（1）过电压的原因　在电力系统的内部，由于断路器的操作，负荷的投入和切除导致系统内部状态变化，而使系统参数发生变化，从而引起的电力系统内部电磁能量转换或传输过渡过程，将在系统中出现过电压，这种过电压称为开关过电压，在用电网络中引起内部过电压的原因大致可分为以下几种：

1）电力重负荷的投入和切除（电梯、冷冻机、医疗设备，以及大功率的其他设备）。

2）感性负荷的投入和切除（电梯或继电器的线圈、带负荷的变压器）。

3）功率因数补偿电容器的投入和切除。

4）断路器或熔断器的操作。

5）短路故障。

（2）过电压产生的破坏　这种供电系统内部的过电压都能在电源线路上产生高压脉冲，其脉冲电压可达到线电压的3.5倍，从而损坏设备。破坏效果与雷击类似。由此产生的过电压对电子设备的破坏主要有以下几个方面：

1）损坏元器件。

① 过高的过电压击穿半导体PN结，造成永久性损坏。

② 较低而更为频繁的过电压虽在元器件的耐压范围之内，亦使元器件的工作寿命大大缩短。

③ 电能转换为热能，毁坏触点、导线及印制电路板，甚至造成火灾。

2）设备误动作及破坏数据文件。

6.4.2　风电场防雷保护

风力发电被称为明日世界的能源。由于它属于可再生能源，为人与自然和谐发展提供了基础；而且不像火电、核电、水电会造成环境问题，符合社会可持续发展对能源的要求。所以，风力发电已在我国占据了举足轻重的地位。

然而，风力发电机组是在空旷、自然、外露的环境下工作，风电场一般会延伸至几公里范围，有的位于山顶的高地基上，并且现代风力发电机组的高度使它们不可避免地会遭受到直接雷击。由于现代科学技术的迅猛发展，风力发电机组的单机容量越来越大。主体高度约80m、叶片长度约40m，即最高点高度约为120m的风力发电机组，在雷雨天气时极易遭受直接雷击。雷电是自然界中对风力发电机组安全运行危害最大的一种灾害。雷电释放的巨大能量会造成风力发电机组叶片损坏、发电机绝缘击穿、控制元器件烧毁等。

风力发电机组的防雷是一个综合性的防雷工程，防雷设计到位与否直接关系到风力发电机组在雷雨天气时能否正常工作，并且关系着风力发电机组内的各种设备是否会受到损害。

风力发电机组的接地系统是其防雷保护系统中的一个关键环节。在地网开挖面积有限、土壤电阻率较高的环境条件下，要能达到上面的技术要求，用传统常规的角钢、扁铁等接地材料进行施工是非常困难的。

一般来说，水平接地体采用不小于40mm×4mm的热镀锌扁钢，垂直接地体采用不小于50mm×50mm×5mm的角钢，每根角钢的长度为2.5～3m。考虑到减少接地体的屏蔽效应，垂直接地体的间距一般为其长度的1.5～2倍，即5～6m。

在一定的土壤电阻率下，为了达到要求的接地电阻值，通常需要若干根垂直接地体。

在土壤电阻率为450Ω·m的情况下，接地电阻按4Ω考虑，所需3m长的角钢大约也要60多条，占地面积大约为42m×42m。

由此可以看出，以现在的风力发电机组地貌及可开挖面积，要用传统的接地材料达到接地电阻值的要求是非常困难的。此外，传统金属接地体的接地电阻随气候（土壤潮湿程度）的变化会发生大幅度的起伏，随着腐蚀的加剧，接地电阻也会不断增大。

梅花形高效低电阻接地体是一种以非金属材料为主的接地体，由导电性、稳定性较好的非金属矿物质和电解物质组成，不含对人体有害和污染水源、土壤、环境的有害物质。它特殊的形状增大了接地体本身的散流面积，减小了接地体与土壤之间的接触电阻，接地电阻值低。它优良的吸湿保湿及改善周围土壤导电特性的能力，使接地电阻不断减小而趋于长期稳定。它因具有抗盐、酸、碱腐蚀的能力，使用寿命长达 50 年，特别适用于沙漠、戈壁、盐碱地、高原和常年冻土带等恶劣地质条件的地区。梅花形高效低电阻接地体的技术指标见表 6-4。

表 6-4　梅花形高效低电阻接地体的技术指标

产品型号	外形尺寸/(mm×mm)	质量/kg	室温下电阻率/(Ω·m)	工频接地电阻/Ω	估算参考式
MSD－Ⅲ	260×1000	52～54	≤1	4	0.11ρ

注：表中 ρ 为埋置地层的电阻率。

在一定的土壤电阻率下，为了达到要求的接地电阻值，通常需要若干根梅花形接地体。接地体的间距不小于 4m。梅花形高效低电阻接地体如图 6-5 所示。

在土壤电阻率为 450Ω·m 的情况下，接地电阻按 4Ω 考虑，所需梅花形高效低电阻接地体约为 25 块。占地面积大约为 16m×16m。采用梅花形高效低电阻接地体，所需数量、占地面积远比传统材料少。地网施工图如图 6-6 所示。

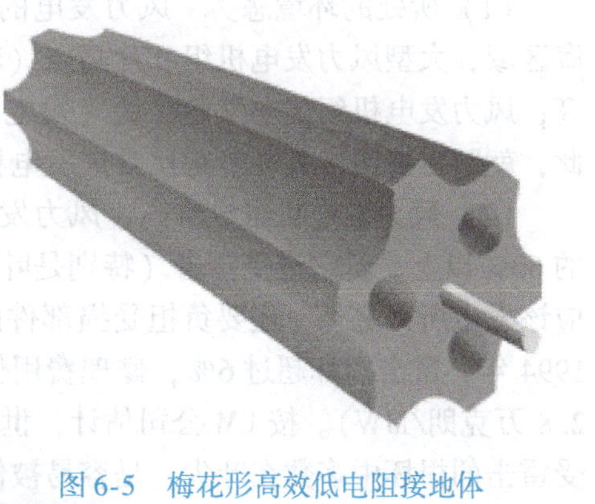

图 6-5　梅花形高效低电阻接地体

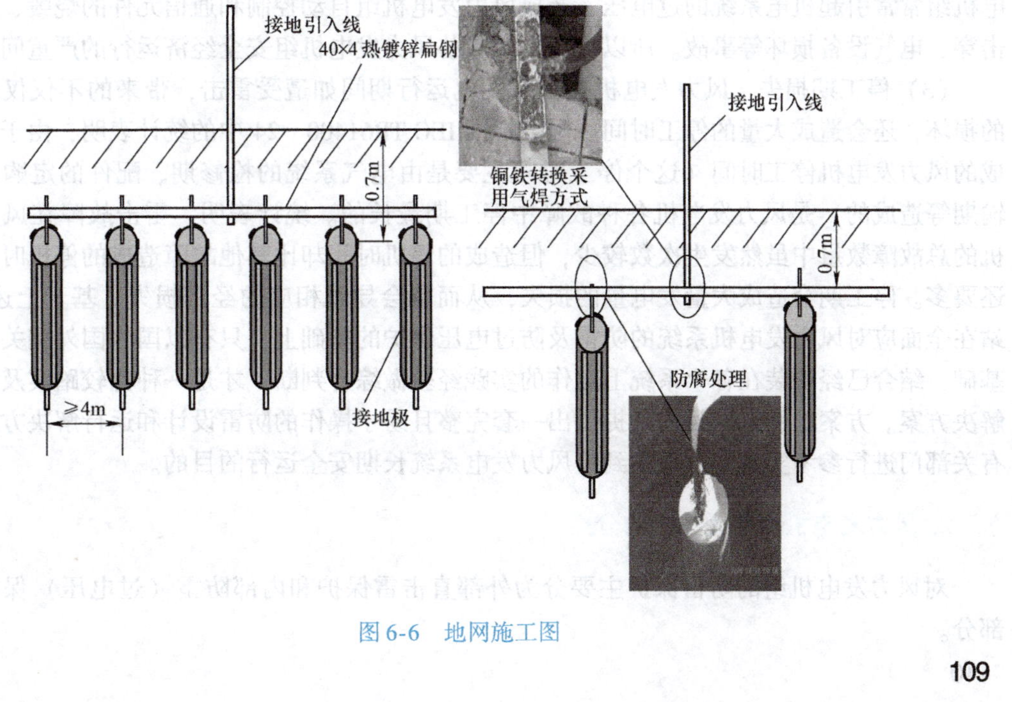

图 6-6　地网施工图

6.4.3 风力发电机组防雷保护

随着风力发电机组的单机容量越来越大，为了吸收更多风能，风力发电机组的高度随着轮毂高度和叶轮直径的增高不断升高，雷击的风险不断增加。可以说，雷击已成为风力发电机组安全运行危害最大的自然灾害。

发生雷击时，闪电电流通过所有风力发电机组件传导至地面，由于风力发电机位于疾风区，通常选址在丘陵或山脊上，其高度远高于周围的地形地物，再加上风力发电机安装地点的土壤电阻率通常较高，对雷电流的传导性能相对较差，特别容易受到直击雷、侧击雷和感应雷的袭击，因此，对风力发电机组件采取防雷措施是非常必要的。

1. 风力发电机组防雷保护的特点

风力发电机组的防雷不同于普通的建筑物，它具有一定的特殊性，具体表现为下面的几个特点。

（1）所处的环境恶劣　风力发电的特点是：风力发电机组分散安置在旷野、山顶或沿海区域，大型风力发电机组叶片高点（轮毂高度加风轮半径）达60～100m，遭受雷击概率高；风力发电机组的电气绝缘低（发电机电压690V，大量使用自动控制和通信元件）。因此，就防雷来说，其环境远比常规发电机组的环境恶劣。

（2）风力发电机组成本高　风力发电机组是风电场的贵重设备，价格占风电工程投资的60%以上。若它遭受雷击（特别是叶片和发电机贵重部件遭受雷击），除了损失修复期间应该发电所得之外，还要负担受损部件的拆装和更新的巨大费用。丹麦LM公司资料介绍：1994年，雷击损坏超过6%，修理费用估计至少1500万克朗（当年丹麦装机540MW，平均2.8万克朗/MW）。按LM公司估计，世界每年有1%～2%的转轮叶片受到雷电袭击。叶片受雷击的损坏中多数在叶尖，是容易被修补的，但少数情况则要更换整个叶片。雷击风力发电机组常常引起机电系统的过电压，造成风力发电机组自动控制和通信元件的烧毁、发电机击穿、电气设备损坏等事故。所以，雷击是威胁风力发电机组安全经济运行的严重问题。

（3）停工期损失　风力发电机在正常发电运行期间如遭受雷击，带来的不仅仅是设备的损坏，还会造成大量的停工时间。国际标准IEC TR61400－24中的统计表明，由于雷击造成的风力发电机停工时间（这个停工时间主要是由电气系统的检修期、配件的定购期和运输期等造成的）是风力发电机各种故障中停工期最长的。统计表明，雷击故障在风力发电机的总故障数量中虽然发生次数较少，但造成的停机时间却比其他故障造成的停机时间总和还要多。停工期会造成大量发电量的损失，从而也会导致相应的经济损失。基于上述原因，站在全面应对风力发电机系统的防雷及防过电压保护的基础上，只有以国内国外相关标准为基础，结合已经安装在各个系统上运作的实践经验做综合判断，才是一种比较踏实及科学的解决方案。方案的制定，目的是提供出一套完整且易于操作的防雷设计和运行解决方案，供有关部门进行参考实施，从而达到使风力发电系统长期安全运行的目的。

2. 风力发电机组防雷保护的分类

对风力发电机组的防雷保护主要分为外部直击雷保护和内部防雷（过电压）保护两大部分。

（1）外部直击雷保护

1）叶片。由于大型风力发电机整体高度达70m以上，并且安装在旷野、山地、海边等，极易遭受雷击。而叶片的叶尖部分又处于整个风力发电机的最高点，因此是最易遭受雷击的部件。通常叶片的生产厂家已在叶片的结构上采取了防雷措施。

① 无叶尖阻尼器的叶片：在叶尖部分将铜网布或金属导体预制于叶尖部分玻璃纤维聚酯层表面，形成接闪器，通过埋置于叶片中的$50mm^2$铜导线与叶根处金属法兰相连接。

② 有叶尖阻尼器的叶片：对于设置了叶尖阻尼器的叶片，整个叶片分成了两段，叶尖部分玻璃纤维聚酯层预制铸铝芯作为接闪器，通过采用碳纤维材料制成的阻尼器轴与连接轮毂的叶尖阻尼器起动钢丝相连接。这种用于叶片的防雷保护系统通过了雷电实验室的实验，实验结果表明，电流达到200kA时，叶片无任何损坏。

2）机舱。机舱主机架除了与叶片相连，还连接机舱顶上的避雷棒，避雷棒用于保护风速计和风向标免受雷击。主机架再连接到塔架和基础的接地网。有了避雷棒的保护，可以迅速导走直击雷，避免机舱遭到直击雷的袭击。

3）塔架及引下线。专设的引下线连接机舱和塔架，减轻电压降，跨越偏航环，机舱和偏航制动盘通过接地线连接。因此，雷击时将不受到伤害，通过引下线将雷电顺利地引入大地。

（2）内部防雷（过电压）保护

1）等电位联结。风速计和风向标与避雷针一起接到等电位接地点；机舱的所有金属组件（如主轴承、发电机、齿轮箱、液压站等）以合适尺寸的接地带连接到机舱主框作为等电位；地面开关盘框由一个封闭金属盒连接到等电位接地点。等电位联结可防止局部过电压，达到各点电位均衡的目的。

2）隔离。在机舱上的控制器和塔底控制器的通信采用光纤连接，达到光电隔离的目的。对控制器和传感器采用不同的直流电源供电，达到电源隔离的目的。需重点保护的电气部分采用隔离变压器供电。

3）过电压保护设备。发电机、开关盘等电源线路采用电源防雷器保护。控制器模块电子组件、信号电缆终端等采用信号防雷器保护。

6.5 电气保护

6.5.1 电气保护概念

电气保护可分为工艺设备程序联锁保护、电气设备电量保护、设备现场非电量保护三类。对于风力发电站，有频率保护、逆功保护、过载保护、失电压保护、联锁保护和过电流保护等。这些保护主要是通过各种相应的保护继电器来实现的。

6.5.2 风电场典型保护配置

1. 区域保护

区域D在风轮机塔的底部，690V断路器（铠装断路器）用来保护下垂电缆和发电机。

从风力发电机组变压器到塔基柜的690V连接电缆（区域C），熔断器或断路器做变压器690V侧电缆保护。11kV/690V变压器及其他周围的690V端部区域（区域B），应考虑变压器励磁浪涌电流问题，检测690V端故障要充分灵敏。采用11kV负荷开关（组合的熔断器-分断器），11kV侧的大故障电流由11kV熔断器切除。低压端的故障电流较小，熔断器不能有效地切除，由分断开关切断。风电场典型保护配置如图6-7所示。

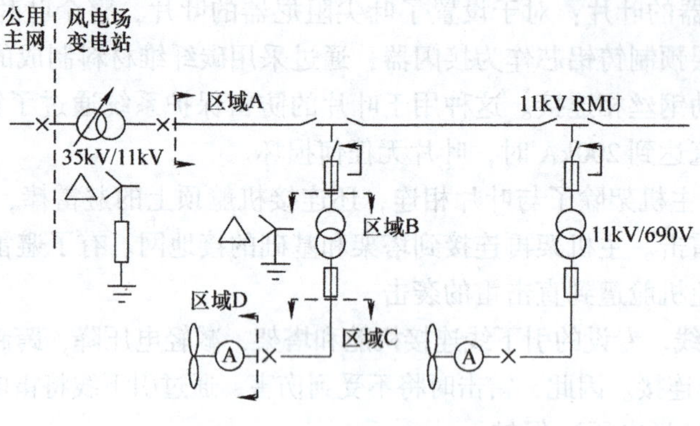

图6-7　风电场典型保护配置

2. 有限接地故障保护

有限接地故障保护检测从低压绕组和端部区域到地的漏电流。11kV电缆电路（区域A）是常规方式的过电流保护和接地故障保护。

3. 风电场与33（35）kV电网相连的保护

风电场与33kV电网相连时没有主变压器。33kV/11kV变压器的保护类似于公用电网同容量变压器的保护方式（差动保护、定时限电流速断保护、定时限过电流保护、瓦斯保护等)。33kV开关熔断器不容易获得，对于预期故障电流的整个范围难以提供33kV/690V变压器的全面保护，对于低电压端的单相接地故障，有效的保护是特别困难的。所以采用综合保护是有效的手段，例如，采用包括高压侧和低压侧保护的微机保护来作为33kV/690V变压器保护。风电场与33（35）kV电网相连的保护如图6-8所示。

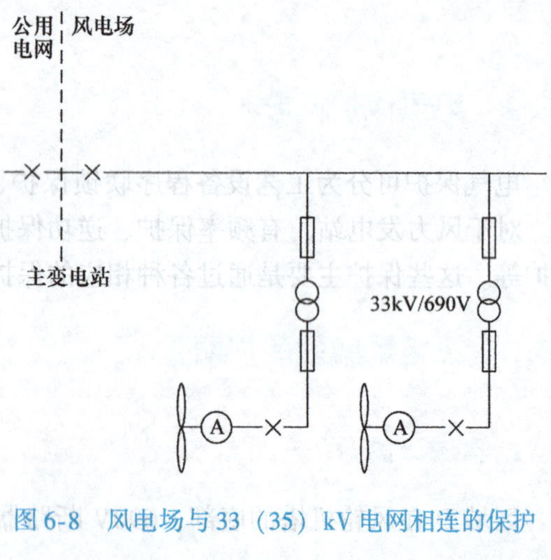

图6-8　风电场与33（35）kV电网相连的保护

6.5.3　风电场线路继电保护

如果风电场电容量大到一定程度，一旦电网发生故障，风电场提供的短路电流就可能超过系统侧提供的短路电流，在电网设备选择、校验和继电保护配置整定时，应该考虑风电短路电流的影响。因此，研究在故障状态下风力发电机组的短路电流特性及风力发电机组的保护是非常必要的。

与常规配电网的保护不同，风电是间隙性的，风电场中有些元件通过的潮流可能是双向的。风力发电机组在有风期间都是和电网相连的，当风速在起动风速附近变化时，为防止风力发电机组频繁投切对接触器的损害，允许风力发电机组短时以电动机运行。此时改变系统的潮流方向，容易引起保护装置的误动作。短路故障发生瞬间，并网运行的固定转速的异步发电机各相电流发生突变，并按照指数规律衰减，最终到零。因为固定转速风力发电机组采用的是普通异步发电机，而异步发电机模型中转子只考虑励磁支路，所以异步发电机的短路电流初值由定子暂态电抗与定子绕组非周期电流的初值决定，其短路电流依次根据暂态时间常数与定子绕组时间常数按照指数规律衰减，短路电流频率由转子转速决定。异步发电机没有独立的励磁机构，在电网发生短路故障时，由于机端电压显著降低，发电机失去励磁，很难向电网输送短路电流。在三相短路故障时，异步发电机仅能提供很小的持续短路电流（$I\approx 0$）；在两相短路时，异步发电机提供的短路电流最大。并网运行的双馈风力发电机组与基于普通异步发电机的定速风力发电机组的短路电流特性有很大的不同，短路故障发生瞬间，发电机各相电流发生突变，并按照指数规律衰减，最终达到稳态短路状态，维持运行。双馈变速风力发电机组模型中，双馈发电机转子只考虑了励磁支路，所以其短路电流初值由定子绕组暂态电抗与定子绕组非周期电流的初值决定，其短路电流依次根据定子绕组暂态时间常数与定子绕组时间常数按照指数规律衰减。当线路发生三相短路故障时，双馈风力发电机仅能提供瞬间性短路电流，持续短路电流 $I\approx 0$。当线路发生两相短路故障时，双馈风力发电机提供的持续短路电流很大。风电场故障电流主要是由公用电网电源提供的。风电场保护是要根据有限的故障电流识别故障的发生。

6.5.4　界面保护

风电场需要一种保护，能保证风电场不向配电网络故障部分提供电流或不向网络孤立部分供电。界面保护如图 6-9 所示。断路器 A 断开：对于网络上的故障，困难的是风力发电机组不是一个可靠的故障电流源，因此断路器 B 不能由过电流保护来跳闸，网络的基于电流动作的保护被用来断开断路器 A，这样风力发电机组被隔离，风力发电机组还存在机械输入加速，但不再输出功率到网络。这个加速如故障发生一样快，因为在断路器 A 跳闸前，因故障降低了网络电压，制约了电功率输出。断路器 B 断开：由检测风力发电机组旋转速度增加的过低频率继电器或由检测与网络连接点的欠/过电压继电器失去电压变化的监控而断开。过/低频率继电器和过/欠电压继电器有一个时间延滞，例如 500ms，以减少误动作。在大风中，风力发电机组按机械过速保护而停运。

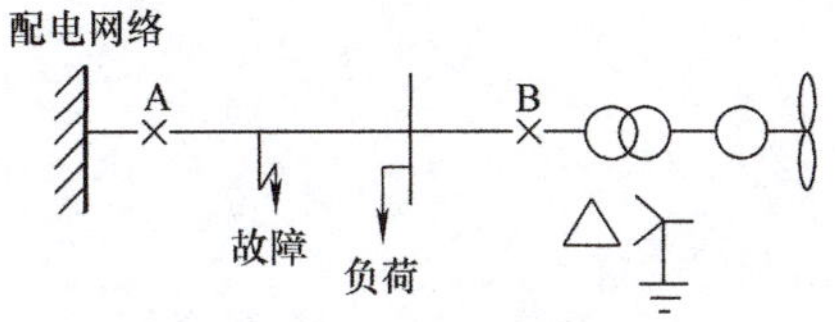

图 6-9　界面保护

不同国家的界面保护有很大区别。有些国家喜欢用转移跳闸，当上游公共断路器断开的时候，这个动作通知到风电场断路器，然后它就立即断开。虽然这提供了一个防备孤立运行的保证，但要实现与许多远方断路器通信的通道可能是很昂贵的。荷兰所有的配电系统都是在地下的，所以自动重合闸不用来在架空线路瞬时故障后重合电路，对于失去主保护也没有要求。在德国，正序低电压继电器被广泛应用，似乎在检测孤立运行方面是有效的。

本章小结

随着风力发电技术的快速发展，风电场的规模在不断扩大，大型风电场一般都经过两级变压后直接接入高压输电网，因此风电场的电气性能和可靠性越来越重要。风电装机容量在电网中所占比例越来越高，风电场接入电网的电压等级也越来越高。增加的风电接入容量与接入更高的电压等级使得电网受风电影响的范围更广。

本章习题

1. 如何进行风电场的风能资源评估？
2. 风电场选址应考虑哪些因素？
3. 在风电场设计中，风力发电机应如何排列？
4. 中性点直接接地的优点有哪些？
5. 风电场风力发电机组短路的后果是什么？
6. 风电场风力发电机组接地包括什么？
7. 电力系统的中性点接地方式有哪几种？
8. 风电场风力发电机组接地的作用是什么？
9. 并网风力发电的机型有哪些？
10. 风力发电机组为什么要进行防雷保护？

第7章 风力发电机组的控制及安全

7.1 风力发电机组控制系统概述

风力发电机组的控制系统是风力发电机组的重要组成部分，它承担着风力发电机组监控、自动调节、实现最大风能捕获以及保证良好电网兼容性等的重要任务。风力发电机组的起动、停止、切入（电网）和切出（电网）、输入功率的控制、风轮的主动对风，以及对运行过程中故障的监测和保护必须能够自动控制。风力资源丰富的地区通常都是在海岛或边远地区甚至海上，发电机组通常要求能够无人值班运行和远程监控，这就要求发电机组的控制系统有很高的可靠性。

7.1.1 风力发电机组的控制目标

风力发电机组利用风轮系统实现了从风能到机械能的能量转换，再利用发电机和控制系统实现了从机械能到电能的能量转换过程。机组控制策略的设计，既要考虑到尽可能提高机组的发电能力，又要为机组各部件留有充分的安全裕量，同时兼顾到良好的供电质量。风力发电机组控制系统的基本目标就是保证风力发电机组安全可靠运行，获取最大风能并提供良好的电力保证。

1）控制系统应保持风力发电机组安全可靠运行，同时将不断变化的风能高质量地转换为频率、电压恒定的交流电送入电网。

2）控制系统采用计算机控制技术实现对风力发电机组的运行参数、工作状态进行监控、显示及故障处理，并完成对机组最佳运行状态的管理和控制。

3）利用计算机智能控制技术实现机组的功率优化控制。对定桨距恒速风力发电机组，主要是进行软切入、软切出及功率因数补偿控制；对变桨距变速风力发电机组，主要是进行最佳叶尖速比和额定风速以上的恒功率控制。

4）在大于起动风速并且转速达到并网转速的条件下，风力发电机组能自动起动、软切入自动并网，保证冲击电流小于额定电流。

7.1.2 风力发电机组控制系统的构成

风力发电机组控制系统主要由监控系统、主控系统、变桨距控制系统、偏航控制系统、变频系统（变频器）、液压控制、安全链保护及监控系统几部分组成。

1）监控系统（SCADA）：监控系统实现对全风场风力发电机组状况的监视与起、停操作，它包括大型监控软件及完善的通信网络。

2）主控系统：主控系统是风力发电机组控制系统的主体，它能实现自动起动、自动调向、自动调速、自动并网、自动解列、故障自动停机、自动电缆解绕及自动记录与监控等重要控制、保护功能。它对外的三个主要接口系统就是监控系统、变桨距控制系统以及变频系统，它与监控系统接口完成风力发电机组实时数据及统计数据的交换，与变桨距控制系统接口完成对叶片的控制，实现最大风能捕获以及恒速运行，与变频系统（变频器）接口实现对有功功率以及无功功率的自动调节。

3）变桨距控制系统：与主控系统配合，通过对叶片节距角的控制，实现最大风能捕获以及恒速运行，提高了风力发电机组的运行灵活性。目前来看，变桨距控制系统的叶片驱动有液压和电气两种方式，电气驱动方式中又有采用交流电动机和直流电动机两种不同方案。究竟采用何种方式主要取决于制造厂家多年来形成的技术路线及传统。

4）变频系统：与主控制系统接口，和发电机、电网连接，直接承担着保证供电品质、提高功率因数，满足电网兼容性标准等重要作用。

7.1.3 控制系统的基本功能

并网运行的风力发电机组的控制系统具备以下功能。

1. 数据采集（DAS）功能

机组运行过程中进行监测的相关参数如下。

1）电网参数，包括电网三相电压、三相电流、电网频率、功率因数等；电压故障检测，包括电网电压闪变、过电压、欠电压、电压跌落、相序故障、三相不对称等。

2）气象参数，包括风速、风向、环境温度等。

3）机组状态参数，包括风轮转速、发电机转速、发电机绕组温度、发电机前后轴承温度、齿轮箱油温度、齿轮箱前后轴承温度、液压系统油温、油压、油位、机舱振动、电缆扭转、机舱温度等。

2. 机组起停、发电控制

1）主控系统检测电网参数、气象参数、机组运行参数，当条件满足时，起动偏航系统执行自动解缆、对风控制，释放机组的制动盘，调节桨距角度，风车开始自由转动，进入待机状态。

2）当外部气象系统监测的风速大于某一定值时，主控系统起动变流器开始对转子励磁，待发电机定子输出电能与电网同频、同相、同幅时，合闸出口断路器实现并网发电。

3）风力发电机组功率、转速调节。根据风力发电机组特性，当机组处于最佳叶尖速比运行时，风力发电机组将捕获最大的能量，虽理论上机组可在任意转速下运行，但受实际机组转速限制、系统功率限制，不得不将该阶段分为以下几个运行区域：变速运行区域、恒速运行区域和恒功率运行区域。额定功率内的运行状态包括变速运行（最佳的 λ）和恒速运行。

当风力发电机组并网后，转速小于极限转速、功率低于额定功率时，根据当前实际风速调节风轮的转速，使机组工作在捕获最大风能的状态。

3. 风电控制系统辅助设备

（1）发电机系统　监控发电机运行参数，通过冷却系统和加热系统控制发电机绕组温度、轴承温度、集电环室温度在适当的范围内，相关控制过程如下：

当发电机温度升高至某设定值时，起动冷却风扇，当温度降低到某设定值时，停止风扇运行；当发电机温度过高或过低并超限后，发出报警信号，并执行安全停机程序。

当温度低至某设定值时，起动加热装置，当温度升高至某设定值时，停止加热装置运行；同时，加热装置也用于控制发电机的温度差在合理的范围内。

(2) 液压系统　机组的液压系统用于偏航系统制动、机械制动盘驱动。机组正常时，需维持额定压力区间运行。

液压泵控制液压系统压力，当压力下降至设定值后，起动液压泵运行，当压力升高至某设定值后，停泵。

(3) 气象系统　气象系统为智能气象测量仪器，通过 RS485 口和控制器进行通信，将机舱外的气象参数采集至控制系统。

根据环境温度控制气象测量系统的加热器以防止结冰。此系统安装有闪光障碍灯，每个叶片的末端安装闪光障碍灯，在夜晚点亮。机舱风扇控制机舱内的环境温度。

(4) 电动变桨距系统　变桨距系统包括每个叶片上的电动机、驱动器以及主控制 PLC 等部件，该 PLC 通过总线和机组的主控系统通信，是风电控制系统中的桨距调节控制单元，变桨距系统有后备 DO 顺桨控制接口。

(5) 增速齿轮箱系统　齿轮箱系统用于将风轮转速增速至发电机的正常转速运行范围内，需监视和控制齿轮油泵、齿轮油冷却器、加热器、润滑油泵等。

当齿轮油压力低于设定值时，起动齿轮油泵；当压力高于设定值时，停止齿轮油泵。当压力越限后，发出警报，并执行停机程序。

齿轮油冷却器/加热器控制齿轮油温度：当温度低于设定值时，起动加热器，当温度高于设定值时，停止加热器；当温度高于某设定值时，起动齿轮油冷却器，当温度降低到设定值时，停止齿轮油冷却器。

润滑油泵控制：当润滑油压低于设定值时，起动润滑油泵，当油压高于某设定值时，停止润滑油泵。

(6) 偏航系统控制　根据当前的机舱角度和测量的低频平均风向信号值，以及机组当前的运行状态、负荷信号调节电动机顺时针旋转和逆时针旋转，实现自动对风、电缆解缆控制。

自动对风：当机组处于运行状态或待机状态时，根据机舱角度和测量风向的偏差值调节电动机旋转方向及角度，实现自动对风。以设定的偏航转速进行偏航，同时需要对偏航电动机的运行状态进行检测。

自动解缆控制：当机组处于暂停状态时，如机舱向某个方向扭转大于 720°，启动自动解缆程序，或者机组在运行状态时，如果扭转大于 1024°，进入解缆程序。

(7) 大功率变流器通信　主控制器通过通信总线和变流器通信，变流器实现并网/脱网控制、发电机转速调节、有功功率控制、无功功率控制。

并网和脱网：变流器根据主控的指令，通过对发电机转子励磁，将发电机定子输出电能控制至同频、同相、同幅，再驱动定子出口断路器合闸，实现并网；当机组的发电功率小于某值持续几秒后或风力发电机组或电网出现运行故障时，变流器驱动发电机定子出口断路器分闸，实现机组的脱网。

发电机转速调节：机组并网后在额定负荷以下阶段运行时，通过控制发电机转速实现机组在最佳 λ 曲线运行，通过将风轮机当作风速计测量实时转矩值，调节机组至最佳状态运行。

有功功率控制：当机组进入恒定功率区后，通过和变频器的通信指令维持机组输出稳定的功率。

无功功率控制：通过和变频器的通信指令实现无功功率控制或功率因数的调节。

（8）安全链回路　安全链回路独立于主控系统，并行执行紧急停机逻辑，所有相关的驱动回路由后备电池供电，保证系统在紧急状态时可靠执行。

7.2　风力发电机组控制系统的常见类型

对于不同类型的风力发电机组，控制单元会有所不同，但主要是因为发电机的结构或类型不同而使得控制方法不同，加上定桨距和变桨距，形成了多种结构和控制方案。

7.2.1　根据桨叶的控制分类

1. 定桨距失速调节型风力发电机组

定桨距是指桨叶与轮毂的连接是固定的，桨距角固定不变，即当风速变化时，桨叶的迎风角度不能随之变化。失速型是指桨叶翼型本身所具有的失速特性，当风速高于额定风速时，气流的攻角增大到失速条件，使桨叶的表面产生涡流，效率降低，以限制发电机的功率输出。为了提高风力发电机组在低风速时的效率，通常采用双速发电机（即大/小发电机）。在低风速段运行时，采用小发电机使桨叶具有较高的气动效率，提高发电机的运行效率。

失速调节型的优点是失速调节简单可靠，风速变化引起的输出功率的变化只通过桨叶的被动失速调节而控制系统不做任何控制，使控制系统大为简化；其缺点是叶片重量大（与变桨距风力发电机组叶片比较），桨叶、轮毂、塔架等部件受力较大，机组的整体效率较低。

2. 变桨距调节型风力发电机组

变桨距是指安装在轮毂上的叶片通过控制改变其桨距角的大小。其调节方法为：当风力发电机组达到运行条件时，控制系统命令将桨距角调到45°，当转速达到一定时，再调节到0°，直到风力发电机组达到额定转速并网发电；在运行过程中，当输出功率小于额定功率时，桨距角保持在0°位置不变，不做任何调节；当发电机输出功率达到额定功率以后，调节系统根据输出功率的变化调整桨距角的大小，使发电机的输出功率保持在额定功率。随着风电控制技术的发展，当输出功率小于额定功率时，变桨距风力发电机组采用 OptitiP 技术，即根据风速的大小调整发电机转差率，使其尽量运行在最佳叶尖速比，优化输出功率。变桨距调节的优点是桨叶受力较小，桨叶做得较为轻巧。桨距角可以随风速的大小进行自动调节，因而能够尽可能多地吸收风能转换为电能，同时在高风速段保持功率平稳输出。其缺点是结构比较复杂，故障率相对较高。

3. 主动失速调节型风力发电机组

将定桨距失速调节型与变桨距调节型两种风力发电机组相结合，充分吸取了被动失速和桨距调节的优点，桨叶采用失速特性，调节系统采用变桨距调节。在低风速时，将桨叶节距调节到可获取最大功率位置，调整桨距角能优化机组的输出功率；当风力发电机组发出的功率超过额定功率后，桨叶节距主动向失速方向调节，将功率调整在额定值以下，限制机组最大功率输出，随着风速的不断变化，桨叶仅需要微调维持失速状态。制动时，调节桨叶相当于气动制动，很大程度上减少了机械制动对传动系统的冲击。主动失速调节型的优点是其也有定桨距失速型的特点，并在此基础上进行变桨距调节，提高了最大功率后并入电网。机组在叶片设计上采用了变桨距结构。其调节方法是：在起动阶段，通过调节变桨距系统控制发电机转速，将发电机转速保持在同步转速附近，寻找最佳并网时机，然后平稳并网；在额定风速以下时，主要调节发电机反力转矩使转速跟随风速变化，保持最佳叶尖速比以获得最大风能；在额定风速以上时，采用变速与桨叶节距双重调节，通过变桨距系统调节限制风力发电机组获取能量，保证发电机功率输出的稳定性，获取良好的动态特性。而变速调节主要用来响应快速变化的风速，减轻桨距调节的频繁动作，提高传动系统的柔性。

7.2.2　根据发电机分类

根据风力发电机组转速分有恒速恒频和变速恒频两种，恒速恒频机组的整体效率较低，而变速恒频调节方式是目前风电技术发展的主要方向。变速恒频的优点是大范围内调节运行转速，以适应因风速变化引起的风力发电机组功率的变化，可以最大限度地吸收风能，因而效率较高；控制上也很灵活，可以较好地调节系统的有功功率、无功功率，但控制系统较为复杂。

变速恒频根据发电机的不同分为以下几种。

1. 异步感应发电机

异步感应发电机系统结构如图 7-1 所示。

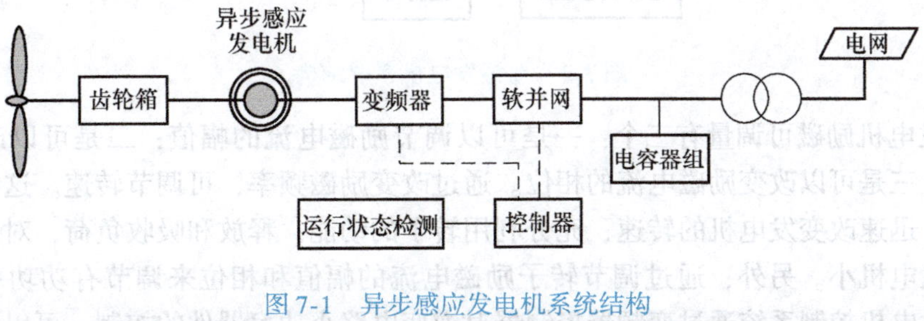

图 7-1　异步感应发电机系统结构

通过晶闸管控制的软并网装置接入电网，并网冲击电流较大。另外需要电容无功补偿装置，控制电路简单。各大风力发电制造商，如 Vestas、NEG、Micon、Nordex 都有此类产品。

2. 绕线转子异步发电机

对于绕线转子异步发电机，可以采用功率辅助调节方式，即转子电流控制（RCC）方式来配合变桨距机构，共同完成发电机输出功率的调节。在绕线转子输入由电力电子装置控制的发电机转子电流，可以加大异步发电机转差率（可到10%），使得发电机在较大的转速范围内向电网送电，以提高异步发电机的风能利用率。绕线转子异步发电机系统结构如图7-2所示。

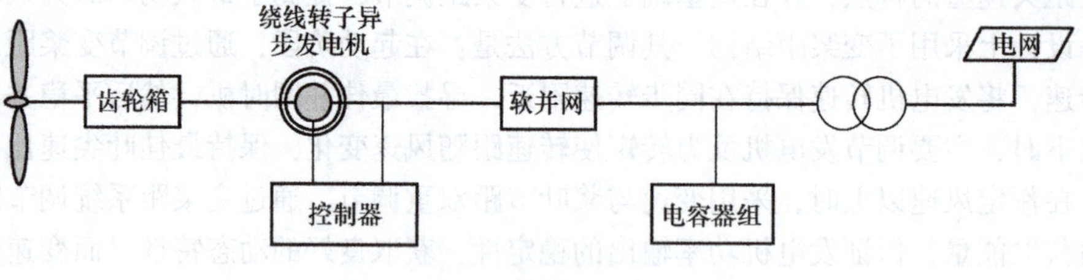

图7-2　绕线转子异步发电机系统结构

3. 双馈发电机

双馈发电机的结构类似于绕线转子异步发电机，定子绕组也由具有固定频率的对称三相电源励磁，所不同的是转子绕组是由具有可调节频率的三相电源励磁，一般采用交-交变频器或交-直-交变频器供以低频电流。双馈发电机系统结构如图7-3所示。

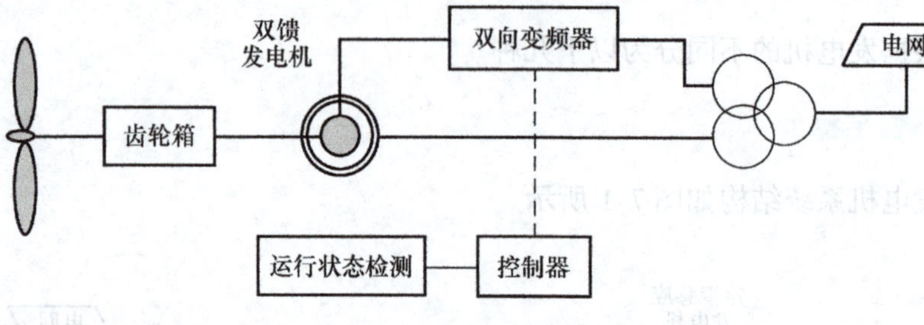

图7-3　双馈发电机系统结构

双馈发电机励磁可调量有三个：一是可以调节励磁电流的幅值；二是可以改变励磁电流的频率；三是可以改变励磁电流的相位。通过改变励磁频率，可调节转速。这样在负荷突然变化时，迅速改变发电机的转速，充分利用转子的动能，释放和吸收负荷，对电网的扰动远比常规发电机小。另外，通过调节转子励磁电流的幅值和相位来调节有功功率和无功功率。双馈发电机控制系统通过变频器控制器对逆变电路小功率器件的控制，可以改变双馈发电机转子励磁电流的幅值、频率及相位角，达到调节其转速、有功功率和无功功率的目的。既提高了机组的效率，又对电网起到稳频、稳压的作用。图7-4是双馈发电机控制简要框图。

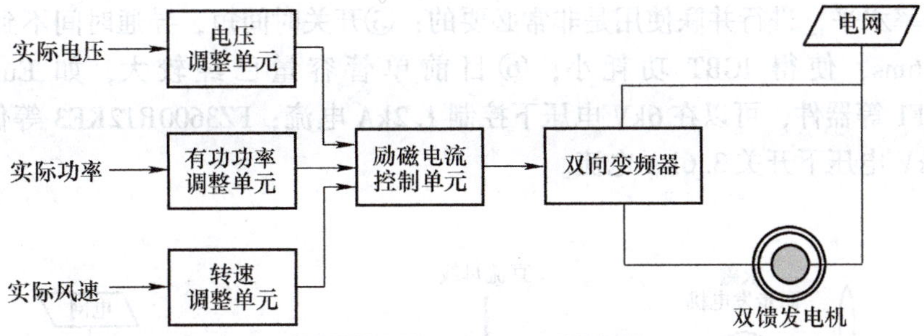

图 7-4 双馈发电机控制简要框图

4. 永磁直驱同步发电机

永磁直驱同步发电机系统结构如图 7-5 所示。

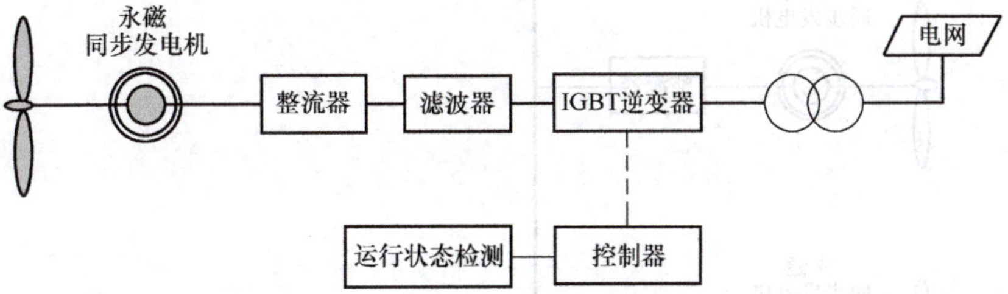

图 7-5 永磁直驱同步发电机系统结构

由变桨距风轮机直接驱动永磁同步发电机，省去了增速齿轮箱。发电机输出先经整流器变为直流，再经滤波器、IGBT（绝缘栅双极型晶体管）逆变器将电能送到电网。对风力发电机工作点的控制是通过控制逆变器送到电网的电流实现对直流环节电压的控制，从而控制风轮机的转速。

发电机发出电能的频率、电压、电功率都是随着风速的变化而变化的，这样有利于最大限度地利用风能资源，而恒频恒压并网的任务则由整流逆变系统完成。

除了永磁同步发电机可以直接并网外，还可以构成风力发电机组（群），如 ABB 公司的“Windformer”采用的是高压永磁直驱同步发电机组（群），其结构如图 7-6 所示。

风力发电机组单机容量为 3～5MW，输出额定电压高达 20kV，频率为 5～10Hz，每一台发电机机端只配置有整流器，把交流变换为直流，通过直流母线实现与风电场其他机组（群）的并联运行，既提高了可靠性，又改进了效率。风电场由一台大容量公用逆变器把直流母线的直流电转换成 50Hz 的交流电，电压为 12kV，可直接并入当地电网使用，也可经变压器升压至更高电压后并入更高压电网传输到远处。

永磁直驱同步发电机系统存在的缺点是对永磁材料的性能稳定性要求高，发电机重量增加。另外，IGBT 逆变器的容量较大，一般要选发电机额定功率的 120% 以上。

但使用 IGBT 逆变器也带来一些好处：①使用脉宽调制（PWM）获得正弦波的转子电流，发电机内不会产生低次谐波转矩，改善了谐波性能；②有功功率和无功功率的控制更为方便；③大功率IGBT很容易驱动；④IGBT有很好的电流共享特性，这对于要达到风力发电机所需的功率水平，进行并联使用是非常必要的；⑤开关时间短，导通时间不到1ms，关断时间小于6ms，使得IGBT功耗小；⑥目前单管容量已经较大，如Eupec公司的FZ600R65KF1等器件，可以在6kV电压下控制1.2kA电流；FZ3600R12KE3等低电压器件，可以在1.2kV电压下开关3.6kA电流。

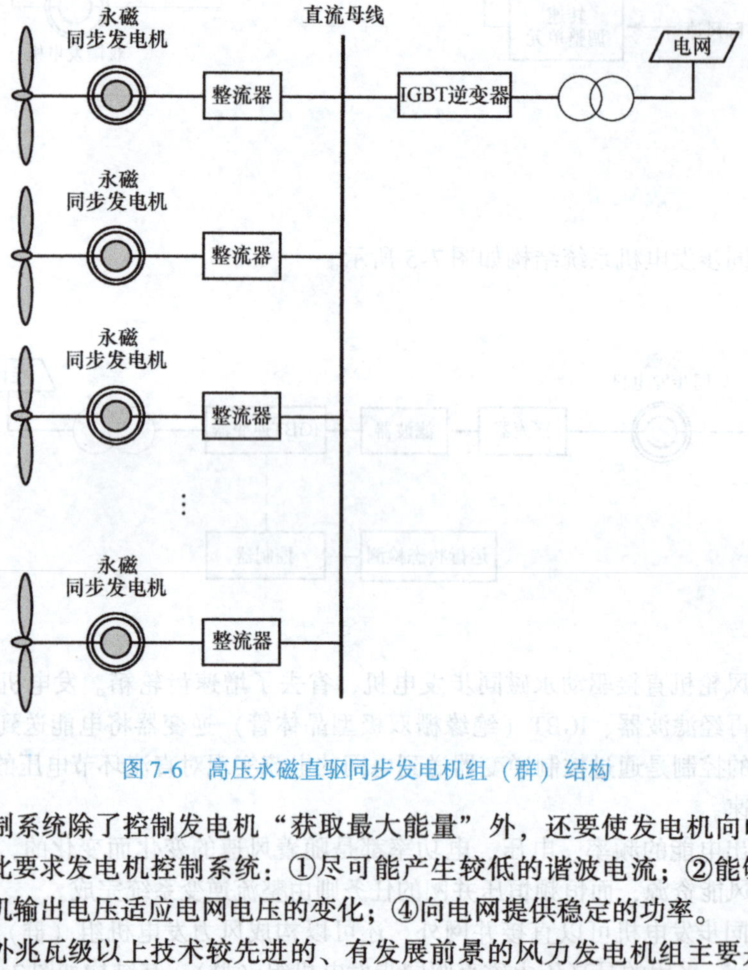

图7-6　高压永磁直驱同步发电机组（群）结构

发电机控制系统除了控制发电机“获取最大能量”外，还要使发电机向电网提供高品质的电能。因此要求发电机控制系统：①尽可能产生较低的谐波电流；②能够控制功率因数；③使发电机输出电压适应电网电压的变化；④向电网提供稳定的功率。

目前国内外兆瓦级以上技术较先进的、有发展前景的风力发电机组主要是双馈型风力发电机组和永磁直驱风力发电机组，二者各有优缺点。单从控制系统本身来讲，永磁直驱风力发电机组控制回路少，控制简单，但要求逆变器容量大。而双馈型风力发电机组控制回路多，控制复杂些，但控制灵活，尤其是对有功、无功的控制，而且逆变器容量小得多。

7.3　风力发电机组信号检测部分

控制系统包括控制和检测两部分，控制部分有手动和自动两种。运行维护人员可在现场根据需要进行手动控制，自动控制应该在无人值守的条件下实施运行人员设置的控制策略，保证机组正常安全运行。

检测部分将各种传感器采集到的数据送到控制器，经过处理作为控制参数或作为原始记录储存起来，在机组控制器的显示屏上可以查询，通过网络可以送到风电场中央控制器的计算机系统中。

7.3.1　转速传感器

风力发电机组转速的测量点有三个：发电机输入端转速、齿轮箱输出端转速和风轮转速；发电机输入端转速传感器一个，齿轮箱输出端转速传感器一个，风轮转速传感器两个，还有两个转速传感器安装在机舱与塔筒连接的齿轮上，用来识别偏航旋转方向。转速传感器如图7-7所示。

7.3.2　偏航计数传感器（偏航角度）

从机舱到塔筒间布置的柔性电缆由于偏航控制会变得扭曲。如果在扭曲达到两圈后正好由于风速原因导致风力发电机组停机，此时主控系统将会使机舱旋转，直到电缆不再扭曲。如果一直在扭曲达到3圈前还是不能进行解缠绕，系统会产生正常停机程序，使电缆解缠绕。当电缆扭曲达到±4圈后安全回路将会中断，紧急停机。偏航计数传感器如图7-8所示。

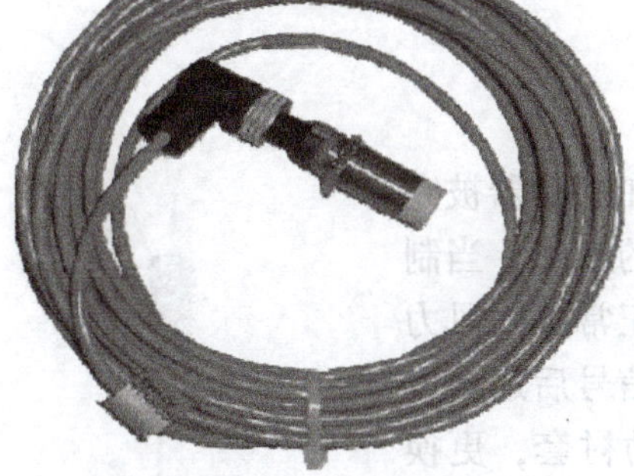

图7-7　转速传感器

图7-8　偏航计数传感器

7.3.3　风速传感器

风力发电机组配有两个装在相配支架上的加热风速传感器（风速计），支架有一个接地环对风速传感器提供避雷功能。电缆敷设在穿线管中。风速传感器如图7-9所示。

7.3.4　风向传感器

风向传感器（风向计）也安装在同一个支架上，360°的测量范围，为了防止结冰，风向传感器能根据环境温度采取适度的自动加热。风向传感器如图7-10所示。

7.3.5　振动传感器

振动传感器安装在主机架下部，为重力型加速度传感器，它直接连接到紧急停机回路上。此外，振动传感器可监视塔基和驱动链，如果测量值超限，立刻正常停机。振动传感器如图 7-11 所示。

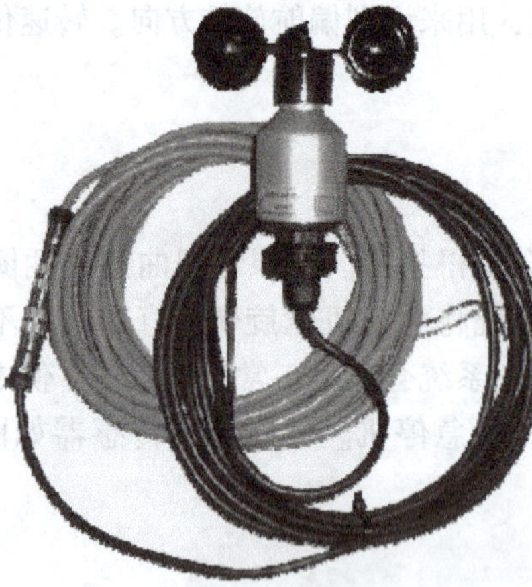

图 7-9　风速传感器

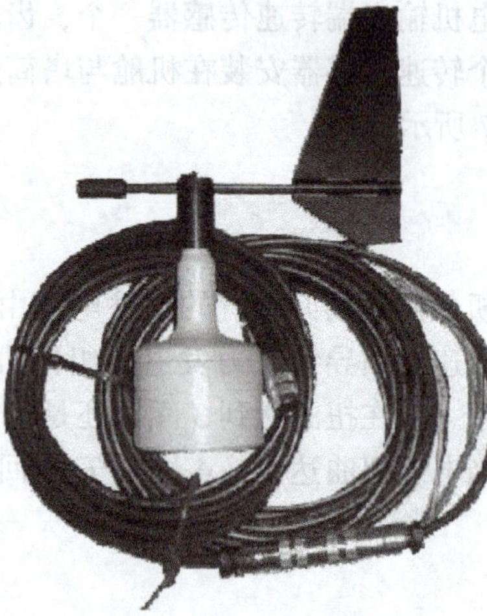

图 7-10　风向传感器

7.3.6　制动磨损传感器

制动磨损传感器安装在齿轮箱制动器上，只有在制动器被完全释放后，开关才能动作，微动开关指示制动衬套的磨损。当制动片磨损到一定值后，传感器给出一个信号，要求正常关闭风力发电机组，如要再次运行，则要求手动复位，在这信号后还可以进行 3 次起动或运行 3 天。然后必须更换新的制动衬套，更换后，应能被主控制系统识别检测。

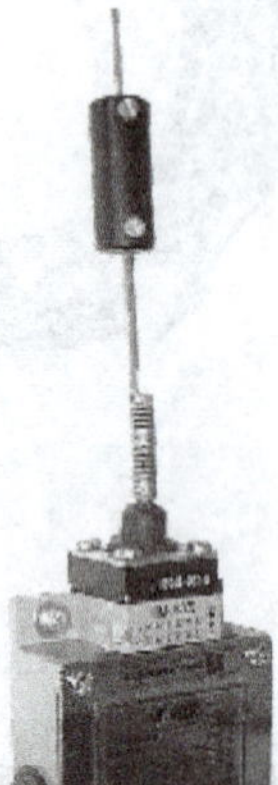

图 7-11　振动传感器

风力发电机组所有的监视和控制功能都通过控制系统来实现，它们通过各种连接到控制模块的传感器来监视、控制和保护。控制系统给出叶片变桨距角度和发电机系统转矩值，采用最优化的能量场算法，使风力发电机组免受不必要的动态压力。监视的内容包括电网电压、频率、相位、转轴转速、齿轮箱、发电机、现场的各种温度、摆动、振动、油压、制动衬套的磨损、电缆的弯曲和气象数据。危机故障的冗余检查，以及在紧急情况下，甚至在控制系统不运行或缺乏外部电源的情况，它们通过硬接线连接安全链立即触发和关闭风力发电机组。在主电源完全耗尽时，为确保安全，照明灯还应继续照明。

运行数据可以通过连接到远程通信模块或因特网的PC进行历史数据的调用，也就是说，风力发电机组的完整状况信息可以被熟悉的操作人员和维护人员获知利用，但是要提供安全密码等级，只有输入正确的安全密码才允许远程控制。

7.4　风力发电机组的基本控制

7.4.1　变桨距控制

变桨距机构控制系统是采用微型计算机构成的控制系统。变桨距机构控制系统必须具有快速反应能力，以满足叶片变桨距的跟踪速度要求。

1. 恒速变桨距调节

变桨距也就是调节桨距角。在风力发电机组中，通过对桨距角的主动控制可以克服定桨距被动失速调节的许多缺点。

桨距角最重要的应用是功率调节，桨距角的控制还有其他优点。当风轮开始旋转时，采用较大的正桨距角可以产生一个较大的起动转矩。停机时经常使用90°的桨距角，因为在风力发电机组制动时，这样做使得风轮的空转速度最小。在90°正桨距角时，叶片称为“顺桨”。

恒速变桨距调节型风力发电机组中变桨距是指安装在轮毂上的叶片，可以借助控制技术改变其桨距角的大小。其优点是桨叶受力较小，桨叶可以做得比较轻巧。由于桨距角可以随风速的大小进行自动调节，因而能够尽可能多地捕获风能，多发电，又可以在高风速时段保持输出功率平稳，不致引起异步发电机的过载，还能在风速超过切出风速时通过顺桨（叶片的几何攻角趋于零升力的状态）防止对风力发电机组的损坏，这是兆瓦级风力发电机组的发展方向。其缺点是结构比较复杂，故障率相对较高。

经过10多年的实践，设计人员对风力发电机组的运行工况和各种受力状态已经有了深入的了解，不再满足于仅仅提高风力发电机组的运行可靠性，而开始追求不断优化的输出功率曲线，同时采用变桨距机构的风力发电机组可以使桨叶和整机的受力状况大为改善，这对大型风力发电机组的总体设计十分有利。

变桨距风力发电机组的主要结构特点如下：

1）输出功率特性。变桨距风力发电机组与定桨距风力发电机组相比，具有在额定功率点上输出功率平稳的特点。

2）在额定点具有较高的风能利用系数。

3）确保高风速段的额定功率。变桨距风力发电机组的桨叶节距角是根据发电机输出功率的反馈信号来确定的，不受气流密度的影响。

4）起动性能与制动性能。变桨距风力发电机组在低风速时，桨叶节距可以转动到合适的角度，使风轮具有最大的起动转矩，容易起动。当风力发电机组需要脱离电网时，变桨距系统可以转动叶片使之减小功率，在发电机与电网断开时，功率减小至零，避免了定桨距风力发电机组每次脱网时所要经历的突甩负载的过程。从今后发展趋势来看，在大型风力发电机组中将会普遍采用变桨距风力发电机组。

2. 变桨距控制

变桨距的控制过程如下：风力发电机组起动前，桨叶保持顺桨位置，其节距角为90°，气流对桨叶攻角为0°，不产生转矩。当风速增大到切入风速时，由控制机构驱动桨叶从90°向0°方向转动，当气流相对桨叶的攻角到达某个角度，作用在桨叶上的转矩超过叶轮起动所需要的转矩时，叶轮开始转动。在发电机并网以前，变桨距系统对叶轮进行速度控制。控制器按速度上升斜率给出速度参考值，变桨距系统根据此值调整节距角。并网后，风力发电机组正常运行有两个重要工况：①风速低于额定风速；②风速高于额定风速。

当风速低于额定风速时，发电机输出功率低于额定功率，此时控制器控制转子转速，保持风能利用系数在额定风速下的整个运行风速范围内都处于最大值，使发电机在不同风速下都工作在最佳功率状态，尽可能多地将风能转换为输出的电能。

当风速超过额定风速时，由于发电机的各个部件机械结构和疲劳强度以及电气特性的要求，不能使发电机的输出功率随风速增加而无限制地变大，应使其维持在额定功率附近，通过变桨距系统改变节距角来限制风轮获取能量。在风速高于额定风速，即当发电机输出功率超过额定功率时，可以通过控制机构增大桨叶节距角，由此调节发电机的输出功率并维持在额定功率；当输出功率继续减小并小于额定功率时，再通过控制机构减小桨叶节距角，则可增加发电机输出功率。因此，在风速高于额定风速阶段，变桨距控制技术使用较多。

7.4.2 偏航控制

风力发电机组的偏航控制系统主要分为两大类：被动偏航系统和主动偏航系统。被动偏航指的是依靠风力通过相关机构完成机组风轮对风动作的偏航方式，常见的有尾舵、舵轮和下风向三种；主动偏航指的是采用电力或液压拖动来完成对风动作的偏航方式，常见的有齿轮驱动和滑动两种形式。前者多用于小型的独立风力发电系统，由尾舵控制，风向改变时，被动对风。后者则多用于大型并网型风力发电系统，由位于下风向的风向标发出的信号进行主动对风控制。偏航系统是风力发电机组特有的伺服系统，是风力发电机组电控系统必不可少的重要组成部分。它的功能有两个：一是要控制风轮跟踪变化稳定的风向；二是当风力发电机组由于偏航作用，机舱内引出的电缆发生缠绕时，自动解除缠绕。风力发电机组偏航的原理是通过风传感器检测风向、风速，并将检测到的风向信号送到微处理器，微处理器计算出风向信号与机舱位置的夹角，从而确定是否需要调整机舱方向以及朝哪个方向调整能尽快对准风向。当需要调整方向时，微处理器发出一定的信号给偏航驱动机构，以调整机舱的方向，达到对准风向的目的。

7.4.3 并网控制

在大型风力发电系统运行过程中，经常需要把风力发电机组接入电力系统并列运行。发电机并网是风力发电系统正常运行的“起点”，也是整个风力发电系统能够良好运行的前提。并网控制的主要要求是限制发电机在并网时的瞬变电流，避免对电网造成过大的冲击，并网过程是否平稳，直接关系到含风电电网的稳定性和发电机的安全性。当电网的容量比发电机的容量大得多（大于25倍）时，发电机并网时的冲击电流可以不考虑。但风力发电机组的单机容量越来越大，目前已经发展到兆瓦级水平，机组并网对电网的冲击已经不能忽视。比较严重的后果是，不但会引起电网电压的大幅下降，而且还会对发电机组各部件造成损害；而且长时间的并网冲击，还会造成电力系统的解列以及威胁其他发电机组的正常运行。因此，必须通过合适的发电机并网方式来抑制并网冲击电流。

1. 同步发电机的并网运行

风力驱动的同步发电机与电网并联运行的电路如图7-12和图7-13所示，包括风力机、齿轮箱、同步发电机、励磁调节器、断路器等，发电机经断路器与电网相连。

(1) 风力发电机组的起动和并网过程　风向传感器测出风向并使偏航控制器动作，使风力发电机组对准风向。当风速超过切入风速时，桨距控制器调节叶片桨距角使风力发电机组起动。

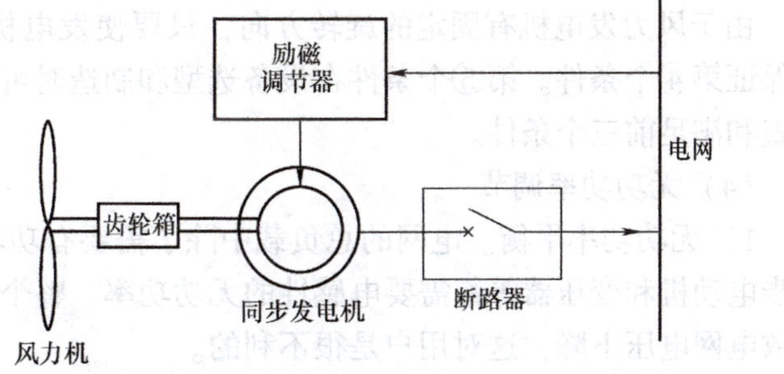

图7-12　风力驱动的同步发电机与电网并联运行的电路（一）

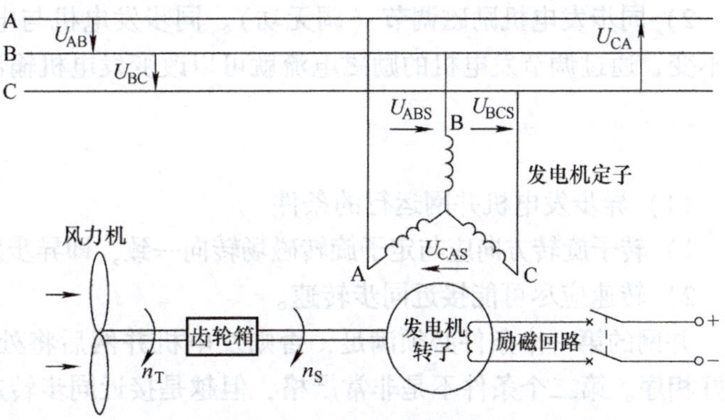

图7-13　风力驱动的同步发电机与电网并联运行的电路（二）

当发电机被风力发电机组带到接近同步转速时，投入励磁调节器，向发电机供给励磁，并调节励磁电流使发电机的端电压接近于电网电压。

在风力发电机被加速几乎达到同步转速时，发电机的电动势或端电压的幅值将大致与电网电压相同。二者频率之间的很小差别将使发电机端电压和电网电压之间的相位差在0°和360°范围内缓慢地变化，检测出断路器两侧的电位差，当其为零或非常小时使断路器合闸并网。

合闸后由于有自整步作用，只要转子转速接近同步转速，就可以使发电机牵入同步，使发电机与电网保持频率完全相同。

(2) 同步发电机并网运行的特点　并网过程通过微机自动检测和操作。同步发电机并网运行并网时瞬态电流小，因而风力发电机组和电网受到的冲击也小。

对调速器的要求较高。要求风力发电机组调速器调节转速使发电机频率与电网频率的偏差达到允许值时方可并网，如果并网时刻控制不当，则有可能产生较大的冲击电流，甚至并网失败。

控制系统费用较高，对于小型风力发电机组，将会占其整个成本的相当大的部分，由于这个原因，同步发电机一般用于较大型的风力发电机组。

（3）同步发电机并网运行的条件 同步发电机并网合闸前，为了避免电流冲击和转轴受到突然的扭矩，需要满足一定的并网条件，这些条件如下：

① 风力发电机的端电压大小等于电网电压。

② 风力发电机的频率与电网频率相同。

③ 并网合闸瞬间，风力发电机与电网的回路电动势为零。

④ 风力发电机的相序与电网的相序相同。

⑤ 风力发电机端电压的波形与电网电压的波形相同。

由于风力发电机有固定的旋转方向，只要使发电机的输出端与电网各相互相对应，即可保证第④个条件。第⑤个条件在设备选型和制造时可得到保证。所以在并网过程中主要应检查和满足前三个条件。

（4）无功功率调节

1）无功功率平衡。电网的总负载中除了需要有功功率，有的负载还需要无功功率，如异步电动机和变压器等都需要电感性的无功功率。整个电网要是无功功率发出得不够，就会导致电网电压下降，这对用户是很不利的。

风力发电机组驱动的同步发电机不仅能向电网发出有功功率，而且能向电网发出无功功率，这是它的一个很大的优点。

2）同步发电机励磁调节（调无功）。同步发电机与电网并联后，如果风力发电机组功率不变，通过调节发电机的励磁电流就可以改变发电机输出的无功功率。

2. 异步发电机的并网运行

（1）异步发电机并网运行的条件

1）转子旋转方向应与定子旋转磁场转向一致，即异步发电机的相序应和电网相序相同。

2）转速应尽可能接近同步转速。

并网的第一个条件必须满足，否则发电机并网后将处于电磁制动状态，在接线时应调整好相序。第二个条件不是非常严格，但越是接近同步转速并网，冲击电流衰减得越快。

（2）异步发电机并网运行的方法

1）直接并网。这种方式只有在发电机组的相序跟系统电网的相序一致，并且检测到异步发电机的转速接近同步转速的90%～100%时，测速装置给出自动并网的信号，断路器自动闭合，这样就完成了自动并入电网。

并网过程：风速达到起动条件时风力发电机组起动，异步发电机被带到同步转速附近（一般为98%～100%同步转速）时合闸并网。

特点：对合闸时的转速要求不是非常严格，并网比较简单。

由于发电机并网时本身无电压，故并网时有一个过渡过程，流过5～6倍额定电流的冲击电流，一般零点几秒后即可转入稳态。

与大电网并联时，合闸瞬间的冲击电流对发电机及大电网系统的安全运行的影响不大。对小容量的电网系统，并联瞬间会引起电网电压大幅度下跌，从而影响接在同一电网上的其他电气设备的正常运行，甚至会影响到小电网系统的稳定与安全。

异步发电机的直接并网方法只适用于异步发电机容量小于百千瓦级以下，而电网容量较大的情况下。如我国早期引进的55kW和后来国产的50kW风力发电机组都采用直接并网方式。

2）准同期并网。这种方式在异步发电机的转速与同步转速基本相等时，先进行励磁并建立额定电压，之后调节和校正发电机的频率和电压，保证它与系统同步。只要检测到发电机组和系统电网在相位差为零时两者的频率差和电压差在允许范围内，控制器就发出闭合断路器的信号，使发电机组并入电网。

3）降压并网。这种方式是串联电抗器、变压器或者电阻器在电网和发电机之间，使并网时冲击电流下降，并且减小电网电压跌落的幅值。但是如果并网时一直串联电抗器、变压器或者电阻器将会消耗部分功率，为了减少它们消耗的功率，在并网后将它们从电路中切除。

并网过程：并网前，在异步发电机与电网之间串接电阻器或电抗器，或者接入自耦变压器，以达到降低并网瞬间冲击电流幅值及电网电压下降的幅度。并网后，将电阻器、电抗器短接，避免耗能。

特点：适用于百千瓦级以上的发电机组，我国引进的200kW异步风力发电机组采用的就是这种并网方式。

这种并网方式的经济性较差。

4）捕捉式准同步快速并网。这种方式是当频率变化时捕捉同步点，并在满足条件时精准同步快速并网。这种方式的优点是：并网操作准确、快速可靠，可以实现无冲击准同步并网，对机组的调试精度要求不高，又能很好地解决并网冲击与造价的矛盾。它的缺点是：控制较为复杂，对转速有一定要求。

5）软起动并网。软起动并网方式又称为双向晶闸管控制的软起动并网法，这种方式是最近发展起来的国内外研究较多的先进并网方式。它的原理是串接一个双向晶闸管在电网和发电机之间，通过调节晶闸管的导通角来控制并网的冲击电流。由于软并网方式在并网时较为平稳且冲击电流小，所以这种方式在风力发电系统中应用较为普遍，但是它的控制较为复杂且成本较高。

并网过程：风力发电机组将发电机带到同步转速附近，发电机输出端的断路器闭合，使发电机经一组双向晶闸管与电网连接，双向晶闸管触发延迟角由180°~0°逐渐打开，双向晶闸管的导通角由0°~180°逐渐增大。通过电流反馈对双向晶闸管导通角的控制将冲击电流限制在1.5~2倍的额定电流以内，从而得到一个比较平滑的并网过程。

瞬态过程结束后，微处理机发出信号，用一组开关将双向晶闸管短接，结束风力发电机的并网过程，进入正常的发电运行。

特点：这种并网方式要求三相晶闸管性能一致，门极触发电压、触发电流一致，全开通后电压降相同，才能保证晶闸管导通角在0°~180°同步逐渐增大，保证三相电流平衡，否则对发电机会产生不利影响。

并网过程中，每相电流为正负半波对称的非正弦波，含有较多奇次谐波，应采取措施加以抑制和消除。

3. 无功功率及其补偿

异步发电机需要无功功率主要是为了励磁的需要，另外也为了供应定子和转子漏磁所消耗的无功功率。一般中、大型异步发电机的励磁电流为额定电流的20%~25%，因而励磁所需的无功功率就达到发电机容量的20%~25%，再加上第二项，总共所需的无功功率为发电机容量的25%～30%。

功率因数校正电容器（PFC）的无功补偿。接在电网上的异步发电机从电网吸取落后的无功功率，加重了电网上其他同步发电机提供无功功率的负担，造成不利的影响。所以异步风力发电机并网运行通常要采用功率因数校正电容器（PFC）进行适当的无功补偿。PFC可以根据风力发电机组出力、电网电压水平等进行优化分组投切。

动态无功补偿设备（如SVC、SMES等）补偿对改善风电场的电压水平和电力系统的电压稳定性是很有效的。

案例：

丹麦N43/600kW异步发电机的功率因数为0.62～0.87。风力发电机组具有在额定功率下的无功补偿和在无负载时的无功补偿两种能力，单机提供的无功功率为200～300kvar，可根据发电机的运行工况进行自动分组投切，当发电机满载时，功率因数一般都能补偿到0.95以上，见表7-1。

表7-1 风力发电机功率因数补偿

发电机负荷（%）	0	25	50	75	100	125
补偿后功率因数 $\cos\varphi$	1.0	1.0	1.0	0.99	0.99	0.98

4. 风电并网对电网的影响

（1）风电并网存在的问题 大量风电的并网运行给电网的安全稳定运行带来了一系列问题，电网稳定性、电能质量以及调度运行等方面都受到一定程度的影响。特别是对接入大容量风电的当地电网，其电能质量可能会恶化，甚至严重影响电网的安全稳定运行。

1）风力发电机并网过程对电网的冲击。风力发电机是以风作为原动力，风的随机波动性和间歇性决定了风力发电机的输出特性也是波动和间歇的。风力发电机多为异步发电机，在发出有功功率的同时还要从系统吸收无功功率，其无功需求是随着有功输出的变化而变化的。当风电场容量较小时，这些特性对电力系统的影响并不显著，但随着风电场容量在系统中所占比例的增加，风电场对系统的影响就会越来越显著。同时，电力系统的运行状态也会对风电场运行产生一定的影响。风速的波动性和间歇性使得风电场的有功功率随之变动，其并网运行时就会引起系统电压波动和频率波动；系统运行方式发生变化时，如负荷变化等，风力发电机组机端电压会随之出现过电压或欠电压情况，严重时会导致风力发电机组停机，造成经济损失。风电场容量越大，风电场与系统之间的相互影响越明显，容量增加至一定程度时，风力发电机组将不能工作于正常运行方式下，同时风电场中风速发生大的波动将危及系统的稳定运行，因而在一个电力系统中，风电场的安装容量有一定限制。风力发电机组与大电网并联时，合闸瞬间的冲击电流（异步发电机直接并网时，没有独立的励磁装置，并网前发电机本身没有电压，因此并网时必然伴随一个过渡过程，但是会流过5～6倍额定电流的冲击电流，一般经过几百毫秒后转入稳态）对发电机及电网系统安全运行不会有太大影响。但对小容量的电网而言，风电场并网瞬间将会造成电网电压的大幅度下跌，从而影响接在同一电网上的其他电气设备的正常运行，甚至会影响到整个电网的稳定与安全。目前可以通过装设软起动装置和风力发电机组非同期并网来削弱冲击电流，但同时会给电网带来一定的谐波污染。

2）风电并网运行对电能质量的影响。风电并网对电能质量的影响主要体现在电压、谐波和频率等方面。第一，风速变化、风力发电机组投切、风湍流等都会引起电压波动和闪变，尤其是在较为薄弱的电网，将导致突然的瞬间电压跌落，致使电网电压波动以及风力发电机的频繁掉线，从而会造成更大的电压波动和电量损失。第二，风力发电机并网运行会给电网带来谐波污染。风力发电机并网运行会引起电压和电流的畸变，特别是基于双馈发电机的风电场，此类风力发电机组由于其转子侧经变频器与电网相连，这种电力电子器件的使用会对电网产生谐波污染。第三，风电并网会影响系统的频率稳定。风电场对系统频率的影响取决于风电场容量占系统总容量的比例。当风电场容量在系统中所占的比例较大时，其输出功率的随机波动性对电网频率的影响会比较显著，将会影响到电网中其他一些频率敏感负荷的正常工作。

风力资源的不确定性和风力发电机组本身的运行特性使风力发电机组的输出功率是波动的，可能影响电网的电能质量，包括对电网频率的影响和电网电压的影响，对电压的影响如电压偏差、电压波动和闪变、谐波以及周期性电压脉动等。电压波动和闪变是风力发电对电网电能质量的主要负面影响之一。影响风力发电产生波动和闪变的因素有很多，如风速变化、风力发电机组投切、风湍流、风力发电机组尾流效应造成的紊流和风力发电机组的频繁起停等。风力发电机组的杆塔遮蔽效应使风力发电机组输出功率存在周期性的脉动功率的变化，将造成电网频率在一定范围波动，影响电网中频率敏感负荷的正常工作。风速的自然变化是主要因素；在并网风力发电机组持续运行过程中，风力发电机组的塔影效应、偏航误差和风剪切等因素也会引起输出功率的波动；并网风力发电机组在起动、停止和发电机切换过程中也会产生电压波动和闪变。另外，风力发电机组中的电力电子控制装置如果设计不当，将会向电网注入谐波电流，引起交流电流和电压稳态波形发生不可接受的畸变，并可能引发由谐振带来的潜在问题。

3）风力发电并网对保护装置的影响。在有风期间，风力发电机组都保持与电网相连，当风速在起动风速附近变化时，允许风力发电机组短时电动机运行，可见，风电场与电网之间联络线的功率流向有时是双向的。因此，风电场继电保护装置的配置和整定应充分考虑到这种运行方式。风电场继电保护的技术困难是如何根据有限的故障电流来检测故障的发生，使继电保护装置准确而快速地动作。另一方面，尽管风力发电提供的故障电流非常有限，但也有可能会影响现有配电网络继电保护装置的正确运行，这在最初的配电网继电保护配置和整定时是没有考虑到的。

4）风力发电并网对电力系统运行成本的影响。风力发电的运行成本很低，与火电机组相比可以忽略不计。但是，风力发电是一种间歇性能源，风电场的功率输出具有很强的随机性，目前的预报水平还不能满足电力系统实际运行的需要，在制订运行计划时风电是作为未知因素考虑的。为了保证风电并网以后系统运行的可靠性，需要在原来运行方式的基础上额外安排一定容量的旋转备用发电设备，以响应风电场发电功率的随机波动，从而维持电力系统的功率平衡与稳定。可见，风电并网对整个电力系统具有双重影响：一方面分担了传统机组的部分负荷，降低了电力系统的燃料成本；另一方面又增加了电力系统的可靠性成本。

5）大量的风电并网使电网的调度运行变得复杂，风电接入电网后，使得电网拥有多个供电节点环网，辐射式的网络将变为一个遍布电源和用户互联的网络，潮流也不一定单向地从变电站母线流向各负荷，有可能会出现回流和复杂的电压变化，给电网的运行带来困难。需要随时对网络的潮流分布进行重新分析，进而使电压调节变得困难。再者，由于风速变化是随机的，因此风电场的出力也是随机的。风电本身这种特点使其容量可信度低，给电网有功、无功平衡调度带来困难。对于一个区域电网，风电大量接入后，其装机容量必然较大，此时，常规机组的发电功率就需要做出调整，以跟踪配合风电功率的变化，电网需留出大量的旋转备用发电设备和变电容量备用，造成大量的资源浪费，若备用容量少则会造成设备过负荷和限电。这样，大量风电的接入势必影响对电网输电能力的实时把握，给抵御意外扰动的策略和方式确定带来困难，容易造成事故扩大，危及电网安全。另外，大多风力发电机组不具备低电压穿越特性，导致机组抗电压扰动能力降低，造成风电场切机风险提高，影响了电网的安全稳定运行。

（2）对风电并网的建议　鉴于风电接入对电网安全稳定运行带来的影响，建议相关部门对风电项目的建设采取谨慎的态度，充分考虑可能带来的风险，科学、合理利用新型能源。

1）坚持科学发展，统筹协调规划，合理控制接入规模。认真进行风电、火电等电源以及输电网的统一规划，统筹考虑地区电网对风电的总体接纳能力，研究确定风电等电源开发容量的配比，严格控制风电接入规模，使风电开发与电网建设协调发展。由于风能本身具有间歇性和随机性的特点，使得风力发电还不具备传统电厂供电可靠性，目前一般认为“只有6%的风电容量可以认为是有保证的”。当某一地区内接入的风电容量占该地区总装机容量的百分比超过某一范围时，就需要增加一定的备用容量，以弥补某一时刻风力发电出现输出过少甚至为0时系统对电能的需求。因此，从整个电网经济和安全稳定运行的角度出发，风电的接入规模必须进行科学控制。另外，从风电场对系统频率的影响角度出发，国内外的学者和工程技术人员通常采用风电穿透功率极限（系统能够承受的最大风电场装机容量占系统最大负荷的百分比）来考虑给定规模的电网最大可以承受的风电容量。根据欧洲一些国家的统计数据，风电穿透功率达到10%是可行的，也就是说，风电规模在这个指标之内，电力系统的可调节容量应能保证电网频率的变化在允许范围之内。

2）建立会审机制，严格审查把关，努力降低风电对系统电能质量的影响。目前，对于风电的开发应用尚不够成熟，人们对风电的认识也不统一。建议管理部门组织建立起会审机制，从可研阶段做起，相关部门共同参与、共同把关，做好对发电规模、接入点、接入方式、补偿配置、电能质量控制措施等方面的确定，以期将风电接入对系统电能质量等的影响降到最小，科学合理地利用风能。

7.4.4　双馈发电机系统的并网运行

1. 双馈发电机并网运行的组成和原理

双馈发电机包括一般类型和无刷双馈发电机，图7-14是一般类型的原理图。

此系统由绕线转子异步发电机本体、变频器和控制环节组成。定子绕组直接接入电网，转子三相绕组对称，经背靠背PWM双向电压源变频器与电网相连，向转子提供频率、相位、幅值可调的三相低频励磁电流，在转子中形成低速旋转磁场，该磁场与转子的机械角速度相加即等于定子磁场的旋转角速度，在定子磁场中感应得到对应于同步转速的工频电压。

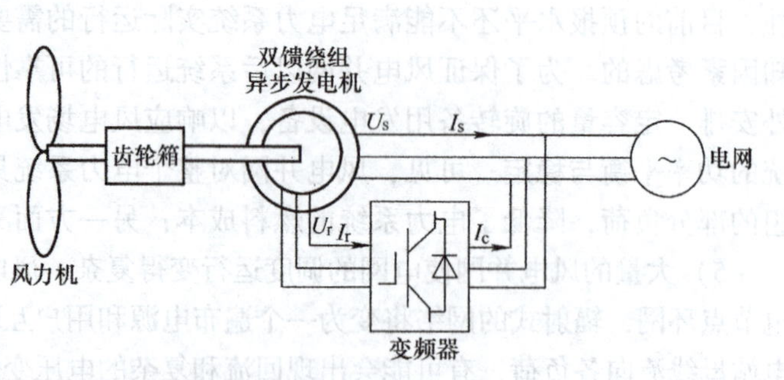

图7-14　双馈发电机系统的并网运行一般类型原理图

2. 双馈发电机并网运行的特点

1）风力发电机组起动后带动发电机至接近同步转速时，由循环变流器控制进行电压匹配、同步和相位控制，并网时基本上无电流冲击。对于无初始起动转矩的风力发电机组（如达里厄风力发电机组），风力发电机组在静止状态下的起动可由双馈发电机运行于电动机工况来实现。

2）风力发电机的转速可随风速及负荷的变化及时做出相应的调整，使风力发电机组以最佳叶尖速比运行，产生最大的电能输出。

3）双馈发电机励磁可调量有三个，即励磁电流的频率、幅值和相位。

调节励磁电流频率，保证风力发电机组在变速运行的情况下发出恒定频率的电力；改变励磁电流幅值和相位，可达到调节输出有功功率和无功功率的目的。当转子电流相位改变时，由转子电流产生的转子磁场在发电机气隙空间的位置有一个位移，从而改变了双馈发电机定子电动势与电网电压向量的相对位置，也即改变了发电机的功率角，所以调节励磁不仅可以调节无功功率，也可以调节有功功率。

3. 双馈发电机的控制方式

双馈发电机的特点在于可以最大限度地利用风能或者改善电网功率因数。

双馈发电机的控制方式有两种：

1）速度控制方式：在发电机输出有功功率和无功功率可变的情况下，以发电机转速为控制对象调节转子励磁电压的幅值和相位，使发电机转速等于给定值，该方式以最大限度地利用风能为目的。

2）功率控制方式：在发电机转速可变的情况下，以发电机输出的有功功率和无功功率为控制对象调节转子励磁电压的幅值和相位，使发电机的输出有功功率和无功功率为定值，该方式以改善电网功率因数和稳定电网电压为目的。

7.5　大型风力发电机组控制系统的安全保护功能

控制系统是风力发电机组安全运行的指挥中心，控制系统的安全运行就是保证了机组安全运行，通常风力发电机组运行所涉及的内容相当广泛，就运行工况而言，包括起动、停机、功率调节、变速控制和事故处理等方面的内容。

风力发电机组在起停过程中，机组各部件将受到剧烈的机械应力的变化，而对安全运行起决定作用的因素是风速变化引起的转速变化。所以转速的控制是机组安全运行的关键。风力发电机组的运行是一项复杂的操作，涉及的问题很多，如风速的变化、转速的变化、温度的变化、振动等都是直接威胁风力发电机组安全运行的因素。

7.5.1　控制系统的安全运行

1. 控制系统安全运行的必备条件

1）风力发电机组开关出线侧相序必须与并网电网相序一致、电压标称值相等、三相电压平衡。

2）风力发电机组安全链系统硬件运行正常。

3）调向系统处于正常状态，风速计和风向标处于正常运行状态。

4）制动和控制系统液压装置的油压、油温和油位在规定范围内。

5）齿轮箱的油位和油温在正常范围。

6）各项保护装置均在正常位置，且保护值均与标准设定的值相符。

7）各控制电源处于接通位置。

8）监控系统显示正常运行状态。

9）在寒冷和潮湿地区，停止运行一个月以上的风力发电机组再投入运行前应检查绝缘电阻，合格后才允许起动。

10）经维修的风力发电机组控制系统在投入起动前，应办理工作票终结手续。

2. 风力发电机组工作参数的安全运行范围

1）风速。自然界风的变化是随机的、没有规律的，当风速在3～25m/s的规定工作范围时，只对风力发电机组的发电有影响，当风速变化率较大且风速超过25m/s以上时，则对机组的安全性产生威胁。

2）转速。风力发电机组的风轮转速通常低于40r/min，发电机的最高转速不超过额定转速的30%，不同型号的机组数值不同。当风力发电机组超速时，会对机组的安全性产生严重威胁。

3）功率。在额定风速以下时，不做功率调节控制，在额定风速以上应做限制最大功率的控制，通常运行安全最大功率不允许超过设计值的20%。

4）温度。运行中风力发电机组的各部件运转将会引起温升，通常控制器环境温度应为0～30℃，齿轮箱油温低于120℃，发电机温度低于150℃，传动等环节温度低于70℃。

5）电压。发电电压允许的范围在设计值的10%，当瞬间值超过额定值的30%时，视为系统故障。

6）频率。机组的发电频率应限制在50Hz±1Hz，否则视为系统故障。

7）压力。机组的许多执行机构由液压执行机构完成，所以各液压站系统的压力必须监控，由压力开关设计额定值确定，通常低于100MPa。

3. 系统的接地保护安全要求

1）配电设备接地变压器、开关设备和互感器外壳、配电柜、控制保护盘、金属构架、防雷设施及电缆头等设备必须接地。

2）塔筒与地基接地装置、接地体应水平敷设。塔内和地基的角钢基础及支架要用截面积为25mm×4mm的扁钢相连作接地干线，塔筒为一组，地基为一组，两者焊接相连形成接地网。

3）接地网形式以闭合环形为好。当接地电阻不满足要求时，可附加外引式接地体。

4）接地体的外缘应闭合，外缘各角要做成圆弧形，其半径不宜小于均压带间距的一半，埋设深度应不小于0.6m，并敷设水平均压带。

5）变压器中性点的工作接地和保护地线要分别与人工接地网连接。

6）避雷线宜设单独的接地装置。

7）整个接地网的接地电阻应小于4Ω。

8）电缆线路的接地电缆绝缘层损坏时，电缆的外皮、铠甲及接线头盒均可能带电，因此要求必须接地。

9）如果电缆在地下敷设，两端都应接地。低压电缆除在潮湿的环境必须接地外，其他正常环境不必接地。高压电缆任何情况都应接地。

7.5.2 风力发电机组控制系统安全保护的实现

1. 制动功能

制动系统是保障风力发电机组安全的重要环节，在硬件上主要由叶尖气动制动和盘式高速制动构成，由液压系统来支持工作。制动功能的设计一般按照失效保护的原则进行，即失电时处于制动保护状态。在风力发电机组发生故障或由于其他原因需要停机时，控制器根据机组发生的故障种类判断，分别发出控制指令进行正常停机、安全停机以及紧急停机等处理，叶尖气动制动和盘式高速制动先后投入使用，达到保护机组安全运行的目的。

2. 独立安全链

系统的安全链是独立于计算机系统的硬件保护措施，即使控制系统发生异常，也不会影响安全链的正常动作。安全链采用反逻辑设计，将可能对风力发电机造成致命伤害的超常故障串联成一个回路，当安全链动作后，将引起紧急停机，执行机构失电，机组瞬间脱网，从而最大限度地保证机组的安全。发生下列故障时将触发安全链：叶轮过速、电缆缠绕、24V 电源失电、振动和紧急停机按钮动作等。

3. 防雷保护

多数风力发电机组都安装在山谷的风口处或海岛的山顶上，易受雷击，安装在多雷雨区的风力发电机组受雷击的可能性更大，其控制系统最容易因雷电感应造成过电压损害，因此在600kW 风力发电机组控制系统的设计中专门做了防雷处理。使用避雷器吸收雷电波时，各相避雷器的吸收差异容易被忽视，雷电的侵入波一般是同时加在各相上的，如果各相的吸收特性差异较大，在相间形成的突波会经过电源变压器对控制系统产生危害。因此，为了保障各相间平衡，我们在一级防雷的设计中使用了三个吸收容量相同的避雷器，二、三级防雷的处理方法与此类同。控制系统的主要防雷击保护如下：①主电路三相 690V 输入端（即供给偏航电动机、液压泵等执行机构的前端）做了一级防雷保护；②对控制系统中用到的两相 220V 电压输出端（电磁阀、断路器、接触器和 UPS 电源等电子电路的输入端）采取二级防雷措施；③在电量采集通信线路上安装了通信避雷器加以保护；④在中心控制器的电源端口增加了三级防雷保护。

4. 硬件保护

硬件本身的保护措施主要采取了三种方法：硬件互锁电路、过电压以及过电流保护。

1）风力发电机组中的左、右偏航电动机和大、小发电机只有一个可以运行，通过接触器辅助触点的互联对其进行了互锁。例如，左右偏航电动机接触器正常情况下处于断开状态，其各自的辅助触点处于闭合状态。将左偏航电动机的辅助触点串接到右偏航电动机回路里，右偏航电动机的辅助触点串接到左偏航电动机回路里；当机组需要左偏航时，左偏航接触器带电，而串在右偏航电动机回路里的左偏航接触器辅助触点断开，从而保障了正确的偏航。当由于误动作引起左、右偏航电动机接触器都带电时，它们的辅助触点都断开，机组不进行偏航，从而达到了保护机组安全运行的目的。

2）在设计时，对断路器、接触器等选件都进行了负荷计算。选择的原则：既留有裕量，也不会使执行机构等受到冲击，当有瞬时冲击电流通过电缆传入控制柜时，控制系统具有自我保护的能力。

3）通过将快速熔断器、速断保护的断路器（根据各自的负荷计算允许通过的电流）等串在执行机构的前端，防止了大电流流过回路，从而减少了不必要的损害。

5. 接地保护

在整个控制系统中用了以下五种接地方式来达到安全保护的目的。

1）工作接地：变压器的中性点设置接地。

2）保护接地：为了防止控制系统的金属外壳在绝缘层被破坏时可能带电，以致危及人身安全而设置的接地。

3）防雷接地：避雷器的一端与控制系统中被保护的设备相连，另一端连接到地下，能把雷电流引入大地。

4）防静电接地：将控制系统中的金属可导电部分在工作过程中产生的静电电流引入大地。

5）屏蔽接地：为了防止外界磁场对流经电缆的信号产生影响，设计时选用了屏蔽电缆，并将电缆屏蔽层接地。

6. 电网掉电保护 UPS

风力发电机组离开电网的支持是无法工作的，一旦有突发故障而停电时，控制计算机由于失电会立即终止运行，并失去对风力发电机组的控制，控制叶尖气动制动和机械制动的电磁阀就会立即打开，液压系统会失去压力，制动系统动作，执行紧急停机。紧急停机意味着在极短的时间内，风力发电机组的制动系统将风力发电机组叶轮转数由运行时的额定转速变为零。大型的机组在极短的时间内完成制动过程，将会对机组的控制系统、齿轮箱、主轴和叶片以及塔架产生强烈的冲击。设置紧急停机是为了在出现紧急情况时保护风力发电机组的安全。然而，电网故障无须紧急停机；突然停电往往出现在天气恶劣、风力较强时，紧急停机将会对风力发电机组的寿命造成一定影响；风力发电机组主控制计算机突然失电就无法将风力发电机组停机前的各项状态参数及时存储下来，这样就不利于迅速对风力发电机组发生的故障做出判断和处理。针对上述情况，对控制电路做了相应的改进。在控制系统电路中加设了一台 1kV · A 的在线 UPS 后备电源，这样当电网突然停电时，UPS 及时投入，为风力发电机组的控制系统提供足够的动力，使风力发电机组制动系统按正常程序完成停机过程。

7.6 风电场的计算机监控系统

风电场计算机监控系统分中央监控系统和远程监控系统，系统主要由监控计算机、数据传输介质、信号转换模块、监控软件等组成。

1. 中央监控系统

中央监控系统的功能包括：对风力发电机组进行实时监测、远程控制、故障报警、数据记录、数据报表、曲线生成等。

目前风电场所采用的风力发电机组都是以大型并网型机组为主，各机组有自己的控制系统，用来采集机组数据及状态，通过计算、分析、判断而控制机组的起动、停机、调向、制动和开启油泵等一系列控制和保护动作，能使单台风力发电机组实现全部自动控制，无须人为干预。目前国内监控系统的下位机是指风力发电机组的控制器。对于每台风力发电机组来说，即使没有上位机的参与，也能安全正确地工作。所以相对于整个监控系统来说，下位机控制系统是一个子系统，具有在各种异常工况下单独处理风力发电机组故障，保证风力发电机组安全稳定运行的能力。从整个风电场的运行管理来说，每台风力发电机组的下位控制器都应具有与上位机进行数据交换的功能，使上位机能随时了解下位机的运行状态并对其进行常规的管理性控制，为风电场的管理提供方便。因此，下位机控制器必须使各自的风力发电机组可靠地工作，同时具有与上位机通信联系的专用通信接口。

国外进口的风力发电机组控制器主机一般采用专门设计的工业计算机或单片机，也可采用可编程序控制器（PLC）。国内生产的一般较多采用可编程序控制器（如西门子 S7－300），这样硬件的可靠性和稳定性好，尤其是对于海上风电维护不便，更需要高可靠的控制器。PLC 模块化的结构方便组成各种所需单元。控制器之间的连接也很方便，易于构成主从式分散控制系统。

计算机监控系统负责管理各风力发电机组的运行数据、状态、保护装置动作情况、故障类型等。为了实现上述功能，下位机（风力发电机组控制器）控制系统应能将机组的数据、状态和故障情况等通过专用的通信装置和接口电路与中央控制器的上位计算机通信，同时上位机应能向下位机传达控制指令，由下位机的控制系统执行相应的动作，从而实现远程控制。

中央监控系统一般运行在位于中央控制室的一台通用 PC 或工控机上，通过与分散在风电场上的每台风力发电机组就地控制系统进行通信，实现对全场风力发电机组的集群监控。风电场中央监控机与风力发电机组就地控制系统之间的通信属于较远距离的一对多通信。国内现有的风电场中央监控系统一般采用 RS485 串行通信方式和 4～20mA 电流环通信方式。比较先进的通信方式还有 PROFIBUS 通信方式、工业以太网通信方式等。

风电场的监控软件应具有如下功能：①友好的控制界面。在编制监控软件时，应充分考虑到风电场运行管理的要求，应当使用中文菜单，使操作简单，尽可能为风电场的管理提供方便。②能够显示各台机组的运行数据，如每台机组的瞬时发电功率、累计发电量、发电小时数、风轮及发电机的转速和风速、风向等，将下位机的这些数据调入到上位机，在显示器上显示出来，必要时还应当用曲线或图表的形式直观地显示出来。③显示各风力发电机组的运行状态。如开机、停车、调向、手/自动控制以及发电机的工作情况。通过各风力发电机组的状态了解整个风电场的运行情况，这对整个风电场的管理是十分重要的。④能够及时显示各机组运行过程中发生的故障。在显示故障时，应能显示出故障的类型及发生时间，以便运行人员及时处理和消除故障，保证风力发电机组的安全和持续运行。⑤能够对风力发电机组实现集中控制。值班员在集中控制室内就能对下位机进行状态设置和控制，如开机、停机、左右调向等。但这类操作必须有一定的权限，以保证整个风电场的运行安全。⑥历史记录。监控软件应当具有运行数据的定时打印和人工即时打印以及故障自动记录的功能，以便随时查看风电场运行状况的历史记录情况。

监控软件的开发应尽可能在现有工业控制软件的基础上进行二次开发，这样一方面可以缩短开发周期，另一方面现有的工业控制软件技术成熟、应用广泛，因此稳定性好，它能随着软件的升级而方便地升级。而直接从底层开发的监控软件如果没有强大的软件队伍和经验丰富的软件人员，很难与之相比。

2. 远程监控系统

远程监控系统的功能：实时查看就地风力发电机组运行情况、数据记录。实际上只要通信网连通，理论上远程监控系统能够实现的功能和中央监控系统一样。但是为了安全起见，目前国内远程监控系统只完成监视功能，随着技术的发展，无人值班风电场的推出，远程监控系统将发挥更大作用。

在远程监控系统中，实现通信网络又是关键环节，根据原国家经贸委关于“电网和电厂计算机监控系统及调度数据网络安全防护规定”，电力监控系统和电力调度数据网络均不得和互联网相连。因此远程监控系统通常只能使用专线或电力调度数据网络。考虑到实际情况和需要，现在实现的风电场远程监控系统一般采用电话线进行通信。

本章小结

风力发电控制系统的基本目标是保证风力发电机组安全可靠运行，获取最大能量，提供良好的电力质量。目前绝大多数风力发电机组的控制系统都采用集散型或分布式控制系统（DCS）工业控制计算机。随着计算机技术与先进的控制技术应用到风电领域，控制方式从基本单一的定桨距失速控制向变桨距和变速恒频控制方向发展。一些新的控制理论开始应用于风力发电机组控制系统，如采用模糊逻辑控制、神经网络智能控制及鲁棒控制等，使风力发电机组控制向更加智能的方向发展。

本章习题

1. 风力发电机组控制系统的主要任务是什么？
2. 简述风力发电机组控制系统的构成。
3. 风力发电机组并网运行会对电网有什么影响？
4. 试述变桨距控制系统的功能。
5. 当前风力发电机组是如何控制的？
6. 什么是自动解缆控制？
7. 风力发电机组控制系统有哪些类型？
8. 偏航计数传感器的作用是什么？
9. 什么是定桨距失速调节？有何优势？
10. 变桨距风力发电机组的主要特点是什么？

第8章　风电场远程监控与运行

风电场远程监控系统采用分层分布的体系结构，整个系统分为三层：风场控制层、区域控制层和集中控制层。风场控制层设在风电场现场，为风电场运行与管理提供完整的自动化监控，为上级系统提供数据与信息服务；区域控制层设在区域风电场中央控制室，负责所辖风电场运行状态的监视与管理，为集中控制层提供数据与信息服务；集中控制层作为总部或集团的风力发电监控中心，全面掌控所有风电场运行状况，统筹资源调配。

建设风电场远程监控自动化系统，实现各风电场设备的集中监视和管理，对提高风电场管理水平、优化人员结构、提高风电场发电效益等十分重要。风电场数据采集网络示意图如图 8-1 所示。

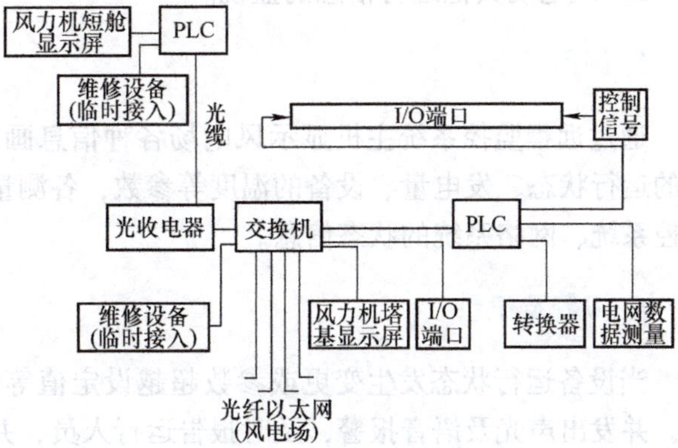

图 8-1　风电场数据采集网络示意图

8.1　远程监控系统概述

8.1.1　系统功能

远程监控系统主要实现对所属风电场生产设备的数据采集、监视和控制等，并满足上级调度部门通过本系统所属各风电场实现四遥（遥信、遥测、遥调和遥控）的功能。

1. 数据采集及处理

（1）数据采集功能　接收各风电场计算机监控系统上发送的风力发电机组及其辅助设备的运行状态、运行数据、报警代码等信息；接收各风电场升压站计算机监控系统上发送的升压站设备的实时运行数据；采集各风电场电能计量表上发送的实时电能量数据；接收操作员手动登录的数据信息。

（2）数据处理功能　对接收的各类数据进行可用性检查；生成数据库；对接收的数据进行报警处理，生成各类报警记录，并能进行声光报警以及电话或短信提示；生成历史数据记录；生成各类运行报表；生成各类曲线图表；具有数据统计能力，汇总风力发电机组运行时间、有功功率、无功功率、可用功率、电量累计、统计与分析，设备故障报警统计与分析等；具有事件顺序记录的处理能力。

2. 安全监视功能

安全监视是远程监控系统的重要功能之一。正常运行时，值班人员可通过系统的人机联系手段对所属风电场各类设备的运行状态和参数进行监视管理。安全监视对象包括：

1）风力发电机组及其辅助设备、升压站设备等的运行状态和参数、运行操作的实时监视，包括系统电压监视、发电监视、负荷监视、输电线潮流监视、设备运行状态监视等。

2）各风电场计算机监控系统运行状态、运行方式及系统软硬件运行状况监视。

3）风电场其他运行信息的监视。

3. 画面显示

通过远程监控系统主机显示风电场各种信息画面，显示内容主要包括全部风力发电机组的运行状态、发电量、设备的温度等参数，各测量值的实时数据，各种报警信息，计算机监控系统、网络系统的状态信息。

4. 报警及记录

当设备运行状态发生变更或参数超越设定值等情况发生时，对发生的异常情况进行记录，并发出声光及语音报警，及时报告运行人员，并可通过电话向场外人员报警。

（1）事件顺序记录　事件顺序记录包括断路器状态、重要继电保护信号等。当远程监控系统收到各风电场的 SOE 记录时（主要是升压站断路器及重要的保护动作信号），系统立即按事件发生的时间（年/月/日/时/分/秒/毫秒）顺序予以记录。自动显示报警语句，指明事件名称及性质，启动语音报警。远程监控系统能将各风电场主要设备的动作情况按其发生的先后顺序分别记录下来，以便查询与分析。

（2）故障及状态记录　远程监控系统采集各风电场的各种重要的故障及状态信号一旦发生状态改变，将记录并显示故障名称及其发生时间。

（3）参数越限报警与记录　远程监控系统对运行设备的某些重要参数及计算数据进行范围监视，当这些参数量值超过预先设定的限制范围时，产生越限报警，并进行自动显示和记录。

（4）语音报警、电话自动报警及查询　风电场远程监控自动化系统值班人员可对系统数据库进行设置、定义发生哪些事故时，监控系统需要进行语音报警和电话自动报警；若需要电话自动报警，可顺序设置若干个电话号码或手机号码；当发生事故时，系统能根据设置发出声光、语音报警信息，并自动启动电话和传呼系统进行报警；系统还提供电话查询功能，可通过电话查询当前电站设备运行情况。

（5）电气主设备动作及运行记录　远程监控系统可以对各风电场主要电气设备的动作次数和运行时数等加以统计和记录，以便考核并合理安排运行和检修计划，包括风力发电机组运行时数、断路器的合闸次数、正常跳闸次数、事故跳闸次数等。

（6）操作记录　远程监控系统可对各种操作进行记录，其中包括风力发电机组状态变化，断路器和隔离刀开关的合、跳闸，主变中性点刀开关的分、合等操作的记录。

（7）运行日志及报表　远程监控系统能按照值班人员的管理和要求生成和打印运行日

志和报表，包括电气量参数报表、非电气量参数报表、发电量统计报表、综合统计表等。报表打印方式有定时自动打印、随机召唤打印等。

5. 控制功能

（1）风电场控制系统层次　风电场控制系统采用分层分布式体系结构，整个控制系统分为三层。

1）现地控制层：布置在风力发电机组控制箱/柜/室内，就地控制和了解器件的运行和操作，并将有关数据传送到中央控制室。

2）厂站监控层：在风电场中央控制室内设置计算机监控系统，在风电场中央控制室内能对风电场所有器件及送变电设备进行集中控制。

3）远方监控层：根据需要布置在远方的监控中心，远方监控中心可以通过广域通信网络与各风电场中央控制室主机进行通信，对风电场设备进行监控。

（2）控制方式设置　远程监控系统的控制方式适用于对风电场设备的控制与操作，包括自动和操作员手动控制，分为“远程监控”和“风电场监控”两种方式，控制方式的切换按各风电场分别进行。当某个风电场处于“远程监控”方式时，由风电场远程监控自动化系统操作员通过远程监控系统对风电场设备进行远方实时控制和安全监视，风电场操作员只能监视本风电场设备的运行状况，不能进行控制操作；当某风电场处于“风电场监控”方式时，该风电场设备仅受本风电场计算机监控系统控制，不接受远程监控系统的控制命令。

控制方式的切换由风电场操作员或风电场远程监控自动化系统操作员进行，切换权限按风电场、风电场远程监控自动化系统的顺序由高到低排列。

（3）控制操作　当风电场处于“远程监控”控制方式时，风电场远程监控自动化系统操作员可通过远程监控系统对风电场升压站设备进行远方控制，控制操作包括断路器的投、切，隔离刀开关的合、分等。

6. 电能计量管理

远程监控系统设置电能计量数据服务器，采集各风电场关口计量表计上送的电能量数据，并对采集的电能量数据进行统计、处理及综合分析，对电能量数据进行远程抄表及存储，以便为相关部门提供运营、电力市场交易及公司考核管理等所需的信息。

7. 操作权限管理

远程监控系统具有操作权限等级管理功能，当输入正确操作口令和监护口令时，才有权限进行操作控制、参数修改，并将信息给予记录；并具有记录操作修改人、操作内容的功能。

8.1.2　系统通信及诊断

1. 系统通信

远程监控系统具有与风电场风力发电机计算机监控系统通信的功能。它能采集风电场风力发电机组的运行信息，并对其进行监视；采集升压站设备的运行信息及保护装置动作信息，并可对开关设备进行远方控制操作。

远程监控系统通过物理隔离装置与综合管理信息系统接口，以便向综合管理信息系统传送风电场生产运行信息。

远程监控系统具有与GPS时钟同步装置的通信功能，接收GPS时钟同步装置的对时信号，实现系统内部的时钟同步。

2. 系统诊断

为了提高系统的可利用率和可维护性，远程监控系统提供完备的诊断功能。对于计算机及外围设备、人机接口、通信接口及网络设备的状态，诊断软件能进行周期性诊断、请求诊断和离线诊断。系统在线诊断时，不影响系统的监控功能。风力发电机组是风电场的关键设备，长期以来一直采用计划维修的方式，即一般风力发电机组运行一定时间后进行例行维护。这种维修方式无法全面、及时地了解设备的运行状况；而事后维修则由于事先的准备不够充分，造成维修工作的耗时太长、损失严重。风力发电机在线监测与诊断系统是集合了信号采集、在线监测以及信号分析于一体的多功能在线监测诊断分析系统，对风力发电机的振动、温度和电气参数等进行在线的监测，将监测结果与事先设定的值进行比较，在线监测和诊断系统能够及时发现运行异常并报警，可对采集到的数据进行各种分析处理，从而可以准确确定设备故障。

8.1.3 风电场远程监控系统的主要任务

1. 建立发电预测及运营系统

根据气象部门的气象信息，并结合风力发电机组在各种气候条件下的运行模型，对风电场在未来时段的发电状况进行预测，并上报电力调度系统。建立生产管理决策支持系统，建立以生产管理为主线，以决策服务为目的，面向生产全过程的具有辅助决策和预测功能的生产管理信息系统，充分利用已有的信息资源，运用各种管理模型，对数据进行加工处理，为管理决策提供必需的准确及时的信息，支持管理决策工作。

2. 建立风电场发电调度及监控系统

根据电力调度部门提供的发电计划，对各风电场进行发电调度，并准确、及时、全面收集各风电场运行管理所需的各种信息，包括风力发电机组运行信息、升压站设备信息、继电保护及故障信息等。对收集的信息进行分析、处理、存储，并按管理部门要求及各风电场的运行要求对风电场的相关设备进行集中监视、控制及管理，确保各风电场所有机电设备安全可靠运行。

3. 建立远程数据通信系统

实现风电场远程监控自动化系统与各风电场计算机监控系统、风电场监控图像系统的数据传输。

4. 整合风电场子系统

风电场运行涉及的设备众多，存在多个子系统，并独立运行，增加了运行维护的难度。风电场自动化系统采用先进的控制与通信技术，将主控、箱变、升压站、无功控制、视频安防等系统进行整合，为用户提供功能完备、操作简便的“单一系统”，降低运行维护的难度，提高自动化及管理水平。

8.1.4　建立风电场远程监控系统的意义

1. 提高风电场自动化水平

无人值班少人值守是风电场运营模式的发展方向，对风电场的设备状态、自动化水平、人员素质和管理水平都提出了更高的要求。建立风电场远程监控自动化系统，是实现风电场无人值班少人值守的必要条件，对全面提高风电场自动化水平具有极大的促进作用。

2. 提高风电场群的经济效益

设置风电场远程监控自动化系统，建立与当地气象部门的联系，根据气象部门对未来时段天气预报的预测信息制订风电场在未来时段的生产计划，合理地安排人员调配和设备检修计划，使资源得到充分利用，提高风电场群的经济效益。

3. 提高风电场群在电网中的竞争优势

随着风电场群规模的日益扩大，风电发电量在电网中占的比重将越来越大，通过建立风电场远程监控自动化系统对各风电场的发电状况进行预测，并上报电网公司，以利于电网公司电力调度计划的制订，提高发电公司在电网中的竞争优势。

4. 提高风电场管理水平

由于风电场群具有风电场设备多且分布分散、地处偏远的特点，如果对每个风电场单独进行管理，需要消耗大量的人力物力。设置风电场远程监控自动化系统，实现风电场群的集中运行管理、集中检修管理、集中经营管理和集中后勤管理，通过人力资源、工具和备件、资金和技术的合理调配与运用，达到人、财、物的高效运作和资源的优化利用，实现风电场群综合利用效益最大化。

5. 提高风电抵御风险的能力

根据风电的特点，风电的发电状况极大地受制于当地的气候条件，恶劣的天气状况会影响风电场的安全运行，并对风电场设备造成一定的破坏。建立风电场远程监控自动化系统，制定各种气候条件下的防灾预案，根据收集到的各风电场所属区域的气象预报信息，对于可能到来的灾害性天气，尽早启动防灾预案，对保证风电场的安全运行、减少灾害损失十分必要。

通过风电场远程监控自动化系统将所属的遍布各地的风电场或其他新能源项目集成为一个网络，建立一个功能完善、技术先进、性能良好的可靠、安全、稳定的综合自动化系统，实现对所属风电场或将要开发的其他新能源进行统一监视、控制及管理。

8.2 风电场远程监控系统的组成

风电场监控系统的监控对象为风电场所属的风力发电机组、箱变、升压站设备及其他辅助设备。主要外接系统有上级管理部门远程监控系统。

8.2.1 系统构成

1. 风力发电机组主控系统

风电主控系统是为变速恒频兆瓦级风力发电系统配套的主控系统，可以在一定的范围内通过协调控制风轮机、机械传动系统、发电机、变流单元等风力发电整机部件，实现自然风能-机械能-电能的转换，达到电能的可靠、稳定输出以及最大风能的捕获和提供。由于在这个转换过程中风能的外部输入是不可控的，因而通过主控系统可以在一定范围内通过风力发电机组桨叶系统的调节（输入）和变流系统输出功率的调节达到最大风能转换和可靠、稳定输出功率的效果。所有信号将通过光缆传入风电场监控系统。

2. 升压站监控系统

变电站要求以计算机站控系统为核心，对整个变电站系统实现遥测、遥信、遥控、遥调功能。系统可以根据电网运行方式的要求实现各种闭环控制功能；实现对全部的一次设备进行监视、测量、控制、记录和报警功能，并与保护设备和远方控制中心通信，实现变电站综合自动化。风电场通信层采用工业光纤以太环网结构，根据综合自动化需要也可采用双网冗余结构。升压站通信服务器负责与相关调度系统的信息交换。

3. 箱变控制系统

风力发电作为可再生能源的主要利用形式，所建成的风电站具有其自身的特殊性。最显著的就是发电单元布置较为分散且数量众多，距离集中升压变电所位置较远，需就地经升压变电站升压后传送至集中升压变电所。箱式变电站作为升压输电的重要设备，其安全可靠、节能环保、运行维护等综合性能对提升风电成套装备的整体技术指标尤其重要。此外，在普通箱式变电站的基础上还增加了智能化功能，对高低压设备配备相应的传感装置，利用稳定可靠的测控装置将电气一次、二次信息，风力发电机组控制信息纳入集中监控系统中，减少日常维护成本，提高风电站的自动化管理水平及运行可靠性。信号可通过光纤或 PLC 的方式传入。

4. 系统接入（SVG）

SVG 是一种用于动态补偿无功的新型电力电子装置，它能对大小变化的无功进行快速和连续的补偿，它可克服 *LC* 补偿器等传统的无功补偿器响应速度慢、补偿效果不能精确控制、容易与电网发生并联谐振和投切振荡等缺点，显著提升风电场接入点的电网稳定性及安全性。其基本原理是指将自换相桥式电路通过电抗器直接并联在电网上，适当地调节桥式电路交流侧输出电压的相位和幅值或者直接控制其交流侧电流，就可以使该电路吸收或者发出满足要求的无功电流，实现动态无功补偿的目的。

5. 气象预报系统

气象预报系统用于收集风电场所属区域的气象预报信息，对于可能到来的灾害性天气制定各种气候条件下的防灾预案，以保证风电场的安全运行，减少灾害损失。同时，气象预报系统还可对制订风电场在未来时段的生产计划，为合理地安排人员调配和设备检修计划提供支持。

6. 安防视频监控系统

安防视频监控系统是一种全天候、全方位的实时监视设施，使运行调度人员扩大观察视野，随时掌握风电场设备运行、安全防范等实时情况，并可同时对每个现场场景进行实时录像，以便进行事故预防与分析。为了提高企业运行管理水平，适应电站“无人值班、少人值守”的运行管理方式，安防视频监控系统将作为一种现代化的监视手段，为风电场内各项生产设施的安全运行提供保障手段。

8.2.2　国内外著名风电企业监控系统组网

1. GH SCADA

GH SCADA 现场通信网络基于 MODBUS 工业标准协议，可以在简单的网络上使用较快的 TCP/IP，运行在 Windows NT 上，软件系统使用标准开放接口（OPC ODBC 和网页技术），所有的局域网和远程用户访问都通过用户访问和易远程访问的标准网络浏览器访问系统（IE Netscape Navigator），每个风力发电机组和气象站电网端都接有一个远程数据终端（RTU），通过 RTU 对本地数据进行处理和存储，然后通过光纤传输到远方监控机器上。

2. 美国 SECOND WIND

赛风公司通过有线、无线、光纤网络连接风力发电机组、气象站、变电站和操作中心，使用一个叫 CTM（Communicating Turbine Monitors）的监视器，放在风力发电机组里和气象站的操作建筑物里面，然后和变电站的数据采集器进行连接，它集灵敏 RTU、数据记录和高隔离通路于一身，完成当地的数据处理，并通过通信协议上传至监控计算机上。

3. 南瑞 NS2000W 风电场监控系统

NS2000W 风电场监控系统基于两层网络构成，包括站控层的计算机网络和间隔层交换机数据通信网络。站控层网络负责站控层各个工作站之间和来自间隔层的全部数据的传输和各种访问请求，其网络协议应符合国际标准化组织 OSI 模型。硬件设备、数据链路用以太网构成，网络传送协议采用 TCP/IP 网络协议，网络传输速率≥100Mbit/s，站控层网络按双网配置。间隔层设备通过交换机与站控层以太网连接，其网络协议成熟可靠，符合网络标准。间隔层至站控层网络通信介质采用光纤或双绞线连接，间隔层内采用屏蔽双绞线连接。根据用户需求，主网可配置为双网结构，完成负荷平衡及热备用双重功能，在双网正常情况下，双网以负荷平衡工作，一旦其中一个网络故障，另一个网络就完成接替全部通信负荷的功能，保证实时系统的100%可靠性。风电场通信网络为光纤以太网，环网结构，根据风电场的规模和实际地理位置，综合考虑网络的可靠性和经济性，可将通信网络划分为多个环网，每个环网包含10~20台数量不等的风力发电机组。监控系统通过防火墙与Internet相连，操作员根据权限许可从任意Internet位置访问风电场监控系统，来自Internet的远程监控和位于监控室的监控可具备相同的功能。根据需求，系统也可提供Web浏览服务功能，位于Internet上的授权用户可以通过网页浏览风电场的实时和历史运行情况。风电场还具备GPS系统，负责为风电场内的各台风力发电机组及各种测控保护设备提供统一的时钟校准服务。

8.3 风电场的运行

8.3.1 风电场运行基本要求

1. 风电场的运行人员基本要求

风电场的运行人员必须经过岗位培训，熟悉设备和运行维护手册，考核合格，健康状况符合上岗条件；熟悉风力发电机组的工作原理及基本结构；掌握计算机监控系统的使用方法；熟悉风力发电机组各种状态信息、故障信号及故障属性；掌握判断一般故障的原因和处理的方法。

2. 对风力发电机组的要求

电源相序正确，三相电压平衡。调向系统处于正常状态，风速计和风向标处于正常运行的状态。风力发电机组及其附属设备均应有制造厂的金属铭牌，应有风电场自己的名称和编号，并标示在明显位置。机组所有部件状态在正常范围。各项保护装置均在正确投入位置，且保护定值均与标准设定的值相符。控制电源处于接通位置。控制计算机显示处于正常运行状态。手动起动前，叶轮上应无结冰现象。在寒冷和潮湿地区，长期停用和新投运的风力发电机组在投入运行前应检查绝缘，合格后才允许起动。经维修的风力发电机组在起动前，所有为检修而设立的各种安全措施必须拆除。

3. 对风力发电机组附属设备的要求

塔架应设攀登设施，中间应设休息平台，攀登设施应有可靠的防止坠落的保护设施，以保证人身安全。机舱内部应有消声设施，并应有良好的通风条件，塔架和机舱内部照明设备齐全，亮度满足工作要求。塔架和机舱应满足防雾盐腐蚀、防沙尘暴的要求，机舱、控制箱和筒式塔架均应有防小动物进入的措施。风轮应具有承受沙暴、盐雾侵袭的能力，并有防雷措施。风力发电机组至少应具有两种不同原理的能独立有效制动的制动系统。调向系统应设有自动解缆和扭缆保护装置。在寒冷地区，测风装置必须有防冰冻措施。风力发电机组的控制系统应能监测以下主要数据并设有主要报警信号：发电机温度、有功与无功功率、电流、电压、频率、转速、功率因数、风轮转速、变桨距角度、齿轮箱油位与油温、液压装置油位与油压、制动片温度、风速、风向、气温、气压、机舱温度、塔内控制箱温度、机组振动超温和制动片磨损报警。

4. 风力发电机组运行维护要求

操作人员对风力发电机组进行正常操作要尽可能在地面上进行。现场应该配备手动控制优先于自动或具有遥控功能的提升设备。如果发生不危及今后风力发电机组安全的外部事故，如电网停电后再恢复供电，允许自动恢复到正常工作状态。为了保护人员的安全，运动部件的设计要有可靠的安全要求，能够防止由于接触运动部件而发生的意外，除非该部件需要频繁使用且其运动是可预见的。防护装置应该安全可靠。

国内风力发电机组的单机容量已从最初的几十千瓦发展为几百千瓦甚至兆瓦级。风电场也由初期的数百千瓦装机容量发展为数万千瓦甚至数十万千瓦装机容量的大型风电场。随着风电场装机容量的逐渐增大，以及在电力网架中的比例不断升高，对大型风电场的科学运行、维护管理逐步成为一个新的课题。风电场运行维护管理工作的主要任务是通过科学的运行维护管理来提高风力发电机组设备的可利用率及供电的可靠性，从而保证电场输出的电能质量符合国家电能质量的有关标准。风电场的企业性质及生产特点决定了运行维护管理工作必须以安全生产为基础，以科技进步为先导，以设备管理为重点，以全面提高人员素质为保证，努力提高企业的社会效益和经济效益。

8.3.2　风电场运行工作的主要内容

风电场运行工作的主要内容包括两个部分，分别是风力发电机组的运行和场区升压变电站及相关输变电设施的运行。工作中应按照 DL/T 666—2012《风力发电场运行规程》的标准执行。

1. 风力发电机组的运行

风力发电机组的日常运行工作主要包括：通过中控室的监控计算机监视风力发电机组的各项参数变化及运行状态，并按规定认真填写《风电场运行日志》。当发现异常变化趋势时，通过监控程序的单机监控模式对该机组的运行状态连续监视，根据实际情况采取相应的处理措施。遇到常规故障，应及时通知维护人员，根据当时的气象条件检查处理，并在《风电场运行日志》上做好相应的故障处理记录及质量记录；对于非常规故障，应及时通知相关部门，并积极配合处理解决。

风电场应当建立定期巡视制度，运行人员对监控风电场安全稳定运行负有直接责任，应按要求定期到现场通过目视观察等直观方法对风力发电机组的运行状况进行巡视检查。应当注意的是，所有外出工作（包括巡检、起停风力发电机组、故障检查处理等）出于安全考虑均需两人或两人以上同行。检查工作主要包括风力发电机组在运行中有无异常声响、叶片运行的状态、偏航系统动作是否正常、塔架外表有无油迹污染等。巡检过程中要根据设备近期的实际情况有针对性地重点检查故障处理后重新投运的机组，重点检查起停频繁的机组，重点检查负荷重、温度偏高的机组，重点检查带“病”运行的机组，重点检查新投入运行的机组。若发现故障隐患，则应及时报告处理，查明原因，从而避免事故发生，减少经济损失。当天气情况变化异常（如风速较高，天气恶劣等）时，若机组发生非正常运行，巡视检查的内容及次数由值班长根据当时的情况分析确定。当天气条件不适宜户外巡视时，则应在中央监控室加强对机组运行状况的监控。通过温度、出力、转速等主要参数的对比，确定应对的措施。

2. 输变电设施的运行

由于风电场对环境条件的特殊要求，一般情况下，电场周围自然环境都较为恶劣，地理位置往往比较偏僻。这就要求输变电设施在设计时就应充分考虑到高温、严寒、高风速、沙尘暴、盐雾、雨雪、冰冻、雷电等恶劣气象条件对输变电设施的影响。所选设备在满足电力行业有关标准的前提下，应当针对风力发电的特点力求做到性能可靠、结构简单、维护方便、操作便捷。同时，还应当解决好消防和通信问题，以便提高风电场运行的安全性。

由于风电场的输变电设施地理位置分布相对比较分散，设备负荷变化较大，规律性不强，并且设备高负荷运行时往往气象条件比较恶劣，这就要求运行人员在日常运行工作中加强巡视检查的力度。在巡视时应配备相应的检测、防护和照明设备，以保证工作的正常进行。

8.3.3 风电场运行的主要方式

随着风电场的不断完善和发展，各风电场运行方式也不尽相同，主要形式有：风电场业主自行维护和专业运行公司运行维护。

1. 风电场业主自行维护

风电场业主自行维护是指业主自己拥有一支具有过硬专业知识和丰富管理经验的运行维护队伍，同时还需配备风力发电机组运行维护所必需的工具及装备。作为业主，初期一次性投资较大，而且还必须拥有一定的人员技术储备和比较完善的运行维护前期培训，准备周期较长。因此，这种维护方式对一些新建的中小容量电场来说，不论在人员配备还是在工程投资方面都不一定很合适。目前国内的几家建场历史较长，风力发电机组装机容量较大的电场多采用此种运行方式。

2. 专业运行公司运行维护

随着国内风电产业的不断发展，风电场的建设投资规模越来越大，一些专业投资公司也开始更多地涉足风电产业。这样就出现了风电场业主不一定熟悉风力发电机组的运行维护方式，或是只愿意参与电场的运营管理，而不希望进行具体运行维护工作的情况。于是业主便将风电场的运行维护工作部分或者全部委托给专业运行公司负责。目前，这种运行方式在国内还处于起步阶段，公司的规模有待进一步发展壮大，管理模式有待进一步规范。

由于影响风电场生产指标的因素较多，作为业主应当结合电场的实际状况合理量化运行管理的工作内容，制定出明确、客观的承包经营考核指标，用于检查考核合同的完成情况。此外，国外的一些风力发电机组制造商也都设有专门的售后服务部门，为风电场业主提供相应的售后技术服务。由于地域原因，国外一些厂家在完成质保期内的服务工作后，很难保证继续提供快捷、周到的技术服务，或是服务费用较高，风电场业主不能承受。随着国内风力发电机组制造商的增多，服务时效和费用的问题已得到了较好的解决，并且一些国内厂家已初步具备了为业主提供长期技术服务的能力，这种运行模式在今后也会有一定的发展空间。

8.4 风电场的维护

8.4.1 风力发电机组的异常运行及故障处理

对于标志机组有异常情况的报警信号，运行人员要根据报警信号所提供的部位进行现场检查和处理。

1. 机组常规巡检

为了保证风力发电机组可靠运行，提高设备可利用率，在日常的运行维护工作中建立日常登机巡检制度。维护人员应当根据机组运行维护手册的有关要求并结合机组运行的实际状况，有针对性地列出巡检标准工作内容并形成表格，工作内容叙述应当简单明了，目的明确，便于指导维护人员的现场工作。通过巡检工作力争及时发现故障隐患，防患于未然，有效地提高设备运行的可靠性。有条件时，应当考虑借助专业故障检测设备加强对机组运行状态的监测和分析，进一步提高设备管理水平。

2. 风力发电机组的日常故障检查处理

1）当标志机组有异常情况的报警信号时，运行人员要根据报警信号所提供的故障信息及故障发生时计算机记录的相关运行状态参数分析查找故障的原因，并根据当时的气象条件，采取正确的方法及时进行处理，在《风电场运行日志》上认真做好故障处理记录。

2）当液压系统油位及齿轮箱油位偏低时，应检查液压系统及齿轮箱有无泄漏现象发生。若有，则应根据实际情况采取适当的防止泄漏措施，并补加油液，恢复到正常油位。必要时，应检查油位传感器的工作是否正常。

3）当风力发电机组液压控制系统压力异常而自动停机时，运行人员应检查油泵工作是否正常。如油压异常，应检查液压泵电动机、液压管路、液压缸及有关阀体和压力开关，必要时应进一步检查液压泵本体工作是否正常，待故障排除后再恢复机组运行。

4）当风速计、风向标发生故障，即风力发电机组显示的输出功率与对应风速有偏差时，应检查风速计、风向标转动是否灵活。如无异常现象，则进一步检查传感器及信号检测回路有无故障，如有故障，予以排除。

5）当风力发电机组在运行中有异常声响时，应查明声响部位。若为传动系统故障，应检查相关部位的温度及振动情况，分析具体原因，找出故障隐患，并做出相应处理。

6）当风力发电机组在运行中发生设备和部件超过设定温度而自动停机时（即风力发电机组在运行中发电机温度、晶闸管温度、控制箱温度、齿轮箱温度、机械卡钳式制动器制动片温度等超过规定值而造成了自动保护停机），运行人员应结合风力发电机组当时的工况，通过检查冷却系统、制动片间隙、润滑油脂质量、相关信号检测回路等，查明温度上升的原因。待故障排除后才能起动风力发电机组。

7）当风力发电机组因偏航系统故障而造成自动停机时，运行人员应首先检查偏航系统电气回路、偏航电动机、偏航减速器以及偏航计数器和扭缆传感器的工作是否正常。必要时，应检查偏航减速器润滑油油色及油位是否正常，借以判断减速器内部有无损坏。对于偏航齿圈传动的机型，还应考虑检查传动齿轮的啮合间隙及齿面的润滑状况。此外，因扭缆传感器故障致使风力发电机组不能自动解缆的也应予以检查处理。待所有故障排除后才能起动风力发电机组。

8）当风力发电机组转速超过限定值或振动超过允许振幅而自动停机时，即风力发电机组运行中，由于叶尖制动系统或变桨距系统失灵，瞬时强阵风以及电网频率波动造成风力发电机组超速；由于传动系统故障、叶片状态异常等引起的机械不平衡、恶劣电气故障导致的风力发电机组振动超过极限值。以上情况的发生均会使风力发电机组故障停机。此时，运行人员应检查超速、振动的原因，经检查处理并确认无误后才允许重新起动风力发电机组。

9）当风力发电机组桨距调节机构发生故障时，对于不同的桨距调节形式，应根据故障信息检查确定故障原因，需要进入轮毂时，应可靠锁定叶轮。在更换或调整桨距调节机构后，应检查机构动作是否正确可靠，必要时应按照维护手册要求进行机构连接尺寸测量和功能测试。经检查确认无误后，才允许重新起动风力发电机组。

10）当风力发电机组安全链回路动作而自动停机时，运行人员应借助就地监控机提供的故障信息及有关信号指示灯的状态查找导致安全链回路动作的故障环节，经检查处理并确认无误后，才允许重新起动风力发电机组。

11）当风力发电机组运行中发生主断路器动作时，运行人员应当目测检查主电路元器件外观及电缆接头处有无异常，在拉开箱变侧开关后，应当测量发电机、主电路绝缘以及晶闸管是否正常。若无异常，可重新试送电，借助就地监控机提供的有关故障信息进一步检查主断路器动作的原因。若有必要，应考虑检查就地监控机跳闸信号回路及断路器自动跳闸机构是否正常，经检查处理并确认无误后才允许重新起动风力发电机组。

12）当风力发电机组运行中发生与电网有关的故障时，运行人员应当检查场区输变电设施是否正常。若无异常，风力发电机组在检测电网电压及频率正常后可自动恢复运行。对于故障机组，必要时可在断开风力发电机组主断路器后检查有关电量检测组件及回路是否正常，熔断器及过电压保护装置是否正常。若有必要，应考虑进一步检查电容补偿装置和主接触器工作状态是否正常，经检查处理并确认无误后才允许重新起动机组。

13）由气象原因导致的机组过负荷或电动机、齿轮箱过热停机，叶片振动，过风速保护停机或低温保护停机等故障，如果风力发电机组自起动次数过于频繁，值班长可根据现场实际情况决定风力发电机组是否继续投入运行。

14）若风力发电机组运行中发生系统断电或线路开关跳闸，即当电网发生系统故障造成断电或线路故障导致线路开关跳闸时，运行人员应检查线路断电或跳闸原因（若逢夜间，应首先恢复主控室用电），待系统恢复正常后再重新起动机组并通过计算机并网。

15）风力发电机组因异常需要立即进行停机操作的顺序：

① 利用主控室计算机遥控停机。

② 遥控停机无效时，则就地按正常停机按钮停机。

③ 当正常停机无效时，使用紧急停机按钮停机。

④ 上述操作均无效时，拉开风力发电机组主断路器或连接此台机组的线路断路器，之后疏散现场人员，做好必要的安全措施，避免事故范围扩大。

16）风力发电机组事故处理。在日常工作中风电场应当建立事故预想制度，定期组织运行人员做好事故预想工作。根据风电场自身的特点完善基本的突发事件应急措施，对设备的突发事件争取做到指挥科学、措施合理、沉着应对。

发生事故时，值班负责人应当组织运行人员采取有效措施防止事故扩大，并及时上报有关领导。同时应当保护事故现场（特殊情况除外），为事故调查提供便利。

事故发生后，运行人员应认真记录事件经过，并及时通过风力发电机组的监控系统获取反映机组运行状态的各项参数记录及动作记录，组织有关人员研究分析事故原因，总结经验教训，提出整改措施，汇报上级领导。

8.4.2 风电场监控系统的发展前景及制约因素

1. 风电场监控系统的发展前景

由于风电场内各种风力发电机组的传感器和执行元件来自不同厂商，连接方式和通信协议不尽相同，风电场的分期建设造成了一个风电场内存在多套风电监控系统的情况，对于风电场的生产运行管理极为不便，同时由于通信协议和接口问题，造成风电场监控尚无法实现与电网调度部门的交互，包括数据上传及调控指令的接收。此外，目前的风电监控系统通常只具有风电场运行数据信息的采集和简单管理功能，不具备辅助风电场生产运行管理的高级应用功能，如风电场功率预测预报、风电场有功控制、风电场无功控制等。随着计算机和通信技术的高速发展以及未来智能电网对新能源的标准化、互动化的要求，风电场的综合监控也将向通用化、智能化方向发展。主要发展方向有以下几个。

（1）不断提升兼容性和开放性　未来的风力发电机组将具有统一的信息模型，遵循统一的通信标准。风电场监控系统需要能够接入不同厂家、不同类型的机组，具有良好的兼容性。国际电工委员会（IEC）于 2008 年完成了风电监控 IEC 61400－25 通信标准的全部制定工作，为实现风电场监控的兼容提供了基础标准。同时，风电场监控系统也需具备良好的开放性，为各种辅助应用功能的开发提供标准化的接口。

（2）控制功能不断增强　目前我国大部分风电场监控系统仅能够实现对机组运行状态的监视和起、停机等一些简单的控制功能，随着风电并网标准的颁布和实施，实现风电场有功控制、无功控制、功率预测、低电压穿越等各种控制功能已成为风电企业必须要解决的问题，这也是风电场监控系统增强控制功能的内在需求。

（3）实现生产运行的优化管理　从风电企业自身角度考虑，也需要对风电场各种设备的运行状态、故障情况以及风电场的综合效益有一个较为全面的掌握。风电场监控系统具有风电运行的第一手数据，通过各种高级应用的开发，可以实现风电场设备的故障状态智能诊断、检修计划安排、生产运行优化等各种功能，提高风电场的综合经济效益。

总之，随着风电技术的不断进步和用户要求的不断提高，风电场监控系统将向全面兼容、高度开放、功能集成的方向发展，为风电场的安全稳定和经济运行保驾护航。

2. 风电场远程监控系统的制约因素

在风电场远程集中监控系统工作过程中发现：风力发电机组仍在质保期内，导致风力发电机组厂商反对将风力发电机组控制权限移交给集控中心，因多数风力发电机组厂家的核心技术均为国外的产品，导致集控中心对指挥风力发电机组检修、故障点准确判断带来一定影响，大多数风电场和集控中心之间的网络通信链路均无电力专线，从而导致在普通监视网络中不能够增加控制功能，需单独构建控制网络。我国是风力资源大国，但由于风力资源分布特点所致，国内风电场普遍存在规模小、分布广、地处偏远的缺点，随着近几年国家新能源战略发展的规划，风电开发规模的不断扩大，以场为单位的管理模式暴露出来的缺陷越来越明显，主要存在以下问题：一是不规范，各风电场各自为战，企业内部经常出现无序竞争局面，容易造成资源浪费；二是不专业，风电开发技术性要求高，以场为单位实施风电开发管理人员的素质和业务能力无法满足技术要求，导致开发成本居高不下，且容易留下安全质量隐患；三是人才综合利用能力差，有经验的风电运行、检修以及管理人员安排在具体的某个风电场，仅能解决一个风电场的实际问题，无法发挥人力资源的最大价值，使企业整体绩效水平无法提高；四是整体竞争实力弱，以场为单位实施经营管理，资源配置效率低，管控能力弱，风电场的效益无法充分实现，整体利益得不到保障。

因此，风电企业尤其是电力集团必须全面提升风电整体开发运营管理水平，才能在风电领域保持领先地位。风电集团企业管理模式的构建应着眼于管理体系的整体性、系统内部的有序性以及系统结构的优化性。可见，构建一套集中管理运营模式将是必然的发展趋势。

国内已有多个风电集中监控系统顺利投运，对风电集控行业具有指导意义。但各厂家对集控系统的定位却不能统一，风电场集中监控系统应具备哪些功能和相关技术成熟度如何，均需要行业内专家的指导和鉴定。

本章小结

风能是一种可再生绿色能源，由于自然风有其随机性，使得风力发电有别于煤电、水电而更加复杂。这就需要有一套完整的数据采集与监控系统对风力发电机参数进行全程跟踪。监控与数据采集系统（SCADA）应用最为广泛，技术发展也最为成熟。在风力发电系统中应用 SCADA 可以保证系统的信息完整，正确掌握风电系统的运行状态，帮助快速诊断系统故障，提高生产效率。风电场 SCADA 能对风力发电机功能进行现场或远程控制，并通过收集风电场的数据分析和报告风电机的运行情况。

本章习题

1. 什么是风电场远程监控系统？
2. 建立风电场远程监控系统有什么意义？
3. 风电场远程监控系统能实现哪些功能？
4. 风电场远程监控系统的制约因素有哪些？
5. 风电场远程监控系统的监控对象包括什么？
6. 简述国内外几种著名的风电企业监控系统。
7. 当风力发电机组液压控制系统压力异常时，应怎样解决？
8. 风电场远程监控系统的主要任务是什么？
9. 简述风电场远程监控系统的未来发展方向。
10. 风电场运行时对风力发电机组及其附属设备有何要求？

第9章 海上风电场

风能的开发利用主要有两种形式，分别是陆地风能和海上风能。近年来，我国新增风电装机容量以年均100%的速度在高速发展，但风电开发主要集中在陆地，海上风电资源开发则刚刚起步。海上风电场多指水深10m左右的近海风电。与陆地风电场相比，海上风电场的优点主要是不占用土地资源，基本不受地形地貌影响，风速更高，风力发电机组单机容量更大（3~5MW），年利用小时数更高。但是，海上风电场建设的技术难度也较大，建设成本一般是陆地风电场的2~3倍。

我国海上有丰富的风能资源和广阔平坦的区域，而且距离电力负荷中心很近，使得近海风力发电技术成为近来研究和应用的热点。海上风电场将成为未来风能应用和发展的重点，海上风力发电也是近年来国际风力发电产业发展的新领域。我国海上风能资源主要分布在经济发达、电网结构较强、又缺乏常规能源的东南沿海地区，可开发风能资源约7.5亿kW，是陆地风能资源的3倍。如东海大桥风电场年有效风时超过8000h，发电效益高于陆地风电场的30%以上。上海东海大桥10万kW海上风电场如图9-1所示。

图9-1 上海东海大桥10万kW海上风电场

从全球范围来看，自20世纪90年代以来，海上风电经过多年的探索，技术已日趋成熟。

9.1 海上风电场的构成

一个完整的海上风电场由一定规模数量的单个风力发电机组和海底输电设备构成。单个的风力发电机组包括叶片、风力发电机组、塔身和基础部分。

1. 叶片

通常来说，每个海上风力发电机组上安装有3片叶片，而叶片的尺寸大小直接决定了海上风力发电机的功率大小，由公式 $P=C_P\rho Av^3/2$（式中，P 为单个风力发电机组的额定功率；C_P 为功率系数；ρ 为空气密度；A 为风轮旋转面积；v 为风速）可以看出，若要增加风力发电机组的功率，只有增加 A，即叶片的长度，而目前大多数的叶片长度在45~60m之间，相应的风力发电机组容量也在3~5MW之间。对于叶片，不仅要在空气动力学基础上考虑其剖面的设计，发挥更大风力效益，也要考虑它在各种风力条件下的强度问题和作为整个海上风力发电机组一部分的质量问题，这就需要采用合适的材料来制造叶片，目前采用的玻璃纤维增强塑料具有重量轻和刚度强的优点，因而在叶片制造中广泛使用，而伴随着叶片尺寸的加大，预计今后采用碳纤维增强塑料将成为一种趋势。

2. 风力发电机组

风力发电机组是风力发电的核心部分，主要由转子、风速计、控制器、发电机及变速器等部分组成。转子连接发电机舱和叶片，是为了提高风能的利用效率，在低风速时能够利用更多的风力资源，在风速过高时起到保护作用。风速计的作用是测量风的方向和强度，并且迅速地将这些信息传达到中心控制计算机，以便调节各个叶片角度和发电机舱的方向，从而更有效地利用风能。控制器是由计算机操纵控制整个风力发电机组，在无人的情况下完成海上风力发电机组的正常运作。目前，我国风力发电机组自主化程度不高，高功率的风力发电机组基本上靠进口，而欧洲一些传统的风电产业国家在高功率海上风力发电机组的研究开发上已领先一步，德国已生产出海洋专用的定型产品 E112（4500kW）、M5000（5000kW）等。

3. 塔身

塔身一般由空心的管状钢材制成，设计主要考虑在各种风况下的刚性和稳定性，根据安装地点的风况、水况和风轮半径条件决定塔身的高度，使叶片处于风力资源最丰富的高度。

4. 基础

海上风力发电与陆地风力发电的最大区别在于两者所处的位置，由于海上风力发电机组的基础处于海上，增加了许多额外载荷和不确定因素，因而设计较为复杂，结构形式也由于不同的海况而多样化，因而，基础设计成了海上风电场设计的关键技术之一。海上风电场大规模的商业应用关键在于成本，根据资料显示，基础成本占了整个工程成本的24%。由于风力发电机组成本一定，因而如何设计一个能满足技术条件并能有效减少成本的基础将成为研究的重点方向。海上风力发电基础按形式分为固定式和浮式两大类，两类分别基础适应于不同的水深，固定式一般应用于浅海，适应的水深在0～80m，目前应用较为广泛，浮式基础能够适应40～900m的水深，但目前仍处于研究阶段，尚未达到大规模的商业应用阶段。

（1）固定式基础　海上风力发电机组的固定式基础最常用的有三种形式：单桩式、重力式、三角架式。目前单桩式和重力式实际应用较多，但只适用于近海区域；而三角架式尚未在海上风力发电场中应用，但根据它在海上石油开采工业中的实际应用，可以认为该种形式能胜任20～80m的水深环境。单桩式基础因其结构简单和安装方便，为目前应用最普遍的形式。它由钢制圆管构成，圆管壁厚为30～60mm，直径为4.5～5m，通过打桩设备将单桩打入海床25～30m进行固定。对于变动的海床，由于单桩打入海底较深，该基础形式有较大的优势，但对于海床有岩石的情况就不合适采用此类基础。由于单桩式基础在更深的水况下，只能通过加长钢制圆管的长度来适应水深，但会导致基础钢管的刚性及稳定性降低，所以单桩式基础适应的最大水深约为25m。重力式基础顾名思义就是利用基础的重力使整个系统固定。基础的重力可以通过往基础内部填充钢筋、沙子、水泥和岩石等来获得。与单桩式基础相比，重力式基础依靠自身的重力能提供足够的刚性，有效避免基础底部与顶部的张力载荷，并且能够在任何海况下保持整个基础稳定。但重力式基础只是依靠自身的重力保持位置和系统的稳定，所以特别需要考虑所安放的海床情况。重力式基础不适合流沙形的海底情况，而对于海底岩石较多的情况则比较适合。另外，由于重力式基础一般重达1000t以上，其海上运输和安装等均不方便，因而成本相对较高。三角架式基础吸取了石油工业中的一些经验，采用了重量轻、价格较低的三角导管架。塔身下焊接着一些附属钢管，用于承担和传递来自塔身的载荷，并在底部三角处各设一根钢桩用于固定基础，三个钢桩被打入海床10～20m的地方。该形式基础的适应水深为20～80m。目前虽然尚未实际应用，但前景好。除了上面介绍的几种近海固定式基础，还有牵索式基础、桁架式基础、吸力式筒型基础等一些近海风力发电基础的概念。这些基础基本都只适用于近海区域（水深30～80m），在实际研究中的技术问题都已基本解决，现主要考虑工程的成本和根据当地的实际海况来决定采用最合适的基础。

（2）浮式基础 浮式基础概念最早是1972年麻省理工的William E. Heronemus提出的，伴随着海上浮式平台技术的成熟和世界海上风力发电的迅猛发展，这个概念更为人们所关注。深海区域的风力资源比起近海区域更为丰富，据统计，在水深60～900m处的海上风力资源达到533GW，而近海0～30m的水域只有430GW。固定式基础（如单桩式和重力式）适应的水深只限在30m左右，无法向着更深的水域发展，而伴随着海上平台技术的发展，浮式基础概念的提出为海上风力发电朝着深海区域发展提供了可能。浮式基础按照基础上安装的风力发电机组数量分为多风力发电机组式和单风力发电机组式。多风力发电机组式即指在一个浮式基础上安装有多个风力发电机组，但因稳定性不容易满足和所耗费的成本过高，一般不予考虑。单风力发电机组浮式基础主要参考现有海洋石油开采平台而提出，因其技术上有参考，且成本较低，是未来浮式基础发展的主要考虑方向。浮式基础按系泊系统可分为SPAR式、张力腿式和浮箱式。SPAR式基础通过压载舱使得整个系统的重心压低至浮心之下来保证整个风力发电机组在水中的稳定，再通过三根悬链线来保持整个风力发电机组的位置。张力腿式基础通过系泊线的张力来固定和保持整个风力发电机组的稳定。浮箱式基础依靠自身重力和浮力的平衡以及悬链线来保证整个风力发电机组的稳定和位置。浮式基础在设计过程中必须考虑包括浪、流、冰块撞击等环境影响，除此之外，还必须考虑风力发电机组和基础以及系泊系统相互之间的耦合作用，使得基础在提供足够的浮力以支撑整个风力发电机组之外，还要使整个风力发电机组的横摇、纵摇和垂荡运动在一个可接受的范围内，以保证风机能够正常工作。

5. 海底电缆及电力传输设备

海上风电场除了风力发电机组设施之外，还有如海底电缆、变压器和传输器等一些附属设施。这些附属设施按功能分主要有两个方面：一个是收集装置，另一个是传输装置。收集装置将各个发电机组产生的电能收集起来，再通过变压器将电压升高，然后通过电缆将电能输送出去。由于海底自然环境的恶劣及不可预见性，海上风电用海底电缆是设计技术、制造技术难度较大的电缆品种。海底电缆不仅要求防水、耐腐蚀、抗机械牵拉及外力碰撞等特殊性能，还要求有较高的电气绝缘性能和很高的安全可靠性，特别是大长度海缆、海底光电复合缆，更是对目前电缆行业的制造能力和技术水平提出了极大挑战。

（1）海底光电复合缆的应用 海底光电复合缆就是在海底电力电缆中加入具有光通信功能及加强结构的光纤单元，使其具有电力传输和光纤信息传输的双重功能，完全可以取代同一线路敷设的海底电缆、海底光缆，节约了海洋路由资源，降低了制造成本费用、海上施工费用、陆岸登陆费用，直接降低了项目的综合造价和投资，并间接地节约了海洋调查的工作量、后期路由维护工作。海底光电复合缆广泛应用于海上石油和石化项目、大陆与岛屿、岛屿与岛屿之间、穿越江河湖底的电力和信息传输。近几年蓬勃发展的海上风电场更是大多采用海底光电复合缆，我国近年建设的近海试验风电场全部采用海底光电复合缆实现电力传输和远程控制。随着信息化、自动化及我国海洋事业和智能电网的快速发展，未来的数十年内，无论是海上风力发电，还是海上石油平台等海上作业系统应用的海底电缆，绝大多数都将使用海底光电复合缆。

（2）海底光电复合缆在海上风电场中的设置　目前，我国海上风电场升高电压通常采用二级升压方式（少数采用三级），即风力发电机组输出电压690V经箱变升压至35kV后，分别通过35kV海底电缆汇流至110kV或220kV升压站，最终通过110kV或220kV线路接入电网。一般来说，应根据海上风场容量、接入电网的电压等级和综合经济性规划海上风电场风能传输方式，既可采用二级升压方式也可采用三级升压方式。如果风电场较小（100MW以内）且离岸较近（不超过15km），可选用35kV海底光电复合缆直接把电能传送到岸上升压站。若海上风电场容量较大且离陆地较远，考虑到35kV电缆传输容量、电压降、功率因数等问题，大多采用设立海上升压站的方式，岸上升压站可根据实际情况确定是否设立。海底电缆的电压等级可根据各国各地区不同的电网形式进行选择，如欧洲国家选用20kV或30kV中压海底电缆汇集风场电能至岸上或海上升压站，我国主要采用35kV海底电缆。海上风电场电力传输示意图如图9-2所示。

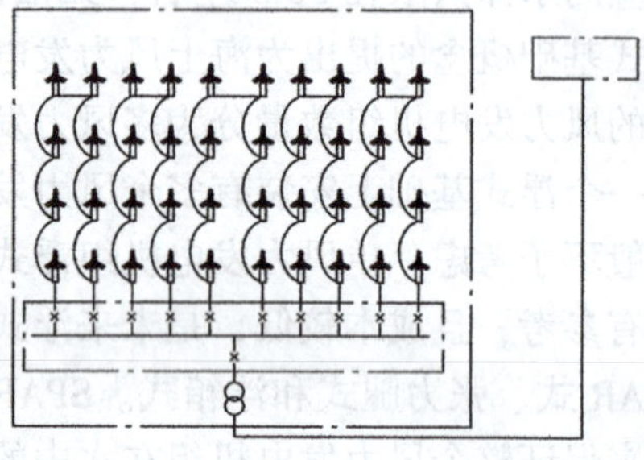

图9-2　海上风电场电力传输示意图

9.2　海上风电场与陆地风电场的区别

在能源日益紧缺的今天，越来越多的人将目光投向了风力发电，人们建造了陆地风电场和海上风电场以获得绿色的电能。然而，这两类风电场有何不同呢？首先，从自然因素和工程因素两方面说明海上风电场与陆地风电场的不同之处，然后着重介绍它们最大的差异——基础结构。

1. 自然因素

海上风能资源较陆地多，同高度风速海上一般比陆地多20%，发电量高70%，而且海上少有静风期，风力发电机组利用效率较高。目前，海上风力发电机组的平均单机容量在3MW左右，最大的已达6MW。风力发电机组年利用小时数一般在3000h以上，有的高达4000h左右。海水表面粗糙度低，海平面摩擦力小，因而风切变即风速随高度的变化小，不需要很高的塔架，可降低风力发电机组建造成本。海上风的湍流强度低，海面与海上的空气温差比陆地表面与陆地上的空气温差小，特别是在白天的时候，且没有复杂地形对气流的影响，因此作用在风力发电机组上的疲劳负荷少，可延长其使用寿命。陆地风力发电机组一般设计寿命为20年，海上风力发电机组设计寿命可达25年或以上。

2. 工程因素

海上风电场建设施工和维修技术难度较大，建设成本高：海上风电场建设前期工作更为复杂，需要在海上竖立 70m 甚至 100m 的测风塔，并对海底地形及其运动、工程地质等基本情况进行实地观测；海上风电场需要考虑风和波浪的双重载荷，海上风力发电机组必须牢固地固定在海底，其支撑结构（主要包括塔架、基础和连接等）要求更加坚固；海上气候环境恶劣，天气、海浪、潮汐等因素复杂多变，风力发电机组的吊装、项目建设施工以及运行维护难度更大；所发电能需要敷设海底电缆输送，建设和维护工作需要使用专业船只和设备。所以海上风电场的建设成本较高，一般是陆地风电场的 2~3 倍。其中，风力发电机组基础投资大约为陆地的 10 倍。海上风电场一般距离电网较远，且海底敷设电缆施工难度大，因此并网相对困难。海上风电场不占用紧缺的土地资源，远离城镇及居民生活区，对环境及景观负面影响小。海地风力发电机组受噪声制约小，转速一般比陆地高 10%，风力发电机组利用效率相应提高 5% ~6%。

3. 基础结构

海上风电场的基础结构是与陆地风电场最大的区别。开发海上风电场对风力发电机组技术的挑战是既要承受更强的风载荷，还要承受海浪带来的负荷，能抵抗海洋环境的盐雾腐蚀。由于交通和吊装条件的限制，机组的维修要求应降低到最小程度，需要自备吊装主要部件的起重设备，避免因维修而等待大型浮吊造成的损失。与陆地机组最大的区别是基础结构，目前主要有以下几种。

1）重力基础。丹麦已建海上风电场的机组基础是在陆地上用混凝土制成的，然后运到海里指定位置安放，用砾石和砂子堆在周围，靠重力固定风力发电机组。类似方法的新技术是用钢板制成圆筒形，底上焊接平钢板，优点是重量轻，便于普通船运和与吊装风力发电机组相同的设备在海里安放，然后填充密度很大的橄榄石。

2）单桩基础。单桩基础是相当于将风力发电机组的塔架延伸到水里，用钻孔或撞击的方式将塔架底部插入海床。瑞典果特兰岛南部由 5 台丹麦风力发电机组组成的示范海上风电场采用的就是这种单桩基础。

3）三角架式基础。类似海上石油钻台的三角架式基础适用于较深的海上风电场。丹麦能源局所属的海上风力发电委员会进行的研究表明，采用钢结构的基础比混凝土的成本低约 35%，尤其是水深超过 10m 时，钢结构更经济，可以采用阴极保护技术防止钢材料的腐蚀。

4. 其他

历经几十年发展，世界海上风电技术日趋成熟，进入大规模开发阶段。在我国，尽管近年来国内的风电产业发展得如火如荼，但海上风电领域仍然处于起步阶段。海上风电场的造价为陆地风电场的 2~3 倍，平均发电成本也远远高于陆地风电，而我国实施的风电标杆电价对于海上风电的规定较为模糊，要适应大规模发展海上风电的要求，还应制定专门的电价政策。海上风电场的初装成本中的基础建设、并网接线盒安装等费用在总投资成本中所占的比例要比陆地风电场高，其成本占比随着风电场的离岸距离和水深程度等情况大幅变动，维修费用和折旧费用占运营成本比例远大于陆地风电场。要突破研发技术和高成本瓶颈，加紧研发海上风电设备防腐蚀的新技术是当务之急。与陆地风电设备相比，海上风电设备所需防腐蚀技术更为复杂、要求更高。对于海上风力发电机组而言，最大问题在于抗腐蚀、抗盐雾以及海上输配电，这些技术上的困难只能在实践中解决。海上风力发电机组所处环境恶劣，所需防腐蚀技术比较复杂，需要分部分、有针对性地进行。海上风力发电机组下部承托平台为钢筋混凝土结构，防腐蚀工作重在对钢筋锈蚀的保护；而海面以上的部分主要受到盐雾、海洋大气、浪花飞溅的腐蚀。

虽然海上风电得到诸多国家的特别关注，但还是有待到具体实践上，不少国家都曾停止或放弃对海上风电项目的开发。例如，丹麦是最早开发建设海上风电的国家，由于政策支持力度不够，近年来海上风电场的发展止步不前。与之相对应的是，英、德等国海上风电场运营能够维持较高的获利水平，开发热情持续高涨。

由于担心风电等产业发展过热，早在2009年9月，国家发展改革委等发布的《关于抑制部分行业产能过剩和重复建设引导产业健康发展的若干意见》明确指出，严格控制风电装备产能盲目扩张，但重点支持自主研发2.5MW及以上风电整机产业化。有业内人士指出，由于海上风电的年轻性和高成本，中国风电产业能否迎风踏浪，尚需仰仗国家政策的大力支持，支持力度决定开发速度。

海上风电场的经济效益依然比不上陆地风电场。陆地风电场产生的电能可以与最便宜的、来源于石油的电能相竞争，而海上风电场却需要大规模降低成本才能保持竞争力。海上风电场需要更高的投资成本，同时运行和维护所耗费的成本也比陆地风电场高得多。因此，政策制订者、能源公司以及风力发电机组制造厂商必须了解海上风电场总的成本降低潜力和发展趋势，其中包括技术的发展程度及其实现时限。通过分析技术进步和降低成本的方法讨论海上风电场的成本降低潜力。同时，为了降低成本，还需要确定更多潜在的重要因素。这样的主导因素直接与海上风电场的发展以及外围其他工业发展有关，如海上油气开发技术、海底输电技术以及主要原材料成本的降低，特别是钢铁。

最早的海上风电场建造于19世纪，主要基于改良的陆地涡轮机。仅仅5年以后，就设计出专门的海上风力发电机组投入应用，并不断改进使之在海上恶劣的环境下维持运转更长的时间。而陆地风电的发展，降低成本的主导因素在于不断增长的风力发电机组高度、转子直径以及发电量。在海上风力发电机组发展的同时，各种应用于基建的设备也在不断地开发中，如三脚架结构、可漂浮式结构、钢铁支架等，这些设备的应用取决于海水深度与地基的情况。

9.3 海上风电场的建设

海上风电场的建设包括三个阶段：设计阶段、施工阶段和运行阶段。

9.3.1 设计阶段

在设计阶段需要解决三个问题：如何选择风电场址，如何确定风力发电机组基础，如何选取风力发电机组。

1. 场址选择

海上风电场的选址是一项重要而复杂的工作，需要做好各方面的准备，考虑各方面的因素，以确保将来风电场的正常运行。

（1）风能资源调查　进行海上风能资源的调查可以利用以下几种方法。

1）利用长期的沿海陆地气象观测数据和短期海上观测资料进行海陆风速的相关分析。

2）利用船舶报告数据掌握航线海域的观测数据。

3）利用海平面气压网格点的资料和模型软件估算海面某高度的风况。

4）建立海面风场数值模型，模拟计算某海域的风场分布。

（2）现场勘查　勘查内容包括地理信息、地质信息、区域水深和波浪、潮汐、海流等。

（3）气象灾害影响　影响风电场安全运营的气象灾害主要为热带气旋、雷暴、龙卷风、低温及积冰等。在我国东部沿海建设海上风电场，要特别考虑台风对风力发电机组的影响，因此，某些看似风能资源良好的场址可能要舍弃。

（4）电网因素　综合考虑陆地变电站位置、电压等级、可接入的最大容量以及电网规划等。

（5）环境及自然景观因素　尽量减少近岸风电场造成的视觉侵扰，通过合理选择场址，合理布置机组，使风电场和海上自然景观有机结合；要保证海洋的航道功能，不能因为风电场的存在影响航道的正常使用，更不能影响船舶的行驶安全；注意减小对海鸟、鱼类等海洋生物的负面影响，注意场址附近的海洋生态保护。

（6）电缆费用　海上风电场的场址选择还需要考虑并网时埋设输电电缆的相关费用。

2. 基础确定

海上风力发电机组的基础结构要承受水动力、空气动力的双重荷载作用，确定基础结构时应该综合考虑风、浪、流的荷载特性，以及海底的地质条件和水深条件等。

（1）环境荷载　应该综合考虑风载、海浪的周期和波高、海流的流速等环境荷载。例如，当海流流速过大而可能引起海床的冲刷时，就不宜使用单桩式基础。

（2）海底地质条件　主要根据土壤类别来确定基础，例如，沉箱式基础只适用于砂性土及软黏土。

（3）水深条件　水深不仅直接影响基础的尺寸和重量，而且影响波浪荷载，进而间接影响基础的类型。例如，水深大于10m的风电场就不宜采用混凝土重力式基础。

（4）费用　在满足各项物理条件的情况下，应该充分考虑基础的制作费用、安装费用和维护费用，选择最经济的风力发电机组基础。目前，海上风力发电机组基础主要有单桩式、混凝土重力式、多桩式、沉箱式、浮筒式和半潜式6种，其中前4种为固定式基础，后两种为漂浮式基础。

3. 风力发电机组的选取

风力发电机组是海上风电场的核心产能设备，占整个风电场建设成本的50%左右。风力发电机组的选取应该遵循安全可靠、高效经济的原则。海上风力发电机组现场操作和维护很不方便，这就需要对风力发电机组的安全可靠性提出更高的要求。第一，要充分做好海上风力发电机组防腐蚀、防湿热、防雷击等各项保护措施；第二，为风力发电机组的控制系统设计多重备用方案；第三，结合在线诊断，应用智能化控制技术，使风力发电机组在故障发生之前可以进行自我调整。在风力发电机组安全可靠运行的前提下，还应该保证风力发电机组的高效性和经济性，因此，在选择风力发电机组时需要考虑叶片、传动系统等各组成部分的性能。

(1) 叶片直径　单个风力发电机组额定功率的计算公式为 $P = C_p \rho A v^3/2$。显然，若要增加风力发电机组的额定功率，只有增加 A，即增加叶片的直径。叶片直径与风力发电机组功率的关系如图 9-3 所示。可以看出，叶片直径和风力发电机组功率之间基本呈二次曲线关系。

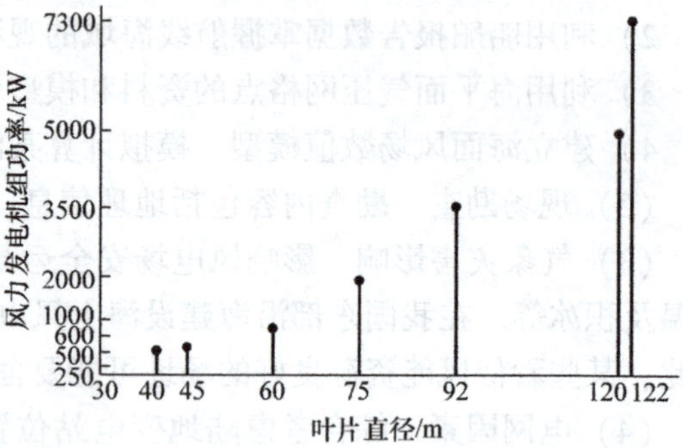

图 9-3　叶片直径和风力发电机组功率的关系

但是，叶片、传动链的质量和成本是按叶片直径的三次方增加，而轮毂质量阶次更高。因此，要综合考虑功率和造价，选择最经济的风机直径。

(2) 叶片数目　目前绝大多数风力发电机组采用三叶片设计，相对两叶片风力发电机组而言，三叶片风力发电机组能量获取多，视觉效果好。但是，两叶片风力发电机组制作成本低、安装费用少，在一定条件下也是值得应用的。

(3) 翼尖速度　较高的翼尖速度能够更好地发挥空气动力效益，同时减少主轴扭矩，从而减少部件的成本和质量。但是，较高的翼尖速度不仅会产生更大的噪声影响海洋生物，而且更容易导致叶片前缘的磨损。

(4) 气动调节装置　风力发电机组通常有桨距调节型和失速调节型。前者利用叶片桨距角的变化改变叶片升阻力，调节风力发电机组输出功率；后者是在风轮转速基本不变的条件下，利用叶片的气动力失速原理改变叶片升阻力，调节风力发电机组输出功率。相比较而言，桨距调节型的能量输出更平稳，且能在风速达到一定值时避免停机，增加发电量；失速调节型对阵风的反应灵敏度要求低，且由于风的振动引起的功率脉动也比较小。

(5) 风轮　风轮有上风向风轮和下风向风轮两种设计。前者让风先通过风轮再经过塔架，后者让风先通过塔架再经过风轮。

(6) 传动系统　传动系统的类型有齿轮箱和高速发电机、一体化传动链、直驱式布局、混合传动系统和多发电机系统等。

9.3.2　施工阶段

海上风电场的建设周期长，各项施工都受限于天气条件，因此应该选择天气相对平静，海况相对良好的季节进行施工，以缩短工期，降低费用。海上风电场的施工主要可以分为基础施工和风力发电机组安装两部分。

1. 基础施工

海上风电场中最常用的基础形式是单桩基础和重力式基础。单桩基础的施工应该通过综合考虑桩基直径、质量以及海床地质条件等各方面因素来合理选择打桩锤。打桩锤有柴油打桩锤和液压打桩锤两种。前者如 D180 筒式打桩锤，其每次最大打击能量为 580kN · m，但实际施工过程中能量损失率高达 60% ~70%，无法完成直径 2.5m 以上、重量 120t 以上的钢管桩施打任务。后者如 S－800 液压打桩锤，其每次最大打击能量为 800kN · m，能量损失率为 20% ~23%，打桩效率高。重力式基础的施工应该考虑起重船的吊装能力。目前，海上的起重船最大吊装能力超过 4000t。

2. 风力发电机组安装

风力发电机组安装主要有海上分体安装和海上整体安装两种安装方式。海上分体安装就是在海上将风力发电机组的各个部件安装到一起，其安装设备有海上自升式平台、起重船和浮船坞等。依据我国的设备现状及东南沿海的海床特征（大部分为淤泥质粉土海床），建议利用经过改造的浮船坞进行分体安装。具体做法是在我国的现有浮船坞上加装履带吊，并对浮船坞的锚缆系统和坞体进行加固，安装风力发电机组时先抛锚初步固定浮船坞位置，然后浮船坞下沉到海床面座底，由履带吊完成风力发电机组的安装。海上整体安装包括陆地安装和海上运输两部分工作。我国的大型起重船只较多，无须改造就能进行施工，因此整体安装在国内也容易实现。相比两种安装方式，海上整体安装能够节省改装费用，加快工程进度，但需在陆上寻找一个靠近码头且有足够承载力和工作面的陆上拼装场地，在不满足该条件时整体吊装难以实施。

9.3.3　运行阶段

海上风电场在运行阶段会产生很多问题，主要是设备的故障率较高，以机组叶片损坏、电缆疲劳损坏、齿轮箱损坏和变压器故障等现象最为常见。因此，需要对机组进行维护，包括定期的检查清洁和故障的维修处理。海上风力发电机组的定期检查可以确保风力发电机组运行的可靠性，消除安全隐患；经常性的清洁工作有利于延长风力发电机组的使用寿命，保证工作效率。故障的维修处理较陆地而言难度大，费用高，特别在海况恶劣时，维修人员难以接近，故障无法排除，从而增加停机时间，影响经济效益。在海上风电场运行过程中，要充分依靠远程监控技术及时掌握风力发电机组设备的工作状况，确保机器得到适时的检修，尽量避免较大故障的发生。

9.3.4　海上风电场对周围环境的影响

海上风电场对周围环境的影响主要有以下几个方面：

1）海面景观的影响（主要指近海风电场）。

2）对海底生物的影响以及对附近鸟类的影响。

3）对海床的影响。

4）对雷达信号的干扰。

5）对附近海运航道的影响。

以上几点都是选择海上风电场地址时需考虑的因素。

9.4 海上风力发电现状及前景

海上风电作为可再生能源开发利用的重要方向之一，已成为全球风电发展的研究热点。作为风电的重要组成部分，海上风电在技术和政策的支持下快速发展，并大力加快全球风电开发进程。因海上风力资源丰富且风源稳定，将风电场从陆地向海上发展在全球已经成为一种新趋势。海上风电的优势主要是风速较陆地上更大，风垂直切变更小，湍流强度小，有稳定的信号主导方向，年利用小时长。此外，海上风电不占用土地资源，且接近沿海用电负荷中心，就地消纳避免了远距离输电造成的资源浪费。

9.4.1 海上风力发电现状

1. 世界海上风电现状

在全球高度关注发展低碳经济的环境下，海上风电有成为主要可再生能源电力的潜质。在人口密集的沿海地区，可以快速地建立起吉瓦级的海上风电场，这也使得海上风电可以成为通过经济有效的方式来减少能源生产环节碳排放的重要技术之一。海上风电虽然起步较晚，但是凭借海风资源的稳定性和大发电功率的特点，海上风电近年来正在世界各地飞速发展。在陆地风电已经在成本上能够与传统电源技术展开竞争的情况下，目前海上风电也正在引发广泛关注，它具有高度依赖技术驱动的特质，已经具备了作为核心电源来推动未来全球低碳经济发展的条件。

根据美国国家可再生能源实验室 NREL 发布的数据，2019 年，全球海上风电装机容量达到 27，064MW，比上一年增长 19%。目前海上风电技术主要掌握在欧美国家手中。丹麦 2000 年在哥本哈根湾建设了世界上第一个商业化意义的海上风电场，无论是海上风电场的建设还是风电机组的研发，欧洲都走在世界的前列。欧洲海上风电的发展历史大致可以分为三个阶段：第一个阶段是 1980—1990 年的研究阶段，欧洲各国开始大范围的海上风能资源评估并开展相关的技术研究，第二个阶段是 1991—2000 年的试验阶段，该阶段主要进行小规模的项目研究试验和示范工作，研制 500 ~ 600 千瓦级的风力发电机组；第三个阶段是 2001 年以后的商业化阶段，开始兴建大中型海上风电场，并研发利用兆瓦级的风力发电机组。

全球风能理事会（GWEC）表示，预计到 2030 年，全球海上风电累计装机将增加 165 ~ 223GW，其中，中国和其他亚洲国家将在未来十年中处于增长的主力。在 2019 年其全球海上风电报告中表示，在 2025 年之后，全球加速新增海上风电装机将达到 15 ~ 20GW 的增长速度。其次，未来海上风电还会有新的模式增长潜力，例如，漂浮式海上风电技术的进步以及新的海上风电市场的开放。风电成本的降低让其竞争力得以不断提升，企业购电双边协议的签署也越来越多。值得关注的新兴风电市场包括印度尼西亚、菲律宾、泰国、越南、阿根廷、哥伦比亚和秘鲁。GWEC 认为推动全球风电行业进一步发展的三个因素是：企业商业模式的改变、新兴市场的企业电力采购协议将释放风电发展潜力以及侧重能源附加值的方案

（如风光互补 + 储能）为风电增长带来的更多机会。在成熟市场中，越来越多的大型企业把风电为购电首选，这对风电装机的增加起到重要作用。政府部门的支持可以进一步激发企业对绿色电力的需求。企业主动购买绿色电力的做法如果在成熟市场之外的国家得以推广，将进一步释放风电行业的发展潜力。强调风能作为一种能源形式给电力系统和市场带来的价值将有助于并网和实现供需平衡。为了开发新的技术、项目设计、融资方案，法规的调整需要将风电能创造的附加价值考虑进去。

2. 中国海上风电现状

海上风电代表了当今风电技术的最高水平，要求设备高可靠、易安装、易维护，虽然市场规模庞大，但风险也极高，必须前期制订完善的行业规范和发展规划。

中国气象局风能资源详查初步成果显示，我国海域 5 ~ 25m 水深、50m 高度风电可装机容量约为 2 亿 kW；5 ~ 50m 水深、70m 高度风电可装机容量约为 5 亿 kW。我国海上风电产业将重点开发建设江苏、山东基地，推进河北、上海、浙江、福建、广东、广西、海南等地海上风电建设。

我国风能资源丰富，初步估算，海上可开发风能资源约为 7.5 亿 kW，具有开发利用风电的良好市场条件和巨大资源潜力。我国海上风电场的建设，开辟了我国风能利用的新领域。近年来，国家对清洁能源特别是风电的发展给予了很大的政策支持，海风是取之不竭用之不尽的绿色新能源，相比陆地风力发电，海上风力发电有着占地少、风速大、风向稳等优点。我国大陆海岸线长 1.8 万 km，可利用海域面积为 300 多万 km^2，海上风能资源丰富。我国的海上风电开发刚刚起步，还缺乏海上风电场建设的经验，尚不具备海上风电场风电机组设备的自主生产能力，这严重制约了我国海上风电的发展，其中后者是主要因素。但令人欣慰的是，近几年我国开始重视海上风电的开发，海上风电产业发展迅猛，风电热潮持续不断。从 2005 年开始，我国开始在浙江岱山、河北黄骅、上海以及江苏如东和东台等地筹建海上风电场。经初步评价，我国近海浅水海域风能资源可开发量约为 2 亿 kW。我国的海上风电开发已经起步，是发展海上风电最有潜力的国家。

规划发展海上风电，首先要关注相关空域因素，包括台风、盐雾、覆冰以及空中航道、雷达作用范围的影响；其次要考察水面情况，包括海冰、海浪（风暴潮）、潮位和航道情况；水下则要考察洋流、潮流、海底冲刷和侵蚀、海洋生物、盐分、海底地形及地质以及管线分布情况。此外，海上风电的立项，还要综合考虑海洋功能区划、港口、码头、锚地、航道、自然保护区等敏感海域、滩涂围垦及养殖、军事用海、其他特殊用海等问题。

9.4.2　海上风力发电发展前景

1. 中国海上风电发展前景

我国拥有发展海上风电的天然优势，海岸线长达 1.8 万 km，可利用海域面积达 300 多万 km^2，海上风能资源丰富。海上风电相比与陆地风电相比，具有很明显的优势，主要有以下几点，一是距离用电负荷中心近。海上风电场一般都在沿海的一两百里处，离主要的经济圈都比较近，并且常年有风，不需要长距离的运输，很符合用电负荷中心的需求；二是海上风机利用效率更高。在同样的海拔下，海上的风速要显著高于陆地风速，海上风电风能资源的能源效益比陆地风电高20%～40%；三是海上风机不占用土地资源，不会对居民和生物产生太大影响，海上可装的风机更大，风机单机发电容量越大，风资源利用率越充分。

自2010年我国首个海上风电并网项目——上海东海大桥海上风电场建成投产以来，海上风电产业得到了飞速的发展。发展至2019年，我国风电新增并网装机容量为2890万kW，其中陆地风电新增装机为2650万kW、海上风电新增装机容量为240万kW，到2019年底，全国风电累计装机容量为2.1亿kW，其中陆地风电累计装机容量为2.04亿kW，海上风电累计装机容量为684万kW，风电装机容量占全部发电装机容量比例不断攀升。

海上风电产业的未来发展趋势主要表现在产业、产品、技术、区域等四个层面。

1）产业层面。一是海上风电建设速度加快，风电渗透率持续加大。二是风电行业逐步实现智能化、信息化。未来风电行业将进一步融入大数据、云计算等新一代信息技术，风电机组智能化和信息化将成为风电行业的重要发展趋势。

2）产品层面。风力发电机组不断向大型化发展。2019—2020年，4～6MW海上风力发电机组成为我国海上风电场的主流机型，6～7MW直驱永磁式风力发电机组和半直驱永磁式风力发电机组将批量进入海上风电场。

3）技术层面。一是低风速和海上风电技术成为重要发展方向。随着近年来低风速风机技术的进步，低风速地区的年发电小时数提升至2000h左右，低风速地区风电场的经济效益得到了提升。二是半直驱混合驱动技术将得到广泛应用。混合驱动技术是在直驱永磁与双馈异步风力发电机组在向大型化发展过程中遇到问题并逐步探索解决而产生的，其本身具备直驱永磁和双馈异步的优点，并弱化了直驱永磁和双馈异步的缺点。未来，混合驱动技术将逐渐得到行业知名企业的重视。

4）区域层面。海上风电向中东部沿海区域集中。山东、江苏、浙江、福建、广东等中东部沿海经济发达、负荷集中地区，海上风电市场得到快速发展。

风力发电机组这样的大型电力设备有国产化要求是必然的，但是，我国兆瓦级风力发电机组技术才刚起步并逐步发展起来。风电主机技术必须按照科学的研制程序，一般海上风力发电机组样机要先在陆地试运行后再到海上，而且从样机运行到投入生产需要一年的时间。风力发电机组是高新技术，现在有的企业对这一点认识还不够，认为技术可以用钱买得到，但是像任何高新技术一样，风电的核心技术是买不到的。风电发展的重点将逐步移至海上，未来风能技术更新发展的驱动力将主要来自蓬勃兴起的海上风电场建设，这一发展趋势已经不可逆转。

海上风电有它独特的优势。不需要占用土地资源就可以建大型项目。海上风电与其他新能源相比是最干净的，而且取之不尽用之不竭，既符合国家节能减排的政策要求，也符合我国的可持续发展能力建设，和陆地风电相比，海上风电项目要面对更多的技术、人才难题和巨大的资金投入。陆地风电场安装一台风电机组，1kW的成本是1万元，海上风电场则要两万元甚至更多。高成本还不是最主要的问题。由于我国海上风电起步较晚，技术发展和人才储备都很不够。例如，要设计一个海上风电机组的塔架，需要考虑很多陆地上不用考虑的问题。在北方，要考虑海冰对塔架的破坏；在南方要考虑台风；同时南方和北方都要考虑海水的腐蚀性。

风电作为世界关注的可再生能源，特别是海上风电，由于其年轻性和高成本，需要得到国家政策的更大力度支持。海上风电要远比陆地风电的风险大，技术难度更高，这就需要更为稳妥地发展，需要政府有具体的、可操作的政策来保障和推动。

我国海上风电发展前景十分广阔，在推进能源结构转型和承担环境保护升级任务中发挥了至关重要的作用，也是我国战略性新兴产业、科技产业和海洋经济发展的重要组成部分。从区域上看，沿海地区具有得天独厚的发展优势。像广东省、福建省和浙江省等。

国家能源局的数据显示2020年，全国风电新增并网装机容量为7167万kW，其中陆地风电新增装机容量为6861万kW、海上风电新增装机容量为306万kW。从新增装机容量分布看，中东部和南方地区占比约40%，“三北”地区占60%。到2020年底，全国风电累计装机容量达2.81亿kW，其中陆地风电累计装机容量为2.71亿kW、海上风电累计装机容量约为900万kW。

政策是目前推动海上风电发展的主要因素，诸如补贴、竞价以及政府牵头设定的可再生能源目标等。2020年1月，财政部、发展改革委、国家能源局印发《关于促进非水可再生能源发电健康发展的若干意见》，新增海上风电不再纳入中央财政补贴范围，按规定完成核准（备案）并于2021年12月31日前全部机组完成并网的纳入中央财政补贴范围。

2. 世界海上风力发电发展展望

2019年，国际能源署发布《世界海上风电展望2019》，报告中指出：2010—2018年，全球海上风电市场年均增长近30%，得益于快速的技术改进。在未来五年内，全球计划完成约150个新建海上风电项目，这表明海上风电在电力供应中的作用越来越大。英国、德国和丹麦推动了欧洲的海上风电技术发展。2018年，英国15%的电力来自海上风电。2018年，我国新增的海上风电装机超过世界其他国家。最好的海上风电场址能够提供的电力供给将超过目前全球电力消费。这只涉及了近海的场址的挖掘。国际能源署在报告中启动了新的地理空间分析，按国家划分评估海上风电技术潜力。该分析基于最新的全球风速和质量天气数据，同时考虑了最新的涡轮机设计。海上风电的技术潜力为36000TW·h/年，适用于在60m深、距离海岸60km以内的水域安装，而目前全球电力需求为23000TW·h。浮动涡轮机从海岸向更深处移动，可以释放出足够的潜力，满足2040年全球总电力需求的11倍。我们新的地理空间分析表明，仅海上风电就能满足包括欧洲、美国和日本在内的一些国家数倍的电力需求。该行业正在调整各种在石油和天然气领域已经得到证实的浮动基础技术。第一批项目正在开发中，旨在证明海上浮动风电技术的可行性和成本效益。

因为更大的涡轮机和其他技术改进正在帮助充分利用可用的风能资源，新的海上风电项目具有40%~50%的容量系数。尽管海上风力并非随时可用，但在这些水平上，海上风电与某些地区的燃气和燃煤电厂的容量系数相匹配。其容量系数超过陆上风电，约为太阳能光伏发电的2倍。海上风电输出因风力强度而异，但其小时变化性低于太阳能光伏发电。与太阳能光伏发电相比，海上风在较窄的区间内波动，每小时波动为20%，而太阳能光伏的幅度高达40%。海上风电的特性对电力系统发展充满前景。

目前有望持续发展的海上风机的趋势包括：大小与容量的增长，比陆地风机更快的转速；更大发电量的发电机。有可能用直接直流取代交流的高电压传输。大风机的不足之处在于不断增长的顶端重量，以及更大更重的基础构架的维护。到目前为止，由于更轻材料的发展与设计，叶片和发电机舱的重量并没有以立方增加，但是依然分别以2.3以及1.5的指数增加。其他的趋势是风机的标准化及大量生产。这两种因素都将有助于降低成本。

9.4.3　我国发展海上风电的优势和困难

1. 优势

1）我国近海风能资源丰富。东部沿海水深2～15m的海域面积辽阔，全年风速大于或等于3m/s的时数为7000～8000h，大于或等于6m/s的时数为4000h。按照与陆地风能资源同样的方法估测，海上10m高度可利用的风能资源有7.5亿kW。更重要的是，我国风电有两个很好的特点：第一，冬春两季风大水少，风电和水电可以形成互补；第二，我国风速的日变化趋势正好和电力负荷曲线相吻合。

2）发展起点高、速度快。欧洲是世界海上风电发展的领头羊，可以为我国海上风电的快速发展提供有益的借鉴。因此发展自己的海上风电，及时明确发展目标，不断完善扶持政策，优先资源普查和电网规划，确保产品设备质量尤为重要。

3）国家政策的大力扶持。2017年，国家发展和改革委员会、国家海洋局联合发布《全国海洋经济发展“十三五”规划》。规划指出，要加强5MW、6MW及以上大功率海上风电设备研制，突破离岸变电站、海底电缆输电关键技术，延伸储能装置、智能电网等海上风电配套产业，因地制宜、合理布局海上风电产业，鼓励在深远海建设离岸式海上风电场，调整风电并网政策，健全海上风电产业技术标准体系和用海标准。这有利于推动近海风电场建设，并提高我国的风电设备制造能力。

2. 困难

1）近海风能资源调查不够。海上风电场是以风速高、风功率密度大、湍流强度小等优势来抵消巨大的投资成本，所以准确分析、预测海上风电场风能资源对海上风电场的建设和发展至关重要。但是我国近海风资源普查和详查工作相对薄弱，目前国家气象局调查编制的风力资源评估报告已取得阶段性成果。此外，确保海上风场项目有力执行的沿海物流尚未完善和专业化。

2）产业和技术的发展相对落后。总的来说，完整的风电产业体系尚未形成，风电设备的认证体系尚未建立。我国还没有掌握大型风电机组的总体设计技术，现有制造水平远落后于市场对技术的需求。目前，国产风机最大单机容量为3MW机型，此款机型可用于海上风电场。而国际上已开发出3.6MW、4MW、5MW和6MW的海上风电机组，并试验成功。可以看出，我国的风机技术与世界先进水平还有差距。而且，海上风机对防腐蚀等要求比陆地风机更为严格，一点瑕疵都将造成机组的停转。

3）自主研发力量严重不足。我国尚处于引进国外先进技术的初级阶段，主要通过技术转让和合资建厂的方式生产风力发电机组。但在这种模式下无法得到关键技术或核心技术，这样不仅不能从本质上提高企业的国际竞争能力，而且容易在技术上陷入“知其然而不知其所以然”的尴尬境界。

4）电网制约且没有海上风电并网电价。要促进海上风电行业的健康发展，需要有良好的法律框架，以及合适的电价水平，才能够保证海上风电经济上的可行性。目前我国风电场并网的前期工作还没有规范化，风电还没有完全纳入电网建设规划，且缺少一系列必要的管理办法和技术规定以确保大规模风电的可靠输送和电网的安全稳定运行。

9.4.4　海上风电的技术难题及技术瓶颈

1. 海上风电的技术难题

海上风机的安装比陆地风机要复杂得多。相比陆地风机的零部件更换，海上风机的投入更大。海上风电对设备的要求更严格，即便是小的故障也要尽量避免。海上风电如果在风速为6～7m/s时作业就显得相当困难。海上风电要保持“小步慢走”的目标，要重视质量和研发技术。

在近几年风电行业的高速发展中，我国风机价格有明显下降，当然与国外风机产品，也有一定差距。海上风电的条件更复杂，有些部件一换就是几个月。此外，风电技术质量方面要更加重视抗雷击、防腐蚀等问题。

海上风机最大的挑战来自于研发设计。根据风资源的环境，先要保证产品是抗击台风的。欧洲的台风很少，而我国则必须要面对这样的考验。如台风“鲶鱼”在福建登陆时，有些公司的风机就出现了故障。除了风电制造难度外，海洋工程同样也是我国海上风电发展的关键因素。

海上风电的发展是有一定难度的。欧洲发展了二十年，海上风电的比例还是不大。欧洲是不得不走海上的道路，因为欧洲土地稀缺，需要向海上发展。其实海上风电需要海洋工程的支持，欧洲的海上风电走在全球前列，这与他们的海上石油工程水准高有关。可即使这样，其发展也需要一个过程。我国开发海上风电，风机技术是一方面，海洋工程水准也是需要提高的。我国的风电需要在理论深度和核心技术上有所作为。

欧洲的海上风电经验未必能复制到中国来。中国的特殊性在于，第一，中国是欧洲以外唯一一个在二类、三类风电资源地区建设海上风电的国家，欧洲一般都是一类地区。第二，中国是从潮间带开始海上风电之旅的，欧洲企业缺乏这一领域的经验。

2. 海上风电发展的技术瓶颈

1）在经济利益的刺激下，规划的科学性往往被压制。虽然海上风电的发展已经被提上日程，但大量与此相配套的工作仍旧停留在起步阶段，有的甚至尚未起步。中国风能协会表示，我国对海上风电的准备工作做得还很不够。面对已经出现的海上风电跃进，开发海上风电的困难很多，我国目前还不具备大规模发展海上风电的实力，例如，滩涂地域内的风场建设工程、大功率风电机组的可靠性等问题都需解决。

2）两个“奇缺”。世界风机巨头维斯塔斯的有关负责人表示，维斯塔斯的经验表明，海上风电的建设、开发和运行，远比陆地风电复杂得多。要确保风电厂良好运行，需要两个方面非常重要的因素：一个是要有成熟的技术，另外就是要有项目开发方面的经验。而这两方面正是我国目前所奇缺的。按照国家发改委的要求，在进行海上风电开发前必须进行风况条件、设置条件、选址条件、环境条件在内的多项调查，然而，虽然众多电力巨头已经基本瓜分了东部沿海的海上风场，但针对海上风场的技术攻关却寥寥无几。目前国内陆地风机的可利用率不到90%，海上风机的技术远远高于陆地，国产风机的可利用率将会更低。

3. 并网难

和陆地风电一样，海上风电也将遭遇并网难题，其难度甚至远远高于陆地风电。虽然海上风电场相对于陆地风电场更靠近我国的经济中心，电网容量较大，而且海上风力较为稳定，但是仍然存在谐波污染、电压波动及闪变等问题。

电网已成为推进风电发展的关键环节。近年来，我国风电发展速度远远超出了电网的发展规划，直接导致电网难以消纳新增风电。风电在电网中的比重超过5%，就需要以智能电网进行调控；比重达到8%~10%，如果没有水电或燃气发电进行调控，则将危及电网安全。海上风电的发展速度很大程度上取决于电网技术的发展。

为了促进风电并网，国家电网已经在中国电力科学研究院成立了国家能源大型风电并网系统研发（实验）中心，并积极开展智能电网的研发工作。智能电网是长期的研发项目，欧洲对智能电网的研究已经持续了20多年，前后投入资金上千亿美元，但至今也没有彻底攻克这一难题。

4. 政府协调机制和部门缺乏

与陆地风电不同，海上风电涉及海洋、海事、航道、渔业、军队，还有地方政府等多方的海上权益，远比陆地复杂。这意味着海上风电的开发必须要协调各方利益，却又没有一个跨部门的协调机制。这是海上风电项目目前遇到的一个普遍困境，也是海上风电开发的难题之一。

“十四五”期间，我国海上风电发展趋势将呈现出电价补贴退坡、深远海开发、海洋综合利用三大特点。虽然目前我国海上风电发展驶入快车道，但过程一波三折，曾经一度陷入停滞。海上风电真正快速发展始于2014年《国家能源局关于印发全国海上风电开发建设方案（2014—2016）的通知》之后，经过几年的努力，我国海上风电制造、建设、运维技术水平均不断提高，呈现发电成本逐年下降、装机规模不断上升的趋势。据国网能源研究院统计2018年核准、开工的海上风电项目显示，海上风电度电成本大约为0.64元/(kW·h)。

未来如何降低海上风电成本将成为不容忽视的一道难题。目前我国海上风电仍处于起步阶段，政策体系不完善，施工和运维经验不足，软硬件配套设施有待提高。

除了海上风电电价退坡，国家也更加关注深海海上风电开发。一般认为，离岸距离达到50km或水深达到50m的风电场即可称为深海风电场。与近海相比，深海环境更加恶劣，对风机基础、海底电缆、海上平台集成等技术提出了更严苛的要求。即便如此，海上风电场的开发逐步走向深远海这一必然趋势已是业界共识。

本章小结

世界上许多国家都十分重视风电的开发和利用，并早已着手建设海上风电场，以更加高效、大规模地发展风电，海上风电已成为未来风电发展的必然趋势。与陆地风电场相比，海上风电场优势明显。首先，海上的风速更快，其次，陆地风电场经常因为阻挡视线、产生噪声等环保问题而遭到公众的反对，而对于海上风电场来说，由于离岸很远，以上的几条反对理由都不成立。再次，在一些国家里，相对于其他可再生能源方案来说，风能可实现的技术潜力大。海上风能源将是未来能源供应的新亮点。

本章习题

1. 完整的海上风电场的构成是怎样的？
2. 海上风电场和陆地风电场有何区别？
3. 建设海上风电场有哪些困难？
4. 海上风电场如何选址？
5. 海上风电场对环境有什么影响？
6. 试述海上风电场的发展现状。
7. 我国发展海上风电场有哪些制约因素？
8. 我国发展海上风电场的优势是什么？
9. 海上风电场的机组基础和陆地有何不同？
10. 简述海上风电的发展前景。

附录 与小型风力发电有关的技术标准

GB/T 19115.2—2018《风光互补发电系统 第2部分：试验方法》

Wind-solar photovoltaic hybrid generate electricity system-Part 2：Test method；

GB/T 19115.1—2018《风光互补发电系统　第1部分：技术条件》

Wind-solar photovoltaic hybrid generate electricity system-Part 1：Technical condition；

GB/T 19073—2018《风力发电机组 齿轮箱设计要求》

Wind turbines—Design requirements for gearbox；

GB/T 19072—2010《风力发电机组 塔架》

Tower of wind turbine generator system；

GB/T 19071.2—2018《风力发电机组 异步发电机 第2部分：试验方法》

Wind turbines—Asynchronous generatorg-Part 2：Testing methods；

GB/T 19071.1—2018《风力发电机组 异步发电机 第1部分：技术条件》

Wind turbines—Asynchronous generatorg-Part 1：Technical condition；

GB/T 19070—2017《失速型风力发电机组 控制系统 试验方法》

Stall regulation wind turbines—Control system-Test method；

GB/T 19069—2017《失速型风力发电机组 控制系统 技术条件》

Stall regulation wind turbines—Control system-Technical condition；

GB/T 19068.3—2019《小型风力发电机组 第3部分：风洞试验方法》

Small wind turbines -Part 3：Wind tunnel test methods；

GB/T 19068.2—2017《小型风力发电机组 第2部分：试验方法》

Small wind turbines-Part 2：Test method；

GB/T 19068.1—2017《小型风力发电机组 第1部分：技术条件》

Small wind turbines-Part 1：Technical condition；

GB/T 18710—2002《风电场风能资源评估方法》

Methodology of wind energy resource assessment for wind farm；

GB/T 18709—2002《风电场风能资源测量方法》

Methodology of wind energy resource measurement for wind farm；

GB 18451.2—2012《风力发电机组 功率特性试验》

Wind turbine generator systems-Power performance test；

GB 18451.1—2012《风力发电机组 设计要求》

Wind turbine generator systems-Design requirements；

GB/T 17646—2017《小型风力发电机组》

Small wind turbines

GB/T 13981—2009《小型风力机设计通用要求》

Design general requirements for small wind turbine；

GB/T 10760. 2—2017《小型风力发电机组用发电机 第 2 部分：试验方法》

Generator of small wind turbines-Part 2：Test methods；

GB/T 10760. 1—2017《小型风力发电机组用发电机 第 1 部分：技术条件》

Generator of small wind turbines-Part 1：Technical condition

GB/T 2900. 53—2001《电工术语 风力发电机组》

Electro technical terminology-Wind turbine generator systems；

DL/T 5067—1996《风力发电场项目可行性研究报告编制规程》

Code on compiling feasibility study report of wind power projects；

DL/T 797—2012《风力发电场检修规程》

Code on maintenance of wind farm；

DL/T 666—2012《风力发电场运行规程》

Code on operation of wind farm；

JB/T 10194—2000《风力发电机组风轮叶片》

Rotor blades of wind turbine；

JB/T 10137—1999《提水和发电用小型风力机 试验方法》

Testing methods for small wind energy conversion system；

JB/T 9740. 4—1999《低速风力机 安装规范》

Installation guide for low speed wind energy conversion system；

JB/T 9740. 3—1999《低速风力机 技术条件》

Technical specifications for low speed wind energy conversion system；

JB/T 9740. 2—1999《低速风力机 型式与基本参数》

Type and basic parameters for low speed wind energy conversion system；

JB/T 9740. 1—1999《低速风力机 系列》

Series for low speed wind energy conversion system；

JB/T 7879—1999《风力机械 产品型号编制方法》

The rule for naming the product of wind energy conversion system；

JB/T 7878—1995《风力机 术语》

Terminology of wind energy conversion system；

GB/T 20321. 2—2006《离网型风能、太阳能发电系统用逆变器 第 2 部分：试验方法》

Inverter of wind and solar energy supply power system for off-grid-Part 2：Testing methods；

GB/T 20321. 1—2006《离网型风能、太阳能发电系统用逆变器 第 1 部分：技术条件》

Inverter of wind and solar energy supply power system for off-grid-Part 1：Technical specification；

GB/T 6941—1993《风力提水用拉杆泵 技术条件》

Pump of wind pump-Technical condition；

JB/T 6939. 2—2004《离网型风力发电机组用控制器 第 2 部分：试验方法》

Controller of off-grid wind turbine generator system -Part 2：Test method

JB/T 6939. 1—2004《离网型风力发电机组用控制器 第 1 部分：技术条件》

Controller of off-grid wind turbine generator system-Part 1：Technical condition

参考文献

[1] 朱永强．新能源与分布式发电技术［M］．2 版．北京：北京大学出版社，2016.

[2] 王建录，林志民，刘万琨．风能与风力发电技术［M］．3 版．北京：化学工业出版社，2015.

[3] 姚兴佳，宋俊，等．风力发电机组原理与应用［M］．4 版．北京：机械工业出版社，2020.

[4] 骆皓，林明耀，侯立军．双馈风力发电机交流励磁控制技术［M］．南京：东南大学出版社，2018.

[5] 肖剑，姚秀萍．陆上风机基础结构分析及设计优化［C］．北京：2020 年工业建筑学术交流会，2020.

[6] 单光坤，等．海上风力发电技术［M］．北京：科学出版社，2020.

[7] 赵丽君．风力发电技术基础［M］．北京：机械工业出版社，2018.

[8] 曹宇，王世明．海上风力发电技术［M］．上海：上海科学技术出版社，2020.

[9] 魏一鸣，等．中国能源报告 2018［R］．北京：科学出版社，2019.

[10] 龙源电力集团股份有限公司．风电场安全管理［M］．北京：中国电力出版社，2016.

[11] 马宏伟，李永东，许烈，等．风力发电系统控制原理［M］．北京：机械工业出版社，2020.

[12] 于永纯．海上风力发电机组调试与维护［M］．北京：中国电力出版社，2017.

[13] 韩巧丽，马广兴．风力发电原理与技术［M］．北京：中国轻工业出版社，2018.